Hartmut Bossel   Systemzoo 2 – Klima, Ökosysteme und Ressourcen

AF281579

Hartmut Bossel

Systemzoo 2

Klima, Ökosysteme und Ressourcen

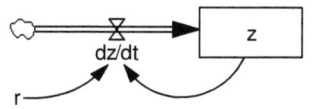

Systemzoo 2 – Klima, Ökosysteme und Ressourcen
© Hartmut Bossel 2004

Herstellung und Verlag:
Books on Demand GmbH, Norderstedt

ISBN 3-8334-1240-2

Bibliografische Information Der Deutschen Bibliothek:
Die Deutsche Bibliothek verzeichnet diese Publikation
in der Deutschen Nationalbibliografie;
detaillierte bibliografische Daten sind im Internet über
http://dnb.ddb.de abrufbar.

Bibliographic information published by Die Deutsche Bibliothek:
Die Deutsche Bibliothek lists this publication
in the Deutsche Nationalbibliografie;
detailed bibliographic data are available in the Internet at
http://dnb.ddb.de

Information bibliographique de Die Deutsche Bibliothek:
Die Deutsche Bibliothek a répertorié cette publication
dans le Deutsche Nationalbibliografie;
les données bibliographiques détaillées peuvent être consultées
sur Internet à l'adresse http://dnb.ddb.de.

Vorwort

Unser tägliches Leben und die Entwicklung unserer Welt werden bestimmt durch komplexe, miteinander verkoppelte dynamische Systeme: Menschen, Tiere, Pflanzen, Wälder, Technik, Betriebe, Städte, Staaten. Obwohl oft beständig in ihrer äußeren Gestalt, werden sie von meist unsichtbaren Prozessen laufend verändert und verändern dabei ihre Umwelt. Kenntnis über die mögliche Dynamik ist in vielen Bereichen lebenswichtig. Die dynamischen Prozesse müssen mit den Mitteln der Systemanalyse erschlossen werden: mit der mathematischen Modellbildung und der Computersimulation.

Der Band *Systemzoo 2 – Klima, Ökosysteme und Ressourcen* ist der zweite von drei Teilen des *Systemzoos*, in dem insgesamt etwa 100 Simulationsmodelle komplexer Systeme dokumentiert sind. Die Bände *Systemzoo 1 – Elementarsysteme, Technik und Physik* (ISBN 3-8334-1239-9) und *Systemzoo 3 – Wirtschaft, Gesellschaft und globale Entwicklung* (ISBN 3-8334-1241-0) vervollständigen diese Sammlung von Simulationsmodellen.

Sämtliche Modelle (im weltweit verwendeten 'System Dynamics' Standard) sind ausführlich und vollständig dokumentiert, ausgeprüft und lauffähig und können mit frei verfügbarer ausgefeilter Simulationssoftware mit äußerst umfangreichen Bearbeitungsmöglichkeiten betrieben werden. Die Modelle sind vom Umfang her klein genug, um ohne großen Aufwand implementiert und bearbeitet werden zu können, aber sie zeigen meist komplexes Verhaltens, das intuitiv nicht mehr verlässlich abschätzbar wäre. Die Computersimulation verschafft auf einfache Weise einen Zugang zum Verständnis solcher Systeme und einen Einblick in die überraschende Vielfalt ihres möglichen Verhaltens – ähnlich einem Zoo voller exotischer Tiere.

Kapitel 1 **Elementarsysteme** (im *Systemzoo 1*) stellt kleinere Systeme vor, die sich als Komponenten in vielen Systemen finden und deren Dynamik maßgeblich bestimmen (wie exponentielles und logistisches Wachstum, Schwingungen, Verzögerungen usw.). Dieses Kapitel ist auch eine Einführung in die praktische Seite der Modellbildung und Simulation. Kapitel 2 **Technik und Physik** (ebenfalls im *Systemzoo 1*) befasst sich mit einem Gebiet, in dem die mathematische Modellbildung dynamischer Systeme entstanden ist und in dem Simulationen seit jeher große Bedeutung haben. Hier werden auch die Verhaltenseigenheiten komplexer (nichtlinearer) Systeme untersucht, wie z.B. Grenzzyklen, Attraktoren, mehrfache Gleichgewichtspunkte, Chaos. Aus den Bereichen der Regeltechnik, Flugdynamik und Aerodynamik werden komplexere Modelle dokumentiert.

In Kapitel 3 **Klima und Pflanzenwuchs** (im hier vorliegenden *Systemzoo 2*) werden Anwendungen aus den Bereichen der Klimaforschung, des globalen CO_2-Haushalts, der Photoproduktion der Pflanzen, des Waldwachstums sowie des Wasser-, Energie- und Nährstoffhaushalts der Pflanzenproduktion in der Landwirtschaft vorgestellt. Kapitel 4 **Ökosysteme und Ressourcen** (ebenfalls im *Systemzoo 2*) befasst sich vor allem mit der Dynamik, die sich durch die Interaktion von Pflanzen, Tieren und Menschen mit anderen Organismen und den Ressourcen der Umwelt ergibt: durch Konkurrenz um Nahrung und Nährstoffe und durch Nutzung erneuerbarer und Ausbeutung nicht erneuerbarer Ressourcen.

In Kapitel 5 **Wirtschaft und Gesellschaft** (im *Systemzoo 3*) werden dynamische Prozesse in diesem Bereich erfasst und simuliert: bei Produktion, Lagerhaltung, Verkauf und Konsum, bei der Konkurrenz um Märkte, bei der persönlichen Lebensplanung, Arbeitslosigkeit, Einflüssen von Steuern auf Verkehrsentwicklung und Wirtschaft und schließlich auch bei sozialpsychologischen Prozessen wie Eskalation, Abhängigkeit und Aggression. Kapitel 6 **Globale Entwicklung** (ebenfalls in *Systemzoo 3*) bringt Simulationsmodelle, die für die Untersuchung längerfristiger gesellschaftlicher Entwicklungen Bedeutung haben: Bevölkerung, Wohnraum, Lebensunterhalt, Renten, Staatsverschuldung, Globalisierung, internationale Konkurrenz, Weltmodelle (mit den Originalmodellen von Forrester und Meadows vom MIT). Vorgestellt wird auch die nichtnumerische Wissensverarbeitung zur Simulation von komplexen Entscheidungsvorgängen und Folgenabschätzungen.

Der *Systemzoo* fasst Ergebnisse umfangreicher Forschungsvorhaben und jahrzehntelange Erfahrungen in der Lehre, Modellentwicklung und Simulation zusammen. Er ist besonders geeignet für Lehrveranstaltungen und Praktika in Modellbildung und Simulation, wie auch für eigenständige Projektarbeit in Schule, Hochschule und Forschung. Die drei Bände des *Systemzoos* werden ergänzt durch das Begleitbuch: H. Bossel 2004: *Systeme, Dynamik, Simulation – Modellbildung, Analyse und Simulation komplexer Systeme*, Books on Demand, Norderstedt (ISBN 3-8334-0984-3), das die theoretischen und praktischen Grundkenntnisse der mathematischen Modellbildung und Computersimulation dynamischer Systeme vermittelt.

Zierenberg, im Juli 2004
Hartmut Bossel

Inhalt

Inhalt der weiteren Bände des Systemzoos:

Einführung in den Systemzoo

Unser tägliches Leben und die Entwicklung unserer Welt werden bestimmt durch Myriaden komplexer und miteinander verkoppelter dynamischer Systeme. Wir sehen sie in ihrer äußeren statischen Gestalt: Menschen, Tiere, Pflanzen, Wälder, Technik, Betriebe, Städte, Staaten. Aber wir kennen sie kaum – und erkennen sie selten – als dynamische Systeme, die von meist unsichtbaren Prozessen ständig verändert werden und dabei ihre Umwelt verändern. Diese Seite entzieht sich meist der direkten Beobachtung. Sie muss mit den Mitteln der Systemanalyse erschlossen werden, so wie uns auch erst die Röntgen-Aufnahme Aufschluss über die Organe und Prozesse geben kann, die unseren Körper funktionieren lassen.

Tiere und Systeme lassen sich zwar abbilden und in Lexika und Lehrbüchern ausführlich beschreiben, aber um ihr Verhalten kennen zu lernen und zu verstehen, müssen wir sie über längere Zeit unter unterschiedlichen Bedingungen beobachten. Um vielen Menschen die Möglichkeit zur Tierbeobachtung zu geben, hat man Zoologische Gärten geschaffen. Im Zoo können wir das lernen, was Tierbücher kaum bieten können: Verhaltensdynamik des lebenden Wesens, oft sogar in direkter Interaktion mit uns. Und der Zoo bietet in seinen verschiedenen Abteilungen eine Sammlung sehr unterschiedlicher Tiere mit ganz verschiedenem Verhalten: Säugetiere und Vögel, Amphibien und Fische, große und kleine Tiere, Einzelgänger und Herdentiere.

Die drei Bände des *Systemzoos* bieten in sechs Kapiteln eine Sammlung von etwa hundert Simulationsmodellen komplexer dynamischer Systeme aus allen Lebensbereichen, in den Abteilungen: Elementarsysteme, Technik und Physik, Klima und Pflanzenwuchs, Ökosysteme und Ressourcen, Wirtschaft und Gesellschaft, Globale Entwicklung. Diese Simulationsmodelle können und sollen mit einfach zu bedienender Simulationssoftware zum Leben erweckt werden. Die Modelle sind am Beginn jeden Kapitels kurz beschrieben. Es empfiehlt sich, zunächst diese Beschreibungen zu lesen, um einen Überblick über den Systemzoo und seine Bewohner zu erhalten.

Die Modelle und ihre Simulationsprogramme sind vollständig dokumentiert. Sie können mit Hilfe frei verfügbarer interaktiver Simulationssoftware mit wenig Aufwand auf dem eigenen PC erstellt und zum Leben erweckt werden. Erst das Arbeiten mit diesen 'Systemtieren' bringt die oft überraschenden Erkenntnisse über ihre Dynamik und ihre nicht selten absonderlichen Verhaltensweisen. Im Interesse der Platzersparnis ist für jedes Modell meist nur ein repräsentativer Simulationslauf dokumentiert – das Verhaltensspektrum ist aber immer viel reichhaltiger als dort gezeigt werden kann. In jeder Modellbeschreibung wird daher auf weitere interessante Untersuchungsmöglichkeiten hingewiesen, die man auch ausführlich nutzen sollte, um das Verhalten wirklich zu verstehen. Wichtig: Die meisten Modelle sind 'generisch' und gelten daher auch in ganz anderen Anwendungsbereichen. Hinweise dazu finden sich in der jeweiligen Modellbeschreibung.

Wie bei einem Zoobesuch auch, so sollte man sich im Systemzoo zunächst auf diejenigen Systeme konzentrieren, die einen besonders interessieren. Wem das Gebiet der Simulation neu ist, der sollte sich zunächst mit einigen einfachen Systemen aus dem Kapitel ELEMENTARSYSTEME beschäftigen, um sich vor allem auch mit der Simulations-Software und ihren vielen Bearbeitungsmöglichkeiten vertraut zu machen. Hierzu wird auch auf die ausführlichen Dokumentationen und Lehrbeispiele verwiesen, die mit der Simulations-Software geliefert werden. Die Modelle in den verschiedenen Kapiteln sind weitgehend unabhängig von einander und bauen selten aufeinander auf. Es ist daher nicht notwendig (und nicht empfehlenswert), die Modelle nacheinander 'abzuarbeiten'. Man sollte sich eher vom eigenen Interesse und der Freude am Erforschen fremder 'Tiere' leiten lassen.

Die Simulationsmodelle wurden mit der Software Vensim PLE® (Personal Learning Environment) entwickelt, die für Lehrzwecke und Privatgebrauch frei im Internet verfügbar ist (http://www.vensim.com). Die hier verwendete Symbolik ('System Dynamics') wird auch von anderen weit verbreiteten Simulationsverfahren wie Stella® (bzw. ithink®, http://www.hps-inc.com) und Powersim® (http://www.powersim.com) verwendet, so dass die hier vorgestellten Modelle auch ohne weiteres mit diesen (und anderen) Verfahren bearbeitet werden können. Alle Simulationsmodelle wurden ausführlich überprüft, vor allem auch auf Stimmigkeit der verwendeten Einheiten. Bei einigen Modellen wurden (auf '1') normierte dimensionslose Zustandsgrößen verwendet, die sich aber auf einfache Weise auch an reale dimensionsbehaftete Aufgabenstellungen anpassen lassen (s. hierzu Bossel[1] SDS 2004, bes. S 148-156).

Bei den Modelldokumentationen wird (mit wenigen Ausnahmen) die gleiche Notation verwendet: Veränderliche Modellgrößen sind in *Kursivschrift* angegeben; für (meist konstante) Vorgabegrößen werden KAPITÄLCHEN verwendet. In den Systemdiagrammen sind Zustandsgrößen als Kästen gezeichnet.

Die genannten Software-Systeme zeichnen sich durch große Benutzerfreundlichkeit aus. Ihr Gebrauch ist rasch und einfach erlernbar. Die Software-Systeme unterscheiden sich etwas, arbeiten aber immer nach dem gleichen Schema. Um die im *Systemzoo* dokumentierten Simulationsmodelle aufbauen und berechnen zu können, sind immer die folgenden Arbeitsschritte zu auszuführen:

1. ***Simulationszeitparameter eingeben und Modell unter eigenem Namen speichern***. Die Zeitabfrage erscheint meist als erstes Formular; die Angaben können später geändert werden.

2. ***Systemgrößen auf dem Bildschirm platzieren***. Hierzu entsprechende Schaltfläche für 1. Zustandsgröße, 2. Zustandsraten oder 3. andere Systemgröße anklicken, entsprechendes Symbol an der gewünschten Stelle auf dem Bildschirm platzieren und per Mausklick ablegen (dabei Zustandsrate (= 'Ventil') durch 'Rohr' mit Zustandsgröße

---

[1] H. Bossel SDS 2004: *Systeme, Dynamik, Simulation – Modellbildung, Analyse und Simulation komplexer Systeme*. Books on Demand Norderstedt (ISBN 3-8334-0984-3).

verbinden). Namen der Systemgröße eingeben.

3. *Systemgrößen durch Wirkungspfeile verbinden.* Hierzu Schaltfläche für die Verbindungspfeile anklicken, auf Gebergröße klicken, Pfeil zur Nehmergröße ziehen und Pfeil durch Klicken ablegen. Wenn Größen im Simulationsdiagramm zu weit auseinander liegen, können sie über 'Shadow' oder 'Ghost' Variable verbunden werden (in den Diagrammen in <spitzen> Klammern). *Achtung*: Die Verbindung zwischen Anfangswert und Zustandsgröße muss zwar gezogen werden, sie wird aber im Diagramm nicht gezeigt (bei VensimPLE).

4. *Systemgrößen quantifizieren.* Hierzu zuerst Schaltfläche für 'Equations' und dann nacheinander alle Größen einzeln anklicken. Es erscheint jetzt ein Formular mit dem (vorher eingegebenen) Namen der Größe und den Namen sämtlicher damit verbundener Eingangsgrößen (definiert durch die Wirkungspfeile). Im Formular ist die mathematische Funktion festzulegen, mit der aus den Eingangsgrößen die Systemgröße berechnet werden soll. Bei konstanten Parametern sind die Zahlenwerte einzugeben.

5. *Simulation starten.* Das Programmsystem prüft die Simulationsfähigkeit und meldet Fehler. Sind diese korrigiert, kann mit 'run' simuliert werden. Normalerweise wird Euler-Cauchy-Integration benutzt, aber auch das genauere Runge-Kutta-Verfahren (RK4) kann gewählt werden.

6. *Ergebnisse und ihre Darstellung auswählen.* Jede Systemgröße kann mit einer Vielfalt von Darstellungsmöglichkeiten (Diagramme, Tabellen) im Zeitdiagramm oder Zustandsbild einzeln oder zusammen mit anderen Größen dokumentiert werden.

Simulationsmodelle dynamischer Systeme sind mathematische Modelle, die mit Differenzen- bzw. Differentialgleichungen arbeiten, die die (zeitliche) Veränderung von 'Zustandsgrößen' beschreiben. Es ist nicht unbedingt erforderlich, diesen mathematischen Apparat zu kennen, um mit Simulationsmodellen zu arbeiten und diese auch selbst zu entwickeln. Wer mit den Modellen des Systemzoos arbeitet und sich bei ersten eigenen Modellbildungsversuchen auch an den dort verwendeten Verfahren orientiert, wird bei den eigenen Versuchen auch Erfolg haben. Wer sich mit dem theoretischen und mathematischen Hintergrund der Modellbildung und Simulation dynamischer Systeme befassen möchte, den verweise ich auf das Begleitbuch Bossel SDS 2004 (s. Fußnote). Hier werden insbesondere auch Konzepte wie Zustandsgleichung, normierte und dimensionslose Größen, Gleichgewicht, Schwingung, Stabilität und Instabilität, Linearisierung, Grenzzyklus, Chaos u.s.w. besprochen, die für die intensivere Beschäftigung mit den Modellen und ihrer Dynamik notwendig sind.

Allgemeine Arbeitshinweise: Wenn auch die Modellbeschreibungen sehr unterschiedlich sind, so orientiert sich jede Dokumentation doch an dem folgenden Schema: Beschreibung der Aufgabenstellung, des Simulationsmodells und der wesentlichen Struktureigenschaften des Systems, vollständiges Simulationsdiagramm (z.T. mehrere Diagramme), vollständige Auflistung der Modellgleichungen, Beschreibung eines Referenzlaufs mit Zeitdiagrammen und Zustandsdiagrammen interessanter Ergebnisse, Hinweise auf Besonderheiten, Arbeitsvorschläge, Literaturhinweise. Zu den meisten

Modellen lassen sich im Internet zusätzliche Informationen und Daten finden. Darauf wird nicht extra hingewiesen.

Alle Systeme sind mit Voreinstellungen versehen, die bereits gewisse charakteristische Eigenheiten demonstrieren. Darüber hinaus werden bei jeder Modelldokumentation Vorschläge für eigene interessante Untersuchungen gemacht. In Ergänzung dieser speziellen Vorschläge gelten für alle Modelle die folgenden allgemeinen Arbeitsvorschläge:

1.   Untersuchen Sie zunächst das Verhalten des Referenzlaufs (mit den gegebenen Voreinstellungen) mit den verschiedenen Darstellungsmöglichkeiten der Simulations-Software (z.B. Zeitdiagramme, Zustandsbilder, Tabellen).

2.   Untersuchen Sie die Abhängigkeit der Systementwicklung besonders von den in der Dokumentation genannten Parametern. Hierzu empfiehlt es sich, mehrere Läufe mit jeweils verändertem Parameter zu machen und abzuspeichern und die Ergebnisse dann gemeinsam (und gut vergleichbar) in Diagrammen oder Tabellen darzustellen.

3.   Untersuchen Sie dabei Parameterbereiche gründlicher, in denen sich Verzweigungen des Systemverhaltens beobachten lassen (z.B. Stabilität/Instabilität, Gleichgewicht/Zusammenbruch), oder in denen andere interessante Effekte auftreten.

4.   Untersuchen Sie (bei Systemen mit zwei Zustandsgrößen) das Globalverhalten im gesamten (relevanten) Zustandsraum durch eine Vielzahl von Läufen mit unterschiedlichen Anfangsbedingungen und für interessante Parameterkombinationen (hierfür gibt es eine Modellergänzung zur Erzeugung von Zustandsbildern, s. Z115). Achten Sie besonders auf Gleichgewichtspunkte im Zustandsbild und schließen Sie aus den Zustandsbahnen auf Stabilität/Instabilität.

5.   Berechnen Sie (analytisch) aus den Zustandsgleichungen die Lage der Gleichgewichtspunkte in Abhängigkeit von den Parametern mit der Bedingung, dass dort alle Zustandsveränderungsraten verschwinden müssen ($dz/dt = \mathbf{0}$) (s. hierzu auch Bossel SDS 2004, bes. Kap. 6-2). Vergleichen Sie das theoretische Ergebnis mit den Simulationsergebnissen (für gleiche Parameterwahl).

6.   Linearisieren Sie die nichtlinearen Zustandsgleichungen an den Gleichgewichtspunkten und untersuchen Sie dort das Verhalten des entsprechenden linearisierten Ersatzsystems mit dem Modell des 'Linearen Schwingers' (gleicher Ordnung), indem Sie die entsprechenden Systemparameter einsetzen. Können Sie das an den Gleichgewichtspunkten des Originalsystems beobachtete Verhalten mit dem linearisierten System und seinen Eigenwerten bestätigen? (Dieser Vorschlag ist für besonders Interessierte mit etwas mathematischem Geschick gedacht).

7.   Übersetzen Sie dimensionslose generische Modelle durch korrekte Dimensionierung von Parametern und Systemgrößen und Wahl geeigneter Anfangszustände und Parameter in Simulationsmodelle für reale Systeme. Vergleichen Sie die Simulationsergebnisse mit Erfahrung und Beobachtungen.

3
Klima und Pflanzenwuchs

Überblick

Während Physik und Technik schon immer mit mathematischen Formeln und Berechnungen untrennbar verbunden waren, haben sich in den meisten anderen Wissenschaftsbereichen Mathematik und Computersimulation nur zögernd verbreitet. Das liegt vor allem an der Komplexität der Systeme, mit denen sich z.B. die Bio-, Öko- und Sozialwissenschaften zu beschäftigen haben. Sie lassen sich oft nur mit 'heroischen' Vereinfachungen und Weglassungen berechenbar machen. Dabei können unwichtig erscheinende Komponenten übersehen werden, die sich dann doch als verhaltensbestimmend erweisen. Der 'Schmetterlingseffekt' chaotischer Systeme muss da eine Warnung sein, aber glücklicherweise erweist sich nur ein kleiner Teil der Systeme der Realität als chaotisch.

In allen Bereichen der Realität gilt allerdings uneingeschränkt, dass Stoff- und Energiebilanzen stimmen müssen. Stoffe und Energie können nicht aus dem Nichts heraus entstehen oder einfach wieder verschwinden. Die mathematische Beschreibung der Stoff- und Energieflüsse (unter Beachtung der Erhaltungssätze für Stoffe und Energie) kann daher oft als zuverlässige Basis für Systemmodelle und Computersimulation der Entwicklung auch sehr komplex erscheinender Systeme dienen.

In diesem Kapitel werden 14 Simulationsmodelle vorgestellt, deren Strukturen in erster Linie durch Prozesse der Stoff- und/oder Energieumsetzung bestimmt sind. So lassen sich oft auch ohne detaillierte Darstellung von Einzelheiten zuverlässige Aussagen machen, die Entscheidungen unterstützen und Langfristplanungen erleichtern können. So etwa zur Berechnung der Flusspegel eines Wassereinzugsgebiets nach einem Starkregen, zur Veränderung der globalen CO_2-Bilanz durch fossile Brennstoffe und Abholzung, zum Einfluss von Schadstoffen auf das Wachstum der Wälder und zur optimalen Düngung und Bewässerung in der Landwirtschaft.

Z301 Regionaler Wasserhaushalt. Denkt man sich eine Hülle um ein Wassereinzugsgebiet, so muss in der Bilanz vieler Jahre etwa genau so viel Wasser diese Hülle durch Ablauf und Verdunstung verlassen, wie zuvor durch Niederschläge aufgenommen worden ist. Die Dynamik von Ablauf und Verdunstung wird aber durch viele Prozesse und Speicher bestimmt. Niederschläge verdunsten teilweise an Boden und Vegetation, versickern, werden in den oberen Bodenschichten gespeichert, versickern weiter in Grundwasserspeicher, treten als Quellen aus, laufen oberflächlich in Bächen und Flüssen ab, werden in Stauhaltungen gespeichert. Die Vorgänge hängen von den Eigenschaften der Böden, der Vegetation, der Geologie, der Geländebeschaffenheit und der Niederschlagsverteilung ab. Viele Parameter und Prozesse müssen berücksichtigt werden, um z.B. die zeitliche Entwicklung der Wassermengen in einem Fluss nach einem Starkregen zu berechnen.

Z302 Globaler Kohlenstoff-Kreislauf. Der über Hunderttausende von Jahren bis zum Beginn der Industrialisierung nahezu unverändert gebliebene Kohlendioxid-Pegel der Atmosphäre ist ein Beleg dafür, dass bis dahin die Kohlenstoffbilanz ausgeglichen war. Die gewaltige Menge von CO_2, die auf der Erde jährlich von Pflanzen aufgenommen wurde, entsprach genau der Menge von CO_2, die jährlich durch Zersetzungsprozesse wieder in die Atmosphäre gelangte. Die globale Kohlenstoffdynamik war im Gleichgewicht. Seit dem Beginn der Industrialisierung aber steigt der atmosphärische CO_2-Pegel massiv – er hat sich inzwischen um etwa ein Drittel erhöht. Als Ursachen lassen sich vor allem die Verbrennung fossiler Brennstoffe und die Abholzung von Wäldern identifizieren. Im Vergleich zur natürlichen Umsetzung von CO_2 sind die anthropogen erzeugten Beiträge klein, aber sie reichen aus, um das empfindliche Gleichgewicht aus dem Ruder laufen zu lassen. Da CO_2 ein Treibhausgas ist, muss dieser Anstieg mit höheren Durchschnittstemperaturen und einem Klimawandel in Verbindung gebracht werden.

Z303 CO_2-Dynamik von Biosphäre und Atmosphäre. Auch die genauere Aufschlüsselung der globalen Kohlenstoff-Flüsse ändert nichts an der Aussage, dass die CO_2-Bilanz durch menschliche Aktivitäten aus dem Gleichgewicht gebracht worden ist, und dass der CO_2-Pegel der Atmosphäre auch bei einschneidenden Maßnahmen noch weiter steigen wird. Ein Simulationsmodell kann helfen, die langfristigen Konsequenzen vorgeschlagener Maßnahmen (etwa bei der Energieeinsparung oder der Wiederaufforstung) genauer abzuschätzen und die Folgen von weiterhin ansteigendem fossilen Energieverbrauch und ungebremster Abholzung deutlich zu machen.

Z304 Waldzerstörung und CO_2-Dynamik. Die Zerstörung von Tropenwald zur Gewinnung landwirtschaftlicher Flächen verändert die CO_2-Dynamik aus mehreren Gründen. Die Speicherfähigkeit für Kohlenstoff in Pflanzen, Streu und Bodenhumus ist in Agrarflächen sehr viel geringer als in Wäldern; sie ist noch geringer in degradierten Brachflächen. Die Umwandlung von Wäldern zu Feldern, und später von Feldern zu Brachland, setzt zusätzliche Mengen Kohlenstoff frei. Wiederaufforstung kann die Verluste teilweise wettmachen und zur Bindung von atmosphärischem CO_2 führen. Ein Simulationsmodell kann die Auswirkungen und Dynamik dieser verkoppelten Vorgänge berechenbar machen und zur besseren Vorbereitung langfristig wirksamer Entscheidungen beitragen.

Z305 Kohlenstoff-Bilanz der Wälder. Eine genauere Betrachtung der Rolle von Wäldern in der globalen CO_2-Bilanz erfordert auch eine genauere Darstellung der kohlenstoffbindenden und -abgebenden Prozesse im Wald und bei der Holznutzung. Kohlenstoff wird zunächst von der Laubmasse aus der Atmosphäre assimiliert, um Solarenergie in Glukose binden zu können. Ein großer Teil der so gebundenen Energie wird von den Pflanzen veratmet (d.h. zur Erhaltung der Lebensvorgänge verbraucht), ein kleinerer Teil wird u.a. als Holzmasse fixiert. Bestandsabfälle (Laub, Totholz) werden zersetzt und teilweise in Humus umgewandelt. Bäume werden gefällt und als Brennholz und Bauholz genutzt. Der darin enthaltene Kohlenstoff fließt dabei bald oder erst sehr viel später wieder in die Atmosphäre zurück. Mit der Gesamtbetrachtung lassen sich Aussagen über die langfristige Speicherung von Kohlenstoff in Wäldern u.a. in Abhängigkeit von der mittleren Jahrestemperatur machen, um damit z.B. Unterschiede zwischen Wäldern in tropischen und gemäßigten Breiten zu untersuchen.

Z306 Autoverkehr und CO_2-Emissionen. Ein großer und wachsender Anteil der globalen CO_2-Emissionen stammt aus dem Verkehr. In vielen, bisher wirtschaftlich weniger entwickelten Ländern ist wegen Bevölkerungswachstum und starkem Wirtschaftswachstum auch mit stark zunehmendem Kraftfahrzeugbestand und entsprechend zunehmender Verkehrsleistung und damit verbundenem Treibstoffverbrauch zu rechnen. Dieser hängt aber vom spezifischen Treibstoffverbrauch der Kraftfahrzeuge ab. Bemühungen zur Senkung des Verbrauchs bei Neufahrzeugen können daher erheblichen Einfluss auf Höhe und Entwicklung der CO_2-Emissionen haben. Diese komplexen Zusammenhänge sind mit einem dynamischen Simulationsmodell gut darstellbar und berechenbar, so dass Szenarien mit unterschiedlichen Annahmen zum Wachstum der Fahrzeugflotte und zur Verbesserung der Energieeffizienz untersucht werden können.

Z307 Photoproduktion der Pflanzen. Bei der genauen Berechnung der Photoproduktion eines Pflanzenbestands sind eine Vielzahl von Faktoren zu berücksichtigen, die z.T. Funktion der Tageszeit, der Jahreszeit und der geografischen Breite sind: Temperatur, Sonnenstand, Bewölkung, Einstrahlungsdauer. Abhängig von der sich ständig verändernden Einstrahlung und der Temperatur, den pflanzenspezifischen Photosynthese-Eigenschaften, der Blattdichte, der Lichtdämpfung im Pflanzenbestand und der Blattrespiration (zur Aufrechterhaltung der Lebensvorgänge) assimiliert eine Baumkrone so eine zeitlich variable Energiemenge, die sich in ihrer CO_2-Aufnahme ausdrücken lässt. Die Tagesproduktion ist die Summe (das Zeitintegral) der momentanen Produktion; sie ist im Sommer am höchsten. Ein solches dynamisches Simulationsmodell der Photoproduktion ist der Kern komplizierterer Waldmodelle, mit denen sich die Waldentwicklung – auch unter unterschiedlichen Bewirtschaftungsbedingungen – über Jahrzehnte und Jahrhunderte zuverlässig berechnen lässt.

Z308 Waldwachstum. Die Wachstumsdynamik eines Waldbestandes ergibt sich aus den laufenden Energieüberschüssen der Photoproduktion, die nach Abzug der Verbräuche zur Erhaltung und Erneuerung von Laub, Ästen, Stämmen und Wurzeln für den Holzzuwachs verbleiben. Anfangs wird sich die Laubkrone rasch füllen, um maximale Energieproduktion zu erreichen. Die Selbstabschattung der Laubschichten begrenzt dann aber die Laubdichte. Von der konstanten Produktion der Laubkrone muss eine ständig zunehmende Struktur ernährt werden, so dass der Holzzuwachs allmählich zurückgeht und schließlich aufhört, wenn die Energiegewinne durch die Energieverluste gerade kompensiert werden. Dieser Mechanismus verhindert, dass 'Bäume in den Himmel wachsen'. Eine interessante Dynamik ergibt sich, wenn (z.B. durch Luftschadstoffe) die Photosyntheseleistung des Laubs eingeschränkt wird. Wird ein kritischer Schädigungswert überschritten, so folgt ein sehr plötzlicher Zusammenbruch des Bestandes ('Waldsterben'), weil die Bäume bei defizitärer Energiebilanz 'verhungern'.

Z309 Baumsterben. Luftschadstoffe können die Photosynthese der Blätter beeinträchtigen und dadurch die Bindung von Sonnenenergie in Assimilaten (Glukose) reduzieren. Fehlen Assimilate, so können Laub und Feinwurzeln nicht in ausreichender Menge neu gebildet werden, um die jährlichen Verluste wettzumachen. Die Versorgungslage verschlimmert sich, Wasser und Nährstoffe können nicht mehr in ausreichender Menge aufgenommen werden, der Baum kann nicht mehr genug Energie zur Erhaltung binden und stirbt schließlich ab. Der Vorgang erfasst jeden Teil des Systems 'Baum' mit seinen auf einander angewiesenen Prozessen und Komponenten. Luftschadstoffe können durch Bodenversauerung aber auch beschleunigtes Absterben von Feinwurzeln verursachen, ohne dass die Photoproduktion direkt beeinträchtigt ist. Wasser- und Nährstoffmangel führen aber auch hier zum gleichen Teufelskreis: nach längerer Unterversorgung stirbt der Baum ab. Diese systemaren Zusammenhänge und ihre Konsequenzen werden in einem Systemmodell sehr deutlich. Generell gilt bei Systemkrankheiten, dass Symptome oft keine direkten Hinweise auf die Ursachen geben können, die nicht selten an anderer Stelle versteckt sind.

Z310 Bodenwasserdynamik. Simulationsmodelle des Pflanzenwachstums, mit denen die Konsequenzen unterschiedlicher Anbaumethoden, von Bewässerung, Düngung, Schädlings- und Unkrautbekämpfung auf Ernteertrag und Betriebskosten am Computer untersucht werden können, spielen in der landwirtschaftlichen Beratung eine wichtige Rolle. Ein erster unverzichtbarer Baustein hierzu ist ein ausführliches Simulationsmodell der Dynamik des pflanzenverfügbaren Bodenwassers in Abhängigkeit von Boden- und Anbauparametern und als Folge von Niederschlägen, Bewässerung, Versickerung, Verdunstung und der Transpiration der Pflanzen. Die Dynamiken von Bodenwasser und Pflanzenwachstum sind also eng miteinander verkoppelt – die eine Dynamik bedingt die andere. Bei der Wasserversorgung der Pflanzen spielen die Feldkapazität des Bodens, der von der Bodenart abhängige kapillare Aufstieg aus dem Grundwasser und die Wasserhaltekapazität des organischen Materials im Boden wichtige Rollen.

Z311 Nährstoffdynamik. Pflanzen können normalerweise ihren Bedarf an Nährstoffen aus dem Boden entnehmen, wo diese durch Gesteinsverwitterung und Streuzersetzung verfügbar werden. Um hohe Ernten zu erzielen, müssen einige Nährstoffe in relativ großen Mengen als Dünger zugeführt werden, wenn sie im Boden nicht in ausreichender Menge vorhanden sind: Stickstoff, Phosphat, Kali, Kalk und Magnesium. Während die anderen Stoffe eine 'langsame' Dynamik haben und eine Düngung mehrere Jahre vorhalten kann, hat der Stickstoff eine ausgesprochen 'schnelle' Dynamik. Wenn Düngung nicht auf den Pflanzenwuchs abgestimmt ist, können die Dünger- und Ernteverluste und gleichzeitig die Umweltschäden für Atmosphäre und Wasserversorgung hoch sein. Da Stickstoff von Bakterien im Boden und an Schmetterlingsblütlern fixiert und auch im Stalldünger zugeführt werden kann, verzichtet der ökologische Landbau auf künstlichen Stickstoffdünger. Um dennoch hohe Ernten zu erzielen, müssen die verschiedenen Prozesse der Stickstoffumsetzungen im Boden bestmöglich verstanden und genutzt werden. Diese Prozesse sind aber vor allem mit den Umwandlungen im organischen Material aus Stalldünger, Ernteabfällen und Kompost in Nährhumus und Dauerhumus verbunden. Im Modell werden daher die verkoppelten Kohlenstoff- und Stickstoffumwandlungen betrachtet, die den pflanzenverfügbaren Stickstoff bereitstellen, der wiederum das Pflanzenwachstum und die Erntemenge bestimmt.

Z312 Feldfruchtanbau. Ein Simulationsmodell des Pflanzenanbaus kann dem Landwirt nur dann eine zuverlässige Planungshilfe sein, wenn es nicht nur das komplexe System der miteinander vernetzten Prozesse der Wasser- und Nährstoffdynamik im Boden und in der Pflanze korrekt darstellt, sondern auch mit pflanzen- und bodenspezifischen Parametern und realen Wetterdaten an die jeweiligen Gegebenheiten angepasst werden kann. Zu diesem Zweck werden die getrennt entwickelten und überprüften Teilmodelle für den Pflanzenwuchs und die Bodenwasser-, Kohlenstoff- und Stickstoffprozesse miteinander verkoppelt. Das Niederschlagsmuster kann über einen Zufallsgenerator an reale Wetterbedingungen angepasst werden. Mit mehreren Bodenparametern können die Bodenverhältnisse korrekt berücksichtigt werden. Für ganz unterschiedliche Feldfrüchte – von der Kartoffel bis zum Weizen – können die pflanzenspezifischen Parameter vorgegeben werden, um Wachstumsdynamik und Erntemengen korrekt zu berechnen. Für organische und mineralische Düngergaben können Zeitpunkt und Menge gewählt werden, um so optimale Düngestrategien zu entwickeln. Die berechneten Zeitverläufe von Pflanzenwachstum, Stickstoff- und Wasserverfügbarkeit ermöglichen einen instruktiven Einblick in die im System ablaufenden dynamischen Prozesse, der sonst nur durch ständige aufwendige Messungen möglich wäre.

Z313 Nahrungsversorgung. Die Menschheit steht vor der Aufgabe, eine zunächst noch wachsende Weltbevölkerung ausreichend mit Nahrungsmitteln zu versorgen. Da die landwirtschaftliche Fläche kaum noch ausgeweitet werden kann, erscheint das Problem nur durch Steigerung der Ernteerträge lösbar – woraus oft die Notwendigkeit für hohe Düngergaben, Pestizideinsatz und genetisch veränderte Nutzpflanzen und Nutztiere abgeleitet wird. Dabei wird übersehen, dass der menschliche Speisezettel sich aus pflanzlicher und tierischer Nahrung zusammensetzt und dass zur Erzeugung einer tierischen Nahrungsenergie-Einheit etwa zehn pflanzliche Nahrungsenergie-Einheiten aufgewendet werden müssen. Bei rein pflanzlicher Ernährung lassen sich also von der gleichen Fläche etwa zehnmal mehr Menschen ernähren als bei rein tierischer Ernährung. Verschieben sich also die Ernährungsgewohnheiten z.B. von einem Anteil tierischer Nahrungsmittel von 40% in Industrieländern zu einem (weit gesünderen) Anteil von nur 10%, so würden damit große Mengen von Getreide für die menschliche Ernährung frei werden. Mit dem Modell lassen sich die enormen Spielräume ausloten, die sich bei unterschiedlichen Szenarien für die Änderung der Nahrungszusammensetzung bieten.

Z314 Landwirtschaft und Höfesterben. Landwirtschaftliche Betriebe können nur dann weiter existieren, wenn die wirtschaftlichen Bedingungen das erlauben. Die (teilweise subventionierte) Überproduktion in den Ländern der Europäischen Union hat dazu geführt, dass die Preise landwirtschaftlicher Produkte niedrig geblieben sind, während die Kosten der landwirtschaftlichen Produktion erheblich gestiegen sind. Kleinere Betriebe werden zur Aufgabe gezwungen, da größere Betriebe kosteneffizienter arbeiten können. Mit dem Höfesterben ändert sich die soziale und landschaftliche Struktur ganzer Landstriche. Das Modell berücksichtigt u.a. die verschiedenen Beiträge staatlicher Eingriffe zur Betriebsbilanz und ermittelt aus dem Betriebsnettoeinkommen die Tendenz zur Produktivitätssteigerung bzw. Betriebsaufgabe.

Z301 Regionaler Wasserhaushalt

Aufgabenstellung

Alle Organismen brauchen Wasser um zu wachsen und zu gedeihen. Die lokale Wasserverfügbarkeit bestimmt die Entwicklungsmöglichkeiten von Ökosystemen, Landwirtschaft und Siedlungen. Viele Faktoren und Prozesse beeinflussen die lokale Wasserverfügbarkeit und ihre zeitliche Entwicklung: unregelmäßige und jahreszeitlich variierende Niederschläge, Speicherfähigkeit von Böden und Vegetation, Speicherung in Grundwasser und Seen, Verdunstung, Verbrauch und Abfluss. Diese miteinander verkoppelten Prozesse führen zu einer komplexen Dynamik. Oft ist es wichtig, diese genauer zu kennen und zu verstehen – so bei der Hochwasservorhersage oder in der Landwirtschaft.

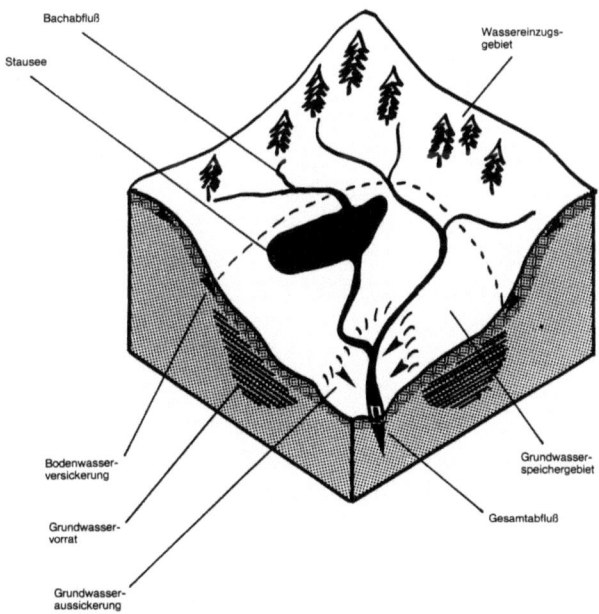

Abb. Z301a: Wassereinzugsgebiet

Die natürliche Abgrenzung für derartige Untersuchungen ist das Wassereinzugsgebiet. Wir betrachten hier ein Gebiet, das durch Wasserscheiden von anderen Wassereinzugsgebieten abgegrenzt ist, so dass die Zuflüsse ausschließlich aus den Niederschlägen über diesem Gebiet bestehen (Abb. Z301a). Diese Niederschläge treten zum Teil in den Boden ein, füllen dort die noch vorhandene Speicherkapazität auf oder laufen oberflächlich ab. Das Bodenwasser versickert teilweise weiter ins Grundwasser, wird aber auch teilweise an der Bodenoberfläche verdunstet (Evaporation) oder durch die Vegetation aufgenommen und transpiriert (Transpiration). Das Grundwasser tritt in tieferen Lagen in Aussickerungsgebieten wieder aus, wenn es bis über den Aussickerungspegel aufgefüllt worden ist. Das direkt ablaufende Wasser wird wiederum möglicherweise wenigstens zum Teil durch natürliche oder künstliche Seen oder Stauhaltungen zeitweise gespeichert, was den Ablauf der Flüsse verstetigt. Die verschiedenen Speicher in diesem System (Boden, Grundwasserkörper, Stauhaltung) haben also einen ausgleichenden Einfluss auf die Wasserhaltung und verstetigen das Angebot von Wasser im Boden, im Grundwasserkörper und in den Abflüssen. Sind die Speichervolumina relativ hoch, so machen sich die Zufälligkeiten der Niederschläge kaum bemerkbar. Sind die Speicherkapazitäten dagegen klein, etwa durch Abholzung, Zerstörung der Vegetation, Verringerung der Menge an extrem speicherfähigen organischem Material im Boden usw., so kann das nicht nur immer wieder zu extremen Flutspitzen, sondern auch zu ausgedehnten Perioden extremer Trockenheit führen.

Simulationsmodell

Das Simulationsdiagramm des Modells ist in Abb. Z301b und c gezeigt; die Modellgleichungen sind im Folgenden vollständig aufgelistet. Entsprechend der DICKE DER WASSERSPEICHERNDEN BODENSCHICHT, ihrer WASSERAUFNAHMEKAPAZITÄT und der SPEICHERFÄHIGKEIT DER STREU, kann der Boden Niederschlag als *Bodenwasser* aufnehmen, bis seine *Wassersättigungskapazität* ausgefüllt ist. Überschüssiges Wasser versickert und füllt damit das *Grundwasser* auf. Die *Versickerungsrate* selbst ist eine Bodeneigenschaft. Ist der Boden gesättigt, so läuft verbleibendes Wasser oberflächlich als *Ablaufüberschuss* ab. Von der *relativen Wassersättigung* hängt auch ab, wie viel Wasser an der Oberfläche und durch Bewuchs verdunstet. Diese *Evapotranspiration* selbst ist eine Funktion der Sonneneinstrahlung und der Bodenbedeckung (des WALDANTEILS). Der Vorrat an *Grundwasser* wird durch den *Versickerungsstrom* aufgefüllt. Erreicht der *Grundwasserspiegel* den AUSSICKERUNGSHORIZONT, so läuft Grundwasser mit der von Bodenparametern abhängigen *Aussickerungsrate* aus der AUSSICKERUNGSFLÄCHE ab. Da im Allgemeinen die *Aussickerungsrate* begrenzt ist, kann es auch zu einer Überfüllung des Grundwasserspeichers kommen; dieser *Ablaufüberschuss* läuft dann oberflächlich als *Bachabfluss* ab.

Hier wird angenommen, dass ein Teil des oberflächlich ablaufenden Wassers in einer (natürlichen oder künstlichen) Stauhaltung aufgestaut wird. Wird die STAUKAPAZITÄT überschritten, so kommt es zum Überlaufen. Der *Abfluss aus Stauhaltung* wird entsprechend der aufgestauten Menge reguliert, so dass sich insgesamt ein Ausgleich der Flussmenge ergibt. Der *gesamte Abfluss* aus dem Gebiet ergibt sich dann durch den Ablauf der aufgestauten und der nicht aufgestauten Flüsse sowie aus dem Überlauf und der Aussickerung des Grundwasserspeichers. Mit der *mittleren Abflussmenge* kann der *relative Abfluss der Region* gebildet werden, der die relative Stetigkeit des Abflusses anzeigt.

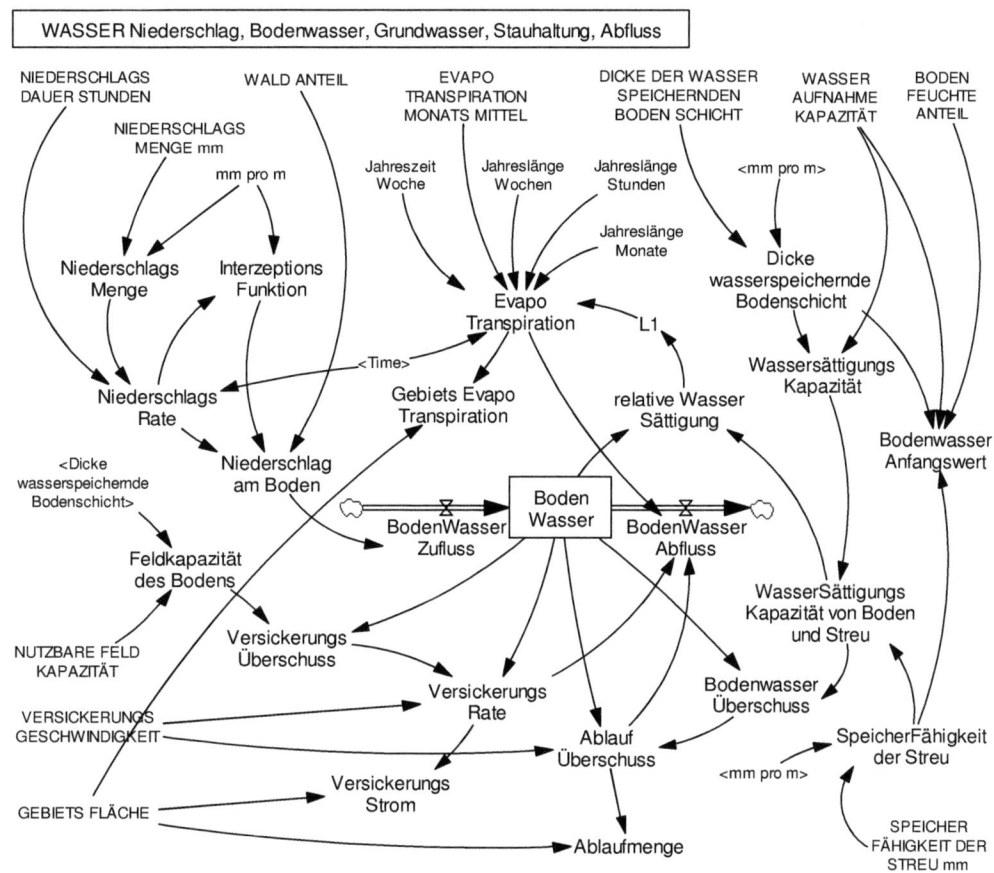

Abb. Z301b: Simulationsdiagramm des regionalen Wasserhaushalts – Teil 1.

Das Modell hat eine größere Zahl von Parametern, die es gestatten, es einer Vielzahl von Bedingungen anzupassen. Gewählt werden können: die GEBIETSFLÄCHE, der WALDANTEIL, die DICKE DER WASSERSPEICHERNDEN BODENSCHICHT, die SPEICHERFÄHIGKEIT DER STREU, die anfängliche BODENFEUCHTE, die STAUKAPAZITÄT, der damit GESTAUTE ANTEIL DES GESAMTABLAUFS, die anfängliche STAUSEEFÜLLUNG, die ANFÄNGLICHE QUELLSCHÜTTUNG, die Anfangszeit der Simulation (JahreszeitWoche, zur richtigen Ermittlung der jahreszeitlich veränderlichen Bodenverdunstung), die NIEDERSCHLAGSDAUER und die NIEDERSCHLAGSMENGE. Weitere Größen, die der Benutzer leicht verändern kann, sind: die NUTZBARE FELDKAPAZITÄT des Bodens, die VERSICKERUNGSGESCHWINDIGKEIT, die FLÄCHE DES GRUNDWASSERSPEICHERS, die SPEICHERFÄHIGKEIT DES GRUNDWASSERSPEICHERS, der AUSSICKERUNGSHORIZONT, die AUSSICKERUNGSRATE GRUNDWASSER, die AUSSICKERUNGS-

FLÄCHE und die WASSERAUFNAHMEKAPAZITÄT des Bodens. Mit diesen Parametern können sehr unterschiedliche Bedingungen dargestellt werden, um ihren Einfluss auf die Wasserhaltung zu untersuchen.

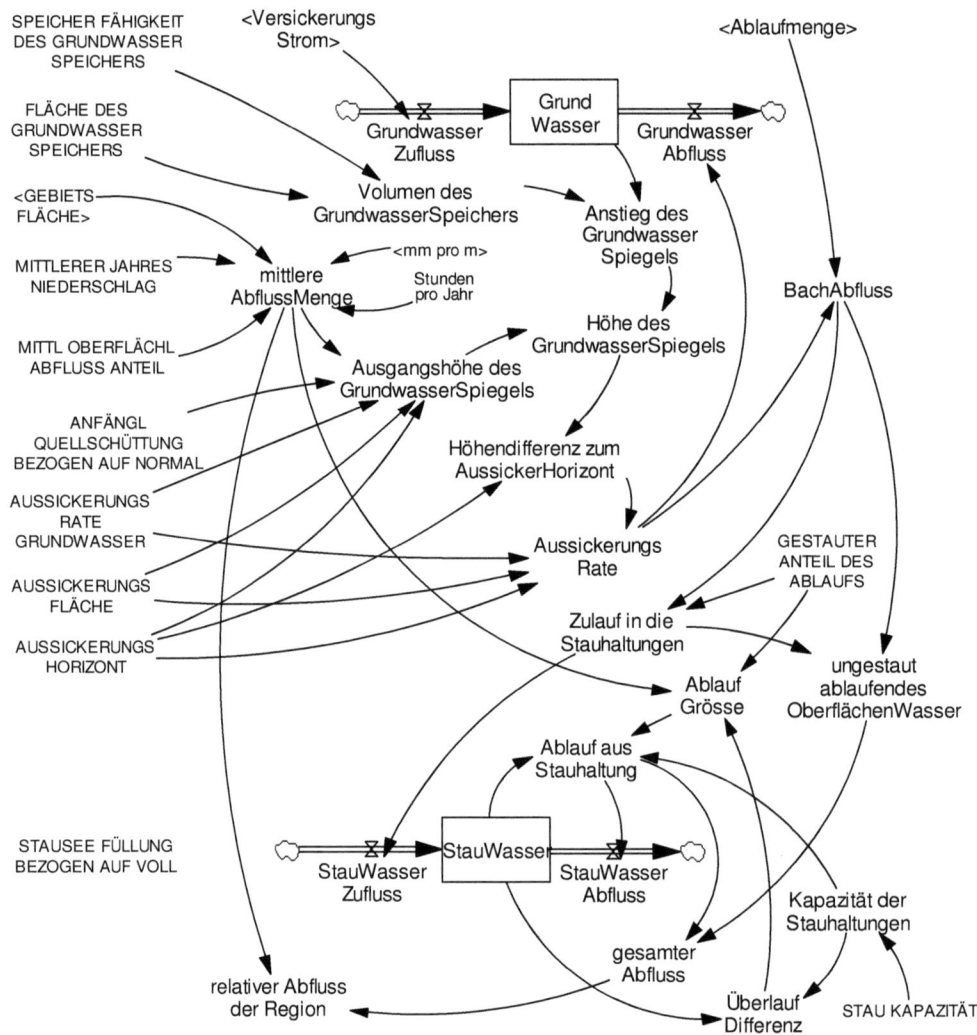

Abb. Z301c: Simulationsdiagramm des regionalen Wasserhaushalts – Teil 2.

Regionsparameter
GEBIETS FLÄCHE = 1e+008 [m*m]
WALD ANTEIL = 0 [1]
STAU KAPAZITÄT = 2e+006 [m*m*m]
GESTAUTER ANTEIL DES ABLAUFS = 0.5 [1]
STAUSEE FÜLLUNG BEZOGEN AUF VOLL = 0.5 [1]

Bodenparameter
BODEN FEUCHTE ANTEIL = 0.5 [1]
WASSER AUFNAHME KAPAZITÄT = 0.3 [m/m]
NUTZBARE FELD KAPAZITÄT = 0.2 [m/m]
DICKE DER WASSER SPEICHERNDEN BODEN SCHICHT = 30 [mm]
VERSICKERUNGS GESCHWINDIGKEIT = 0.0001 [m/Hour]
SPEICHER FÄHIGKEIT DER STREU mm = 1 [mm]

Grundwasser- und Quellparameter
FLÄCHE DES GRUNDWASSER SPEICHERS = 1e+007 [m*m]
SPEICHER FÄHIGKEIT DES GRUNDWASSER SPEICHERS = 0.15 [m/mm WS pro m
    Boden]
MITTL OBERFLÄCHL ABFLUSS ANTEIL = 0.2 [1]
AUSSICKERUNGS FLÄCHE = 1e+006 [m*m]
AUSSICKERUNGS HORIZONT = -10 [m]
AUSSICKERUNGS RATE GRUNDWASSER = 0.01 [m/Hour]
ANFÄNGL QUELLSCHÜTTUNG BEZOGEN AUF NORMAL = 1 [1]

Niederschlagsparameter
MITTLERER JAHRES NIEDERSCHLAG = 876 [mm/Year]
EVAPO TRANSPIRATION MONATS MITTEL = 37/1000 [m/Month]
JahreszeitWoche = 25 [Week]
NIEDERSCHLAGS DAUER STUNDEN = 30 [Hour]
NIEDERSCHLAGS MENGE mm = 50 [mm]

Umrechnungen
mm pro m = 1000 [mm/m]
Jahreslänge Monate = 12 [Month]
Jahreslänge Wochen = 52 [Week]
Jahreslänge Stunden = 8760 [Hour]
Stunden pro Jahr = 8760 [Hour/Year]

Bodenwasser und Verdunstung
Feldkapazität des Bodens = NUTZBARE FELD KAPAZITÄT *Dicke wasserspeichern-
    de Bodenschicht [m]
SpeicherFähigkeit der Streu = SPEICHER FÄHIGKEIT DER STREU mm /mm pro m
    [m]
Dicke wasserspeichernde Bodenschicht = DICKE DER WASSER SPEICHERNDEN

BODEN SCHICHT /mm pro m [m]

WassersättigungsKapazität = Dicke wasserspeichernde Bodenschicht *WASSER AUFNAHME KAPAZITÄT [m]

WasserSättigungsKapazität von Boden und Streu = SpeicherFähigkeit der Streu +WassersättigungsKapazität [m]

NiederschlagsMenge = NIEDERSCHLAGS MENGE mm /mm pro m [m]

NiederschlagsRate = IF THEN ELSE(Time >= 0 :AND: Time < NIEDERSCHLAGS DAUER STUNDEN, NiederschlagsMenge /NIEDERSCHLAGS DAUER STUN-DEN, 0) [m/Hour]

InterzeptionsFunktion = WITH LOOKUP (NiederschlagsRate *mm pro m, ([(0,0) - (20,1)], (0,1), (0.5,0.5), (10,0.05), (20,0.02))) [1]

Niederschlag am Boden = NiederschlagsRate *(1 -WALD ANTEIL *InterzeptionsFunktion) [m/Hour]

relative WasserSättigung = BodenWasser /WasserSättigungsKapazität von Boden und Streu [1]

L1 = IF THEN ELSE (relative WasserSättigung > 1, 1, relative WasserSättigung) [1]

EvapoTranspiration = L1 *EVAPO TRANSPIRATION MONATS MITTEL *(1 +(35/37) *SIN (6.28*((Time /Jahreslänge Stunden) +(JahreszeitWoche /Jahreslänge Wochen) -0.25))) *Jahreslänge Monate /Jahreslänge Stunden [m/Hour]

Gebiets EvapoTranspiration = EvapoTranspiration *GEBIETS FLÄCHE [m*m*m/Hour]

BodenWasser Zufluss = Niederschlag am Boden [m/Hour]

Bodenwasser Anfangswert = (Dicke wasserspeichernde Bodenschicht *WASSER AUFNAHME KAPAZITÄT +SpeicherFähigkeit der Streu) *BODEN FEUCHTE ANTEIL [m]

BodenwasserÜberschuss = BodenWasser -WasserSättigungsKapazität von Boden und Streu [m]

AblaufÜberschuss = IF THEN ELSE (BodenwasserÜberschuss > 0, (Bodenwasser-Überschuss /BodenWasser) *100 *VERSICKERUNGS GESCHWINDIGKEIT, 0) [m/Hour]

*Annahme: Ablaufgeschwindigkeit = 100*Versickerungsgeschwindigkeit*

Ablaufmenge = AblaufÜberschuss *GEBIETS FLÄCHE [m*m*m/Hour]

BodenWasser Abfluss = EvapoTranspiration +AblaufÜberschuss +VersickerungsRate [m/Hour]

BodenWasser = INTEG (+BodenWasser Zufluss -BodenWasser Abfluss, Bodenwasser Anfangswert) [m]

Grundwasser, Versickerung, Aussickerung

Volumen des GrundwasserSpeichers = FLÄCHE DES GRUNDWASSER SPEICHERS *SPEICHER FÄHIGKEIT DES GRUNDWASSER SPEICHERS [m*m]

Ausgangshöhe des GrundwasserSpiegels = (-AUSSICKERUNGS HORIZONT) *((mittlere AbflussMenge *ANFÄNGL QUELLSCHÜTTUNG BEZOGEN AUF NORMAL /(AUSSICKERUNGS RATE GRUNDWASSER *AUSSICKERUNGS FLÄCHE)) -1) [m]

VersickerungsÜberschuss = BodenWasser -Feldkapazität des Bodens [m]

VersickerungsRate = IF THEN ELSE (VersickerungsÜberschuss > 0, (Versickerungs-

Überschuss /BodenWasser) *VERSICKERUNGS GESCHWINDIGKEIT, 0)
[m/Hour]

VersickerungsStrom = GEBIETS FLÄCHE *VersickerungsRate [m*m*m/Hour]

GrundwasserZufluss = VersickerungsStrom [m*m*m/Hour]

GrundwasserAbfluss = AussickerungsRate [m*m*m/Hour]

GrundWasser = INTEG (+GrundwasserZufluss -GrundwasserAbfluss,0) [m*m*m]

Anstieg des GrundwasserSpiegels = GrundWasser /Volumen des GrundwasserSpeichers [m]

Höhe des GrundwasserSpiegels = Ausgangshöhe des GrundwasserSpiegels +Anstieg
des GrundwasserSpiegels [m]

Höhendifferenz zum AussickerHorizont = Höhe des GrundwasserSpiegels -
AUSSICKERUNGS HORIZONT [m]

AussickerungsRate = IF THEN ELSE(Höhendifferenz zum AussickerHorizont > 0, (Höhendifferenz zum AussickerHorizont /(-AUSSICKERUNGS HORIZONT))
*AUSSICKERUNGS RATE GRUNDWASSER *AUSSICKERUNGS FLÄCHE, 0)
[m*m*m/Hour]

Stauhaltung und Wasserabfluss

Kapazität der Stauhaltungen = STAU KAPAZITÄT [m*m*m]

BachAbfluss = Ablaufmenge +AussickerungsRate [m*m*m/Hour]

Zulauf in die Stauhaltungen = GESTAUTER ANTEIL DES ABLAUFS *BachAbfluss
[m*m*m/Hour]

StauWasserZufluss = Zulauf in die Stauhaltungen [m*m*m/Hour]

StauWasserAbfluss = Ablauf aus Stauhaltung [m*m*m/Hour]

StauWasser = INTEG (+StauWasserZufluss -StauWasserAbfluss, Kapazität der Stauhaltungen *STAUSEE FÜLLUNG BEZOGEN AUF VOLL) [m*m*m]

ungestaut ablaufendes OberflächenWasser = BachAbfluss -Zulauf in die Stauhaltungen [m*m*m/Hour]

ÜberlaufDifferenz = StauWasser -Kapazität der Stauhaltungen [m*m*m]

AblaufGrösse = IF THEN ELSE (ÜberlaufDifferenz > 0, GESTAUTER ANTEIL DES
ABLAUFS *mittlere AbflussMenge *20, GESTAUTER ANTEIL DES ABLAUFS
*mittlere AbflussMenge *2) [m*m*m/Hour]

Ablauf aus Stauhaltung = IF THEN ELSE (Kapazität der Stauhaltungen > 0, (AblaufGrösse *StauWasser /Kapazität der Stauhaltungen), 0) [m*m*m/Hour]

gesamter Abfluss = ungestaut ablaufendes OberflächenWasser +Ablauf aus Stauhaltung [m*m*m/Hour]

mittlere AbflussMenge = ((MITTLERER JAHRES NIEDERSCHLAG /Stunden pro Jahr)
/mm pro m) *(MITTL OBERFLÄCHL ABFLUSS ANTEIL) *GEBIETS FLÄCHE
[m*m*m/Hour]

relativer Abfluss der Region = gesamter Abfluss /mittlere AbflussMenge [1]

Simulationszeitparameter

INITIAL TIME = 0 [Hour]

FINAL TIME = 100 [Hour]

TIME STEP = 0.03125 [Hour]

Simulationsergebnisse

Wir stellen hier zwei Simulationsläufe gegenüber, die sich nur in den Annahmen über WALDANTEIL, die DICKE DER WASSERSPEICHERNDEN BODENSCHICHT und der SPEICHERFÄHIGKEIT DER STREU unterscheiden. In beiden Fällen läuft die Simulation über 100 Stunden. In den ersten 30 Stunden treten relativ starke Niederschläge mit insgesamt 50 mm Regen auf. In den verbleibenden 70 Stunden bis zum Ende der Simulationsperiode fällt kein weiterer Niederschlag. Abb. Z301d zeigt die Ergebnisse für ein bewaldetes Gebiet (WALDANTEIL = 1) und entsprechend gut speichernden Boden mit einer Dicke von 300 mm und einer Speicherfähigkeit der organischen Auflage von 10 mm Wasser. Beim zweiten Simulationslauf in Abb. Z301e für unbewaldetes Gebiet (WALDANTEIL = 0) wurde die Dicke der WASSERSPEICHERNDEN BODENSCHICHT auf 30 mm reduziert, und es wurde nur eine sehr geringe SPEICHERFÄHIGKEIT DER STREU (1 mm Wasser) angenommen.

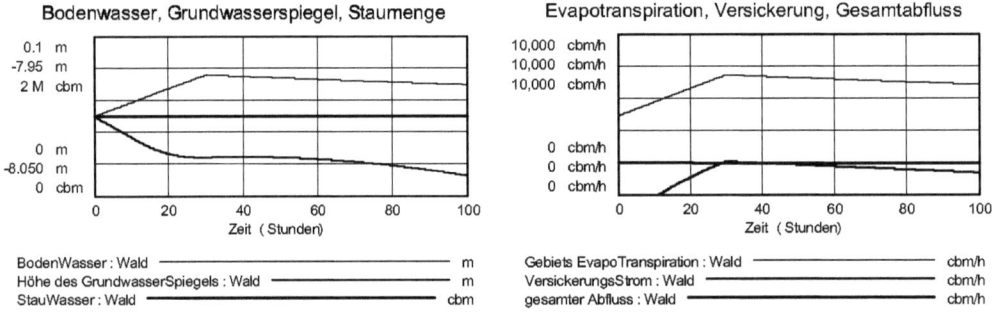

Abb. Z301d: Bei bewaldetem Gebiet mit speicherfähigem Boden gibt es auch nach Starkregen kaum Veränderung im Gesamtabfluss.

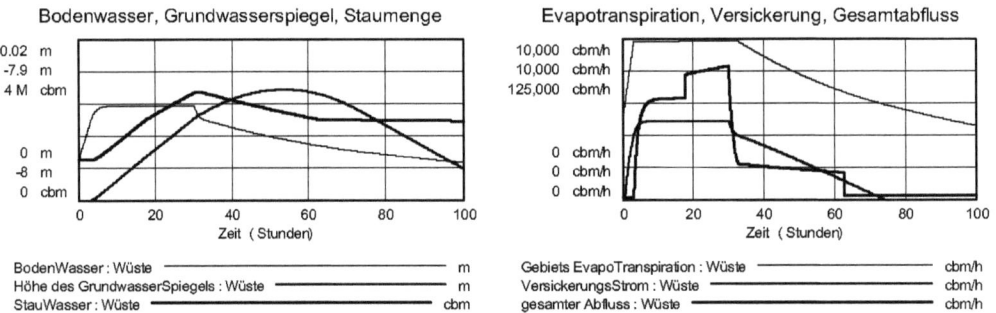

Abb. Z301e Bei unbewaldetem Gebiet und kaum speicherfähigem Boden steigt der Gesamtabfluss in kurzer Zeit enorm.

Zwischen den beiden Simulationsläufen ergeben sich interessante Unterschiede. Während der gut speichernde Boden sich allmählich bis an seine Feldkapazität auffüllt und danach einen Teil des Wassers durch langsame Versickerung abgibt, verbleibt im schlecht speichernden Boden nur wenig Wasser. Nach Ende der Regenperiode ist er wieder am unteren Rand seiner Feldkapazität (dem Welkepunkt). Beim gut speichernden Boden ergibt sich eine nachhaltige Grundwasseranreicherung, während es im anderen Fall bei einer nur geringen Veränderung bleibt. Dank der größeren Speicherfähigkeit des Bodens und der damit verbundenen geringeren Ablaufspitze wird der Stausee hier nicht bis an seine Kapazitätsgrenze aufgefüllt, läuft also nicht über und trägt somit zur Verstetigung des Abflusses bei. Im Fall der geringen Speicherfähigkeit des Bodens fließt weit mehr Wasser sofort oberflächlich ab, bringt den Stausee zum Überlaufen und führt zu weit höheren Flutspitzen im Abfluss.

Arbeitsvorschläge

1. Untersuchen Sie die Folgen von Entwaldung und Bodenerosion für die Stetigkeit der Wasserführung. Wie weit können sie durch den Bau von Stauhaltungen gemindert werden?
2. Gestalten Sie das Modell realistischer, indem Sie eine stochastische Berechnung der Niederschläge auf der Grundlage gemessener Niederschlagsdaten hinzufügen.
3. Wenden Sie das Modell auf ein abgrenzbares Wassereinzugsgebiet (z.B. Alpental; Einzugsgebiet eines mitteldeutschen Flusses usw.) an, mit möglichst realistischen Daten. Untersuchen Sie die Folgen von Maßnahmen und Vorgängen wie Abholzung, Waldsterben, Drainage, Bachbegradigungen, Reduzierung des Humusanteils im Boden, Erosion, Staudämmen, Grundwasserentnahme durch Industrie, Versiegelung des Bodens durch Siedlung und Verkehrsbauten usw. auf die Stetigkeit der Wasserführung (Modell erweitern, falls notwendig).
4. Koppeln Sie das Modell mit einem Modell des Pflanzenwachstums, um die durch die Vegetationsperiode bedingten Wasserverbräuche (höhere Transpiration, geringere Evaporation) für verschiedenen Bewuchs genauer darzustellen. Führen Sie für die winterliche Jahreszeit eine 'Versiegelung' des Bodens durch Frost und Schnee ein. Stellen Sie die Wasserhaltung und den Wasserablauf im jahreszeitlichen Wechsel dar.

Literaturhinweise

Global 2000: Der Bericht an den Präsidenten. Zweitausendeins, Frankfurt/M. 1980, S. 347-385, S. 701-706.
Larcher, W. 1979: *Ökologie der Pflanzen.* UTB/Ulmer Stuttgart, S. 281-357.
Finck, A. 1982: *Pflanzenernährung in Stichworten.* Hirt, Kiel, S. 75-81.
Scheffer, F., Schachtschabel 1982: *Lehrbuch der Bodenkunde.* Enke, Stuttgart, S.161-189.

Z302 Globaler Kohlenstoff-Kreislauf

Aufgabenstellung

Durch Photosynthese und Zersetzung organischer Substanz (Bestandsabfall und Humus) wie auch durch die Respiration von Pflanzen und Tieren werden der Atmosphäre ständig große Mengen von Kohlendioxid entnommen bzw. wieder zugeführt. Diese riesigen CO_2-Ströme waren über Jahrmillionen im Gleichgewicht: Die jährlichen CO_2-Gewinne und Verluste der Atmosphäre hielten sich ziemlich genau die Waage, so dass sich der atmosphärische CO_2-Pegel kaum veränderte.

Dieses Fließgleichgewicht zwischen den zwei CO_2-Speichern Atmosphäre und (lebende und tote) Biomasse wird etwa seit Beginn der Industrialisierung durch Verbrennung fossiler Brennstoffe und Abholzung von Wäldern gestört. In jedem Jahr gelangt jetzt etwas mehr CO_2 in die Atmosphäre, als ihr durch die Photoproduktion pflanzlicher Organismen auf dem Land und im Meer wieder entnommen werden kann. Dies führt wegen des zunehmenden Anteils des Treibhausgases CO_2 in der Atmosphäre zu einem allmählichen Temperaturanstieg und damit zur Klimaveränderung.

Die Tatsache, dass der von Menschen verursachte zusätzliche Eintrag in die Atmosphäre nur wenige Prozent der natürlichen CO_2-Ströme ausmacht, verführt zu der oft gehörten Behauptung, dass dieser 'kleine' Effekt unmöglich zu einer Klimaveränderung führen könne. Solche Behauptungen verkennen die grundsätzliche Tatsache, dass Störungen von genau ausbalancierten Fließgleichgewichten immer zu dynamischen und oft dramatischen Veränderungen in Systemen führen.

Das Phänomen des dynamischen Gleichgewichts der Flüsse zwischen zwei Speichern ist in verschiedenen Bereichen anzutreffen. Zwei Speicher mit den Inhalten x und y einer Substanz stehen im gegenseitigen Austausch. Ein erster Prozess entnimmt dem Speicher x die Substanz mit einer gewissen Rate und führt sie dem Speicher y zu. Ein zweiter Prozess wiederum entnimmt die Substanz dem Speicher y und führt sie in den Speicher x zurück. Ein Fließgleichgewicht besteht, solange im Kreislauf keine Verluste nach außen, oder Einträge von außen stattfinden. Dieser Prozess gilt generell für die Dynamik der Treibhausgase in der Atmosphäre, wie auch z.B. für Stoffkreisläufe im Boden und Grundwasser und deren Pegelerhöhung durch Schadstoffeinträge, wie auch z.B. für die Bevölkerungsentwicklung oder Haushaltsbilanzen, wie auch für viele technische Prozesse (wie Kühlaggregate).

Simulationsmodell

Das Simulationsdiagramm in Abb. Z302a sowie die folgenden Modellgleichungen dokumentieren das Einfachmodell der globalen Kohlenstoff-Ströme.

Die zwei Speicher *Kohlenstoff in Atmosphäre* und *Kohlenstoff in Biosphäre* sind durch die Prozesse der CO_2-*Bindung durch Pflanzen* und der *Zersetzung von Biomasse* miteinander verbunden. Als Störung kommen ein zusätzlicher CO_2-Eintrag aus der Verbrennung fossiler Brennstoffe mit einer logistischen Verbrauchssättigung sowie die Waldzerstörung hinzu. Dieses Einfachmodell berücksichtigt keine CO_2-Aufnahme durch den Ozean.

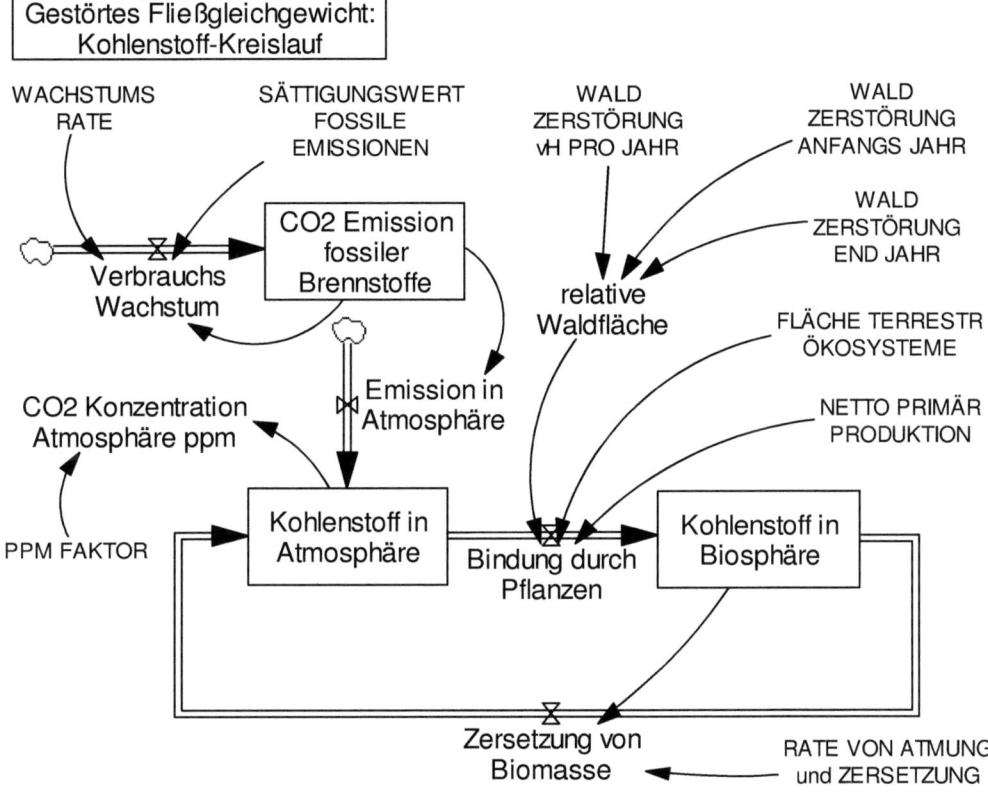

Z302a: Simulationsdiagramm für den globalen Kohlenstoff-Kreislauf.

Wesentliche kritische Faktoren für die weitere Entwicklung des Systems sind die WACHSTUMSRATE und der SÄTTIGUNGSWERT FOSSILE EMISSIONEN, sowie die Parameter der WALDZERSTÖRUNG. Da die CO_2-Aufnahme unabhängig ist vom *Kohlenstoff in Atmosphäre*, ist ein weiterer CO_2-Anstieg nur vermeidbar, wenn die Verbrennung fossiler Ressourcen und die Waldzerstörung aufhören.

Parameter
FLÄCHE TERRESTR ÖKOSYSTEME = 0.145 [Gkm²]
NETTO PRIMÄR PRODUKTION = 400 [GtC/(Gkm²*Year)]
RATE VON ATMUNG und ZERSETZUNG = 0.02 [1/Year]
WALD ZERSTÖRUNG vH PRO JAHR = 0.2 [1/Year] *Angabe in Prozent pro Jahr*

WALD ZERSTÖRUNG ANFANGS JAHR = 1970 [Year]
WALD ZERSTÖRUNG END JAHR = 2020 [Year]
SÄTTIGUNGSWERT FOSSILE EMISSIONEN = 15 [GtC/Year]
WACHSTUMS RATE = 0.03 [1/Year]
PPM FAKTOR = 2.12 [GtC/CO2ppm]

Dynamik
relative Waldfläche = 1 –RAMP ((WALD ZERSTÖRUNG vH PRO JAHR /100), WALD
    ZERSTÖRUNG ANFANGS JAHR, WALD ZERSTÖRUNG END JAHR) [1]
VerbrauchsWachstum = WACHSTUMS RATE *CO2 Emission fossiler Brennstoffe *(1 -
    CO2 Emission fossiler Brennstoffe /SÄTTIGUNGSWERT FOSSILE EMISSIO-
    NEN) [GtC/(Year*Year)]
CO2 Emission fossiler Brennstoffe = INTEG (VerbrauchsWachstum, 0.1) [GtC/Year]
Emission in Atmosphäre = CO2 Emission fossiler Brennstoffe [GtC/Year]
Bindung durch Pflanzen = NETTO PRIMÄR PRODUKTION *FLÄCHE TERRESTR
    ÖKOSYSTEME *relative Waldfläche [GtC/Year]
Zersetzung von Biomasse = RATE VON ATMUNG und ZERSETZUNG *Kohlenstoff in
    Biosphäre [GtC/Year]
Kohlenstoff in Atmosphäre = INTEG (+Zersetzung von Biomasse -Bindung durch
    Pflanzen +Emission in Atmosphäre, 570) [GtC]
Kohlenstoff in Biosphäre = INTEG (Bindung durch Pflanzen -Zersetzung von Biomas-
    se, 2900) [GtC]
CO2 Konzentration Atmosphäre ppm = Kohlenstoff in Atmosphäre /PPM FAKTOR
    [CO2ppm]

Simulationszeitparameter
INITIAL TIME = 1850 [Year]
FINAL TIME = 2050 [Year]
TIME STEP = 0.05 [Year]

Simulationsergebnisse

Abb. Z302b zeigt das Ergebnis für die Parameter der Voreinstellung. Diese entsprechen etwa denen der historischen Entwicklung. Es ergibt sich ein Anstieg des CO_2 von
rund 280 ppm (parts per million) im Jahr 1850 auf etwa 650 ppm im Jahr 2050. Abb.
Z302c zeigt Ergebnisse für unterschiedliche SÄTTIGUNGSWERTE FOSSILE EMISSIONEN
im Bereich von 5 bis 25 GtC/a. Hier steigt die *CO_2-Konzentration Atmosphäre* auf
Werte zwischen 530 bis 730 ppm im Jahr 2050.
    Ausgehend von einem anfänglichen Gleichgewicht zwischen den Speichern
steigt der Pegel des *Kohlenstoff in Atmosphäre* durch den logistisch wachsenden Eintrag *Emission in Atmosphäre* aus der *CO_2-Emission fossiler Brennstoffe*. Die *Bindung
durch Pflanzen* von CO_2 aus der Atmosphäre ist von der von Pflanzen bedeckten FLÄ-
CHE TERRESTRISCHER ÖKOSYSTEME und deren mittlerer NETTOPRIMÄRPRODUKTION

(C-Bindung durch Photosynthese) abhängig. Durch WALDZERSTÖRUNG oder Umweltbelastung verringert sich die *Bindung durch Pflanzen* mit dem Faktor *relative Waldfläche*. Im Gegensatz zum Photosyntheseprozess sind die Zersetzungs- und Respirationsprozesse proportional zur (lebenden und toten) Biomasse, d.h. dem darin gebundenen *Kohlenstoff in Biosphäre* mit der entsprechenden RATE VON ATMUNG UND ZERSETZUNG. Daher ergibt sich hier ein nach wie vor hoher Eintrag aus der Respiration und Zersetzung von Biomasse, auch wenn deren Produktivität reduziert sein sollte. Insgesamt überwiegen die Einträge von *Kohlenstoff in Atmosphäre*, und es kommt zum ständigen Anstieg der *CO_2-Konzentration Atmosphäre*.

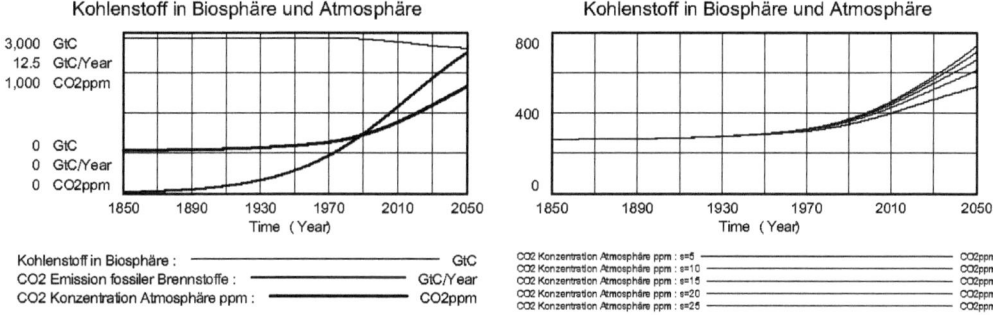

Abb. Z302b: Historische und zukünftige Entwicklung des CO_2-Pegels.
Abb. Z302c: CO2-Pegel für verschiedene SÄTTIGUNGSWERTE FOSSILE EMISSIONEN.

Arbeitsvorschläge

1. Untersuchen Sie die weitere Entwicklung für unterschiedliche Szenarien des zukünftigen Verbrauchs fossiler Brennstoffe (Parameter: WACHSTUMSRATE, SÄTTIGUNGSWERT FOSSILE EMISSIONEN).
2. Untersuchen Sie die Konsequenzen verschiedener Abholzungs- bzw. Aufforstungsstrategien (WALDZERSTÖRUNG vH PRO JAHR, WALDZERSTÖRUNG ANFANGSJAHR, WALDZERSTÖRUNG ENDJAHR).
3. Welche Rolle spielt die Rate von ATMUNG UND ZERSETZUNG? Was bedeutet ihr Kehrwert (die Zeitkonstante)?
4. Entwickeln Sie anhand von Simulationen Vorschläge für Energie- und Forstpolitik, um langfristig die *CO_2 Konzentration Atmosphäre ppm* auf 400 ppm zu stabilisieren.

Literaturhinweise

Bach, W. 1982: *Gefahr für unser Klima – Wege aus der CO_2-Bedrohung durch sinnvollen Energieeinsatz.* C. F. Müller, Karlsruhe (bes. S. 65-94).
Council on Environmental Quality, 1980: *Global 2000 – Der Bericht an den Präsidenten.* Zweitausendeins, Frankfurt/M, S. 548-574.

Z303 CO$_2$-Dynamik von Bio- und Atmosphäre

Aufgabenstellung

Das Kohlendioxid stellt mit einem Anteil von 0.3 Promille nur einen winzigen Teil der Erdatmosphäre dar. Dennoch nimmt es eine Schlüsselrolle für alle Lebensvorgänge ein, in zweierlei Hinsicht: Einmal ist Kohlenstoff der Grundbaustein allen organischen Lebens, wobei die Erdatmosphäre als Speicher dieses Grundstoffs für alles terrestrische und einen Teil des aquatischen Lebens dient. Zum anderen regelt der geringe Kohlendioxidanteil in der Atmosphäre wesentlich den Wärmehaushalt der Erde: Änderungen des Kohlendioxidpegels rufen globale Temperatur- und damit Klimaänderungen hervor. Seit etwa der Mitte des vorigen Jahrhunderts aber steigt dieser Wert ständig als Folge der Verbrennung fossiler Brennstoffe, der Intensivierung der landwirtschaftlichen Produktion und der Abholzung.

Bevor es zu größeren Störungen durch menschliche Eingriffe kam, war der globale Kohlenstoffkreislauf in einem stabilen Fließgleichgewicht. Der Austausch zwischen den großen Speichern (Atmosphäre, lebende Biomasse, tote Biomasse (Humus), Ozean und Erdrinde) war ausgeglichen. Jeder Speicher gab jährlich etwa die gleiche Menge Kohlenstoff wieder ab, die er in dieser Zeitperiode gewann. Die Anlagerung von Kohlenstoff in Biomasse bei der pflanzlichen Nettoproduktion und der Umkehrprozess der Zersetzung stellen die weitaus größten Kohlenstoff-Flüsse zwischen Atmosphäre und Land dar. Zusätzliche natürliche Kohlenstoffflüsse vom Land zur Atmosphäre entstehen durch die Atmung der Tiere (heterotrophe Respiration), durch natürliche Feuer und durch Gesteinsverwitterung. Der Austausch zwischen Ozean und Atmosphäre ist im ungestörten Zustand ausgeglichen; die Nettoaufnahme von Ozean bzw. Atmosphäre also Null.

Besonders seit dem letzten Jahrhundert hat der Mensch in diesen Kreislauf vermehrt eingegriffen, mit dem Nettoeffekt, dass in die Atmosphäre ständig mehr Kohlenstoff fließt, als diese wiederum an Land oder Ozean abgeben kann. Als Folge ist in den vergangenen etwa 100 Jahren der Kohlendioxidpegel in der Atmosphäre von etwa 280 ppm auf heute 360 ppm gestiegen; eine Zunahme um etwa 25 %, die sich weiter beschleunigt und gegenwärtig etwa 1.2 ppm pro Jahr beträgt (ppm = parts per million; 1 ppm = 1 Volumenteil auf 1 Million Volumenteile). Diese Zunahme hat mehrere Ursachen. Einmal stammt ein erheblicher Anteil aus der zunehmenden Verbrennung fossiler Brennstoffe. Dieser Wert ist relativ genau bekannt. Andere, weniger genau ermittelbare Beiträge stammen aus der zunehmenden Abholzung und Vernichtung von Wäldern besonders in tropischen Gebieten, sowie aus der zusätzlichen Oxidation von Humus durch eine Zunahme der Gebiete unter landwirtschaftlicher Nutzung wie auch durch die Intensivierung der Landwirtschaft selber. Die Abschätzung der einzelnen Quellen ist schwierig und zum Teil mit relativ großen Unsicherheiten verbunden. Wir verweisen hierzu auf die recht umfangreiche Literatur.

Die Speichergrößen und Flussraten des Kohlenstoffkreislaufs werden in Gigatonnen Kohlenstoff (GtC bzw. GtC/a) angegeben. Die meisten Zahlen sind mit relativ großen Unsicherheiten behaftet. Die Atmosphäre speichert heute etwa 710 GtC. Der Wert ist vergleichbar mit dem geschätzten Kohlenstoffinhalt der lebenden Biomasse von etwa 670 GtC. Die Kohlenstoffmenge in toter organischer Substanz (schnell zersetzbarer Nährhumus und langsam zersetzbarer Dauerhumus) ist mit etwa 1600 GtC rund zweieinhalb mal so groß wie der Inhalt der lebenden Substanz. Die technisch gewinnbare Menge an fossilen Brennstoffen wird auf etwa 3000 GtC geschätzt. Die wichtigsten Kohlenstoff-Flüsse in die bzw. aus der Atmosphäre sind heute die folgenden (in GtC/a; Zugänge positiv, Abnahmen negativ): Gesteinsverwitterung (0.5), Verbrennung fossiler Brennstoffe (heute etwa 5), Feuer (2), Aufforstung (vor allem in nördlichen Breiten) (-1), Abholzung zu Rodungszwecken (2.5), wovon ein Teil durch Verbrennung direkt in die Atmosphäre gelangt (1.5), ein anderer Teil durch Holzkohlebildung zunächst im Humus festgelegt wird (1), Tieratmung (3), Nettoprimärproduktion der Pflanzen (-50), Zersetzung toter Biomasse (45), zusätzliche Bodenoxidation durch intensive Landwirtschaft (1.5), Nettoaufnahme durch den Ozean (bis -3).

Die Klimaforschung geht heute davon aus, dass bei einer CO_2-Verdoppelung von 300 auf 600 ppm die über die nördliche Hemisphäre gemittelten Temperaturen sich um etwa 2 bis 3 Grad Kelvin erhöhen. In den polaren Breiten wäre der Anstieg mit etwa 8 Grad besonders stark. Hier würde es daher zu einem Abschmelzen der arktischen Eismassen und zum Ansteigen des Meeresspiegels kommen. Paradoxerweise könnte ersteres auch ein 'Abreißen' des Golfstroms und eine neue Eiszeit in Nordeuropa bewirken.

Mit weltweiten Klimaverschiebungen ist also zu rechnen, die besonders auf die Ernährungssicherung gravierende Auswirkungen haben könnten. Bei einer Vervierfachung des CO_2-Gehalts auf 1200 ppm verschwindet das Treibeis in den Sommern der Nord- und Südhalbkugel vollkommen, und es ergeben sich drastische Folgen für die globale Umverteilung der Niederschläge mit entsprechenden Auswirkungen auf Wasserhaushalt und Landwirtschaft. Es ist also zu untersuchen, mit welchen Steigerungen des CO_2-Pegels in Zukunft zu rechnen ist, welche hauptsächlichen Ursachen diese Steigerung hat und welche Maßnahmen verfolgt werden müssen, um diesen Anstieg und seine Auswirkungen in Grenzen zu halten. Da es sich um Störungen eines dynamischen Systems im Fließgleichgewicht handelt, ist ein dynamisches Modell angebracht. Hierbei wird man besonders der Abbaudynamik der fossilen Brennstoffe Aufmerksamkeit schenken müssen, weil deren Verbrennung den größten Teil des CO_2-Anstiegs verursacht. Zu klären ist besonders, ob und wie durch bessere Energienutzung und Einsatz erneuerbarer Energieträger der Verbrauch fossiler Energieträger gedrosselt und damit das Problem entschärft werden kann.

Simulationsmodell

Die Struktur des Modells ist im Simulationsdiagramm Abb. Z303a dargestellt; die dazugehörigen Modellgleichungen sind im Folgenden dokumentiert. Das Modell berechnet und bilanziert die Kohlenstoff-Einträge und Austräge der Atmosphäre durch Verwitterung, fossile Brennstoffnutzung, Feuer, Aufforstung und Abholzung, pflanzliche Nettoprimärproduktion, Streuzersetzung, beschleunigten Humuszerfall durch Ackerbau und Absorption von Kohlendioxid im Ozean. Das Verbrauchsniveau der fossilen Brennstoffe wird über deren Verknappung gesteuert. Der anfänglich exponentiell wachsende Verbrauch erreicht ein Maximum und reduziert sich auf Null, wenn die Vorräte verbraucht sind. Das Modell eignet sich zur Untersuchung der Wirkungen, die energiesparende Technologien, verschiedene Wachstumsraten, unterschiedlich hohe Vorräte an fossilen Brennstoffen und Maßnahmen der Agrar- und Forstpolitik auf den Anstieg und das Endniveau des Kohlendioxidpegels in der Atmosphäre haben können. Das Simulationsdiagramm enthält in den Speichern die Anfangswerte für 1850. Der Simulationszeitraum läuft von 1850 bis 2350.

Der Anstieg des *CO_2 in Atmosphäre* ergibt sich aus der Summe der *CO_2 Zunahme* und *CO_2 Abnahme*, unter Berücksichtigung der *CO_2 Aufnahme Ozean*, die hier vereinfacht mit einer Tabellenfunktion dargestellt wird. Die maximale Aufnahme ist auf 3 GtC pro Jahr beschränkt. Der Kohlenstoffgehalt der Atmosphäre wird mit dem Faktor 1/2.12 von GtC auf ppm Kohlendioxid umgerechnet. Der jährliche Eintrag aus VERWITTERUNG wird auf 0.5 GtC/a gesetzt. Der Eintrag durch natürliche Brände (*Verlust durch Feuer*) sei proportional zur *Nettoprimärproduktion* der Pflanzen (NPP; Faktor 0.035). Die Kohlenstoffentnahme aus der Atmosphäre (*Bindung durch Primärproduktion*) durch die *Nettoprimärproduktion* der Pflanzen sei proportional zum *Kohlenstoff in lebender Biomasse* (Faktor 0.075). Die Abgabe von Kohlenstoff durch *Tieratmung* an die Atmosphäre (*Verlust durch Tieratmung*) sei proportional zu NPP (Faktor 0.06). Der *jährliche Bestandsabfall* entspricht der nichtveratmeten Menge der *Nettoprimärproduktion* (Faktor 0.905). Der entsprechende Betrag wird vom *Kohlenstoff in lebender Biomasse* abgezogen, durch Zersetzung beim Humus hinzugefügt (*Zuwachs Kohlenstoff im Humus*) und dort wiederum bei der Humifizierung entnommen und bei der Atmosphäre addiert (*Verlust Kohlenstoff in Humus*). Der Eintrag aus der *Humuszersetzung* ist damit proportional zum *Kohlenstoff im Humus* (Faktor 0.032).

Für die Kohlenstoff-Einträge und Austräge der Maßnahmen AUFFORSTUNG, ABHOLZUNG und Bodenbearbeitung (BODENOXIDATION) werden entsprechende zeitabhängige Tabellenfunktionen vorgegeben. Bei der ABHOLZUNG wird berücksichtigt, dass ein Teil des bei der Rodung freiwerdenden Kohlenstoffs zunächst längerfristig als Holzkohle im Humus festgelegt wird.

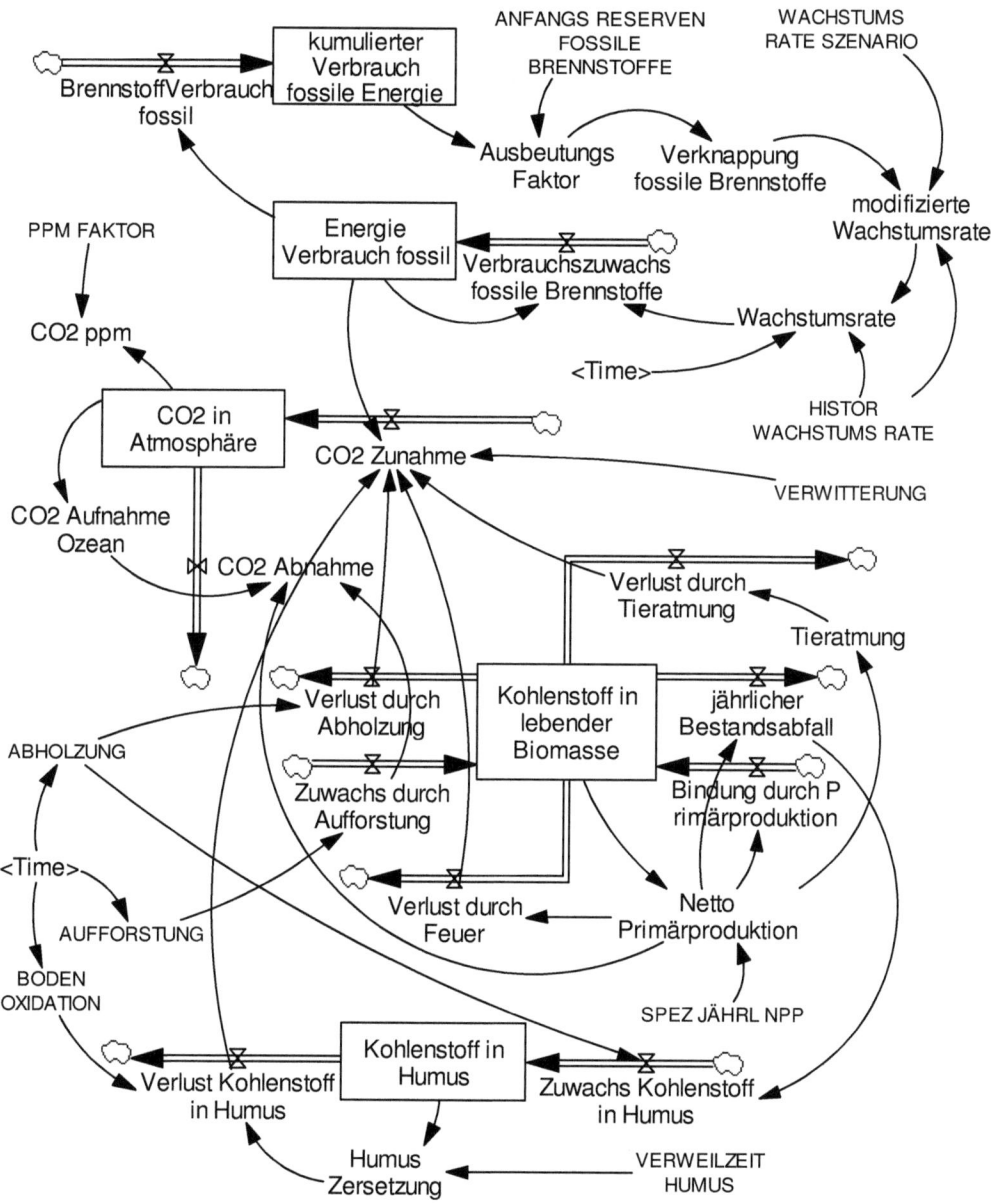

Abb. Z303a: Simulationsdiagramm für die CO₂-Dynamik in Bio- und Atmosphäre

Die Berechnung des Eintrags durch die Verbrennung fossiler Brennstoffe geht davon aus, dass das Verbrauchsniveau (*Energieverbrauch fossil*) eine Zustandsgröße darstellt, die sich nur allmählich ändern kann. Diese Veränderung wird zunächst durch eine vorgegebene HISTOR WACHSTUMSRATE oder WACHSTUMSRATE SZENARIO bestimmt, die aber modifiziert wird, wenn sich Verknappungserscheinungen ergeben. Die *Verknappung fossile Brennstoffe* wird berechnet, indem der jährliche *Energieverbrauch fossil* bzw. *Brennstoffverbrauch fossil* zum *kumulierten Verbrauch fossile Energie* aufintegriert wird. Durch Vergleich mit den ANFANGSRESERVEN FOSSILE BRENNSTOFFE wird der *Ausbeutungsfaktor* gebildet. Wenn die Hälfte der Vorräte verbraucht worden ist, erreicht er den Wert 1. Von diesem Zeitpunkt ab wird über *Verknappung fossile Brennstoffe* die Zuwachsrate des Energieverbrauchs (*Verbrauchszuwachs fossile Brennstoffe*) negativ. Der *Energieverbrauch fossil* reduziert sich schließlich bis auf Null, wenn (etwa) alle Vorräte verbraucht worden sind. *Anmerkung*: Dieser Berechnungsansatz ist nur sinnvoll, wenn der kumulierte Verbrauch zu Beginn der Rechnung sehr viel kleiner ist als der Vorrat. Eine andere Darstellung, für die diese Einschränkung nicht gilt, findet sich im Modell Z415 ENTDECKUNG VON ROHSTOFFEN.)

Parameter

ANFANGS RESERVEN FOSSILE BRENNSTOFFE = 4000 [GtC]
HISTOR WACHSTUMS RATE = 3.4 [1/Year]
WACHSTUMS RATE SZENARIO = 3.4 [1/Year] *Wachstumsrate des fossilen Energieverbrauchs ab 2000; Prozent pro Jahr*
ABHOLZUNG = WITH LOOKUP (Time, ([(1850, 0) -(2300, 10)], (1850,0), (1980,2), (2100,1), (2400,1))) [GtC/Year]
AUFFORSTUNG = WITH LOOKUP (Time, ([(1850,0) -(2400,10)], (1850,0), (1950,1), (2100,1), (2400,1))) [GtC/Year]
VERWITTERUNG = 0.5 [GtC/Year]
VERWEILZEIT HUMUS = 30 [Year]
BODEN OXIDATION = WITH LOOKUP (Time, ([(1850,0) -(2350,10)], (1850,0), (1980,1.5), (2100,0), (2400,0))) [GtC/Year]
SPEZ JÄHRL NPP = 0.075 [1/Year]
PPM FAKTOR = 2.12 [GtC/ppm]

Dynamik Atmosphäre

BrennstoffVerbrauch fossil = EnergieVerbrauch fossil [GtC/Year]
kumulierter Verbrauch fossile Energie = INTEG (BrennstoffVerbrauch fossil, 10) [GtC]
AusbeutungsFaktor = kumulierter Verbrauch fossile Energie /(ANFANGS RESERVEN FOSSILE BRENNSTOFFE/2) [1]
Verknappung fossile Brennstoffe = 1 -AusbeutungsFaktor [1]
modifizierte Wachstumsrate = IF THEN ELSE ((Verknappung fossile Brennstoffe *HISTOR WACHSTUMS RATE < WACHSTUMS RATE SZENARIO), (Verknappung fossile Brennstoffe *HISTOR WACHSTUMS RATE), WACHSTUMS RATE

SZENARIO) [1/Year]
Wachstumsrate = IF THEN ELSE(Time<2000, HISTOR WACHSTUMS RATE/100,
    modifizierte Wachstumsrate/100) [1/Year]
Verbrauchszuwachs fossile Brennstoffe = Wachstumsrate *EnergieVerbrauch fossil
    [GtC/(Year*Year)]
EnergieVerbrauch fossil = INTEG (Verbrauchszuwachs fossile Brennstoffe, 0.1)
    [GtC/Year]
CO2 Zunahme = EnergieVerbrauch fossil +VERWITTERUNG +Verlust durch Feuer
    +Verlust durch Abholzung +Verlust durch Tieratmung +Verlust Kohlenstoff in
    Humus [GtC/Year]
CO2 Aufnahme Ozean = WITH LOOKUP (CO2 in Atmosphäre, ([(0,0) -(6000,10)],
    (600,0), (700,3), (800,3), (5000,3))) [GtC/Year]
CO2 Abnahme = NettoPrimärproduktion +Zuwachs durch Aufforstung +CO2 Aufnahme
    Ozean [GtC/Year]
CO2 in Atmosphäre = INTEG (CO2 Zunahme -CO2 Abnahme, 600) [GtC]
CO2 ppm = CO2 in Atmosphäre /PPM FAKTOR [ppm]

Dynamik Biosphäre
NettoPrimärproduktion = SPEZ JÄHRL NPP *Kohlenstoff in lebender Biomasse
    [GtC/Year]
Bindung durch Primärproduktion = NettoPrimärproduktion [GtC/Year]
jährlicher Bestandsabfall = 0.905 *NettoPrimärproduktion [GtC/Year]
Verlust durch Abholzung = 0.6 *ABHOLZUNG [GtC/Year]
Verlust durch Feuer = 0.035 *NettoPrimärproduktion [GtC/Year]
Zuwachs durch Aufforstung = AUFFORSTUNG [GtC/Year]
Tieratmung = 0.06 *NettoPrimärproduktion [GtC/Year]
Verlust durch Tieratmung = Tieratmung [GtC/Year]
Kohlenstoff in lebender Biomasse = INTEG (Bindung durch Primärproduktion -
    jährlicher Bestandsabfall -Verlust durch Abholzung -Verlust durch Feuer -Verlust
    durch Tieratmung +Zuwachs durch Aufforstung,750) [GtC]
Zuwachs Kohlenstoff in Humus = jährlicher Bestandsabfall +0.4*ABHOLZUNG
    [GtC/Year]
HumusZersetzung = Kohlenstoff in Humus /VERWEILZEIT HUMUS [GtC/Year]
Verlust Kohlenstoff in Humus = HumusZersetzung +BODEN OXIDATION [GtC/Year]
Kohlenstoff in Humus = INTEG (+Zuwachs Kohlenstoff in Humus -Verlust Kohlenstoff
    in Humus,1600) [GtC]

Simulationszeitparameter
INITIAL TIME = 1850 [Year]
FINAL TIME = 2350 [Year]
TIME STEP = 0.5 [Year]

Simulationsergebnisse

Das Modell muss zunächst einmal die historische Entwicklung etwa seit Beginn der Industrialisierung bis heute richtig wiedergeben. Es wurden daher zunächst die Ergebnisse für den Zeitraum von 1850 bis 1975 geprüft. Sie hängen von den unsicheren Annahmen über Aufforstung, Abholzung bzw. Rodung und Bodenoxidation ab. Die hier auf der Grundlage der vorhandenen Daten gewählten Werte geben den Verlauf qualitativ und quantitativ einigermaßen befriedigend wieder. Es ist also anzunehmen, dass das Modell für Abschätzungen der zukünftigen Entwicklung gültig ist.

Für die weiteren Simulationsläufe wurde die Zeitperiode von 1850 bis zum Jahre 2350 verwendet. Ausgehend von einer heutigen Verbrauchssteigerungsrate von 3.4 % pro Jahr steigt in Abb. Z303b der jährlichen Energieverbrauchs auf einen Maximalwert etwa um das Jahr 2050, um schließlich bis fast auf Null abzusinken, wenn etwa nach dem Jahr 2200 die Vorräte fast aufgebraucht sind. Zu diesem Zeitpunkt hat der CO_2-Pegel in der Atmosphäre einen Wert von fast 2000 ppm erreicht. Erst nach Erschöpfung der fossilen Brennstoffvorräte kann dieser hohe Wert dann allmählich durch die CO_2-Aufnahme des Ozeans wieder abgebaut werden. Der Effekt dieses Abbaus ist relativ unbedeutend, da er nur sehr langsam vor sich geht. Diese Ergebnisse stimmen in etwa mit genaueren Rechnungen überein (siehe hierzu Bach 1982, Seite 93 und 94).

Abb. Z303c zeigt die Entwicklung, wenn ab dem Jahr 2000 der Verbrauch fossiler Energieträger jährlich um 0.5% sinken würde. Auch hier ergibt sich immer noch ein Anstieg des Kohlendioxidpegels auf über 1000 ppm.

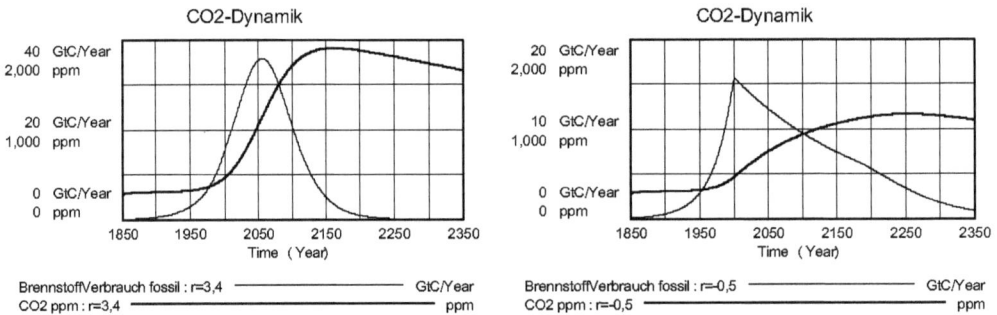

Abb. Z303b: Entwicklung des CO_2-Pegels bei Weiterführung der historischen Wachstumsrate des fossilen Energieverbrauchs von 3.4% pro Jahr.
Abb. Z303c: Entwicklung des CO2-Pegels, falls der fossile Energieverbrauch ab 2000 mit 0.5% pro Jahr sinken würde.

Arbeitsvorschläge

1. Bauen Sie das Simulationsprogramm auf und reproduzieren Sie die hier gezeigten Simulationsergebnisse für 1850 bis 2350.

2. Welche CO_2-Anstiege ergeben sich für verschiedene Annahmen für die Wachstumsrate des fossilen Energieverbrauchs nach dem Jahr 2000

      bei Fortschreibung (3.4 % pro Jahr)?

      bei Beschleunigung (z.B. 6 %)?

      bei Energieeinsparung (z.B. 2, 1, 0, -1 % für 50 Jahre, dann 0, usw.)?

Welcher maximale CO2-Pegel wird jeweils erreicht?

3. Schlagen Sie eine ökologisch verträgliche Aufforstungs- und Abholzungspolitik vor und untersuchen Sie die erzielbaren Ergebnisse (im Verbund mit einer vernünftigen Energiepolitik) für die nächsten Jahrhunderte (ABHOLZUNG, AUFFORSTUNG und WACHSTUMSRATE SZENARIO des fossilen Energieverbrauchs ab 2000 verändern).

4. Die jetzige Formulierung der CO_2-Aufnahme durch das Meer ist physikalisch unbefriedigend (aber einfach), da das Austauschgleichgewicht zwischen Atmosphäre und Ozean nicht explizit berücksichtigt wird. Finden Sie eine wissenschaftlich befriedigendere Darstellung.

Literaturhinweise

Bach, W. 1982: *Gefahr für unser Klima – Wege aus der CO₂-Bedrohung durch sinnvollen Energieeinsatz.* C.F. Müller, Karlsruhe, bes. S. 65-94.

Bach, W. u.a. 1980: The carbon dioxide problem - an interdisciplinary survey. *Experientia separatum*, vol. 36, FASC. 7, S. 767-890, Birkhäuser, Basel.

Colinvaux, P. 1993: *Ecology* 2. J. Wiley, New York (S. 589-618).

Ehrlich, P. R., Ehrlich, A. H., Holdren, J. P. 1977: *Ecoscience: Population, Resources, Environment.* W. H. Freeman, San Francisco (S. 67-95).

Z304 Waldzerstörung und CO_2-Dynamik

Aufgabenstellung

Wälder speichern mehr Kohlenstoff in Biomasse und Boden als landwirtschaftlich genutzte Flächen, und diese speichern wiederum mehr Kohlenstoff als Brachland. Wenn Land durch Abholzung, Aufforstung, Degradierung und Bebauung von einer Nutzungsform in eine andere übergeht, werden entsprechende Mengen von CO_2 in die Atmosphäre entlassen oder in Biomasse und Humus gespeichert. Die sich aus Änderungen der Landnutzung ergebenden CO_2-Flüsse lassen sich über die spezifischen Werte der Kohlenstoffspeicherung in den unterschiedlichen Landnutzungsformen und über die Dynamik der Veränderung der entsprechenden Flächen berechnen. Insbesondere interessieren die CO_2-Flüsse, die sich aus der Abholzung von Tropenwäldern und ihrer sukzessiven Umwandlung in Agrarflächen, Weideland oder degradierte Flächen ergeben.

Simulationsmodell

Das Simulationsdiagramm ist in Abb. Z304a und den folgenden Modellgleichungen vollständig dokumentiert. Es wird von einer konstanten GESAMTFLÄCHE ausgegangen, die der ursprünglich von Tropenwald bedeckten Fläche entspricht. Die sich mit der Zeit verändernden Zustandsgrößen *Waldfläche* und *Agrarfläche* werden von der Gesamtfläche abgezogen; die Restfläche ist degradiertes Land (u.a. Siedlungsflächen, Straßen, Brachland usw.).

    Die CO_2-Freisetzungen (oder CO_2-Speicherungen) folgen aus den (positiven oder negativen) Speicherdifferenzen zwischen der ursprünglichen und der darauf folgenden Landnutzungsform und den Flächen, die jährlich über die Prozesse *Entwaldung, Wiederaufforstung und Regeneration*, sowie *Degradierung* (Brachfallen von Agrarfläche, Besiedlung, Verkehrsbauten usw.) umgewandelt werden. Für ENTWALDUNG, WIEDERAUFFORSTUNG und DEGRADATIONSRATE nach 1990 können Szenariowerte vorgegeben werden, um unterschiedliche Entwicklungen und ihre Konsequenzen für die CO_2-Freisetzung zu untersuchen.

Parameter
GESAMT FLÄCHE = 4e+007 [km²]
WALDFLÄCHE 1990 = 1.8e+007 [km²]
AGRARFLÄCHE 1990 = 2e+007 [km²]
ENTWALDUNG 1990 = 250000 [km²/Year]
JÄHRL ENTWALDUNG NACH 1990 = 250000 [km²/Year]
WIEDER AUFFORSTUNG 1990 = 10000 [km²/Year]
JÄHRL WIEDER AUFFORSTUNG NACH 1990 = 10000 [km²/Year]
DEGRADATIONS RATE 1990 = 0.005 [1/Year]

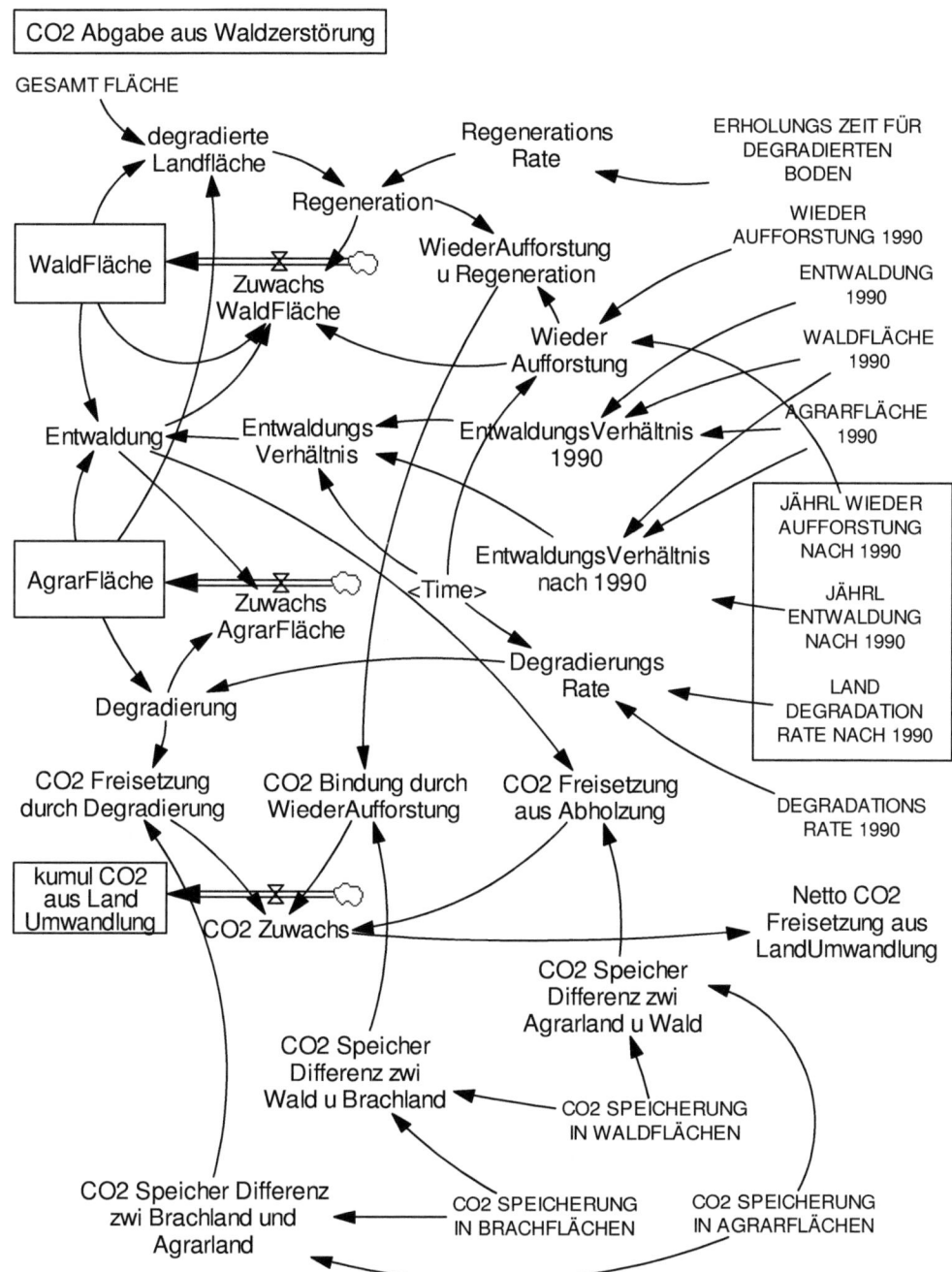

Abb. Z304a: Simulationsdiagramm für CO_2-Dynamik aus Waldzerstörung.

LAND DEGRADATION RATE NACH 1990 = 0.005 [1/Year]
CO2 SPEICHERUNG IN AGRARFLÄCHEN = 25000 [tCO2/km²]
CO2 SPEICHERUNG IN BRACHFLÄCHEN = 5000 [tCO2/km²]
CO2 SPEICHERUNG IN WALDFLÄCHEN = 100000 [tCO2/km²]
ERHOLUNGS ZEIT FÜR DEGRADIERTEN BODEN = 200 [Year]

Dynamik
degradierte Landfläche = GESAMT FLÄCHE –WaldFläche -AgrarFläche [km²]
RegenerationsRate = 1/ERHOLUNGS ZEIT FÜR DEGRADIERTEN BODEN [1/Year]
Regeneration = degradierte Landfläche *RegenerationsRate [km²/Year]
WiederAufforstung = IF THEN ELSE (Time <= 1990, WIEDER AUFFORSTUNG 1990,
      JÄHRL WIEDER AUFFORSTUNG NACH 1990) [km²/Year]
WiederAufforstung u Regeneration = WiederAufforstung +Regeneration [km²/Year]
Zuwachs WaldFläche = IF THEN ELSE (WaldFläche > 100000, WiederAufforstung –
      Entwaldung +Regeneration, 0) [km²/Year]
WaldFläche = INTEG (Zuwachs WaldFläche, 3.5e+007) [km²]
EntwaldungsVerhältnis 1990 = ENTWALDUNG 1990 /(WALDFLÄCHE 1990
      *AGRARFLÄCHE 1990) [1/(km²*Year)]
EntwaldungsVerhältnis nach 1990 = JÄHRL ENTWALDUNG NACH 1990
      /(WALDFLÄCHE 1990 *AGRARFLÄCHE 1990) [1/(Year*km²)]
EntwaldungsVerhältnis = IF THEN ELSE(Time <= 1990, EntwaldungsVerhältnis 1990,
      EntwaldungsVerhältnis nach 1990) [1/(Year*km²)]
Entwaldung = WaldFläche *AgrarFläche *EntwaldungsVerhältnis [km²/Year]
Degradierungs Rate = IF THEN ELSE (Time <= 1990, DEGRADATIONS RATE 1990,
      LAND DEGRADATION RATE NACH 1990) [1/Year]
Degradierung = AgrarFläche *Degradierungs Rate [km²/Year]
Zuwachs AgrarFläche = Entwaldung -Degradierung [km²/Year]
AgrarFläche = INTEG (Zuwachs AgrarFläche, 5e+006) [km²]
CO2 Freisetzung durch Degradierung = Degradierung *CO2 Speicher Differenz zwi
      Brachland und Agrarland [tCO2/Year]
CO2 Bindung durch WiederAufforstung = WiederAufforstung u Regeneration *CO2
      Speicher Differenz zwi Wald u Brachland [tCO2/Year]
CO2 Freisetzung aus Abholzung = Entwaldung *CO2 Speicher Differenz zwi Agrarland
      u Wald [tCO2/Year]
CO2 Zuwachs = -(CO2 Freisetzung aus Abholzung +CO2 Freisetzung durch Degradie-
      rung +CO2 Bindung durch WiederAufforstung) /1e+009 [GtCO2/Year]
kumul CO2 aus LandUmwandlung = INTEG (CO2 Zuwachs, 0) [GtCO2]
Netto CO2 Freisetzung aus LandUmwandlung = CO2 Zuwachs [tCO2/Year]
CO2 Speicher Differenz zwi Brachland und Agrarland = CO2 SPEICHERUNG IN
      BRACHFLÄCHEN -CO2 SPEICHERUNG IN AGRARFLÄCHEN [tCO2/km²]
CO2 Speicher Differenz zwi Wald u Brachland = CO2 SPEICHERUNG IN WALDFLÄ-
      CHEN -CO2 SPEICHERUNG IN BRACHFLÄCHEN [tCO2/km²]
CO2 Speicher Differenz zwi Agrarland u Wald = CO2 SPEICHERUNG IN AGRAR-
      FLÄCHEN -CO2 SPEICHERUNG IN WALDFLÄCHEN [tCO2/km²]

Simulationszeitparameter

INITIAL TIME = 1900 [Year]
FINAL TIME = 2100 [Year]
TIME STEP = 0.25 [Year]

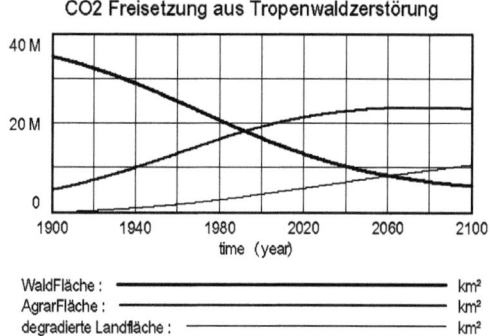

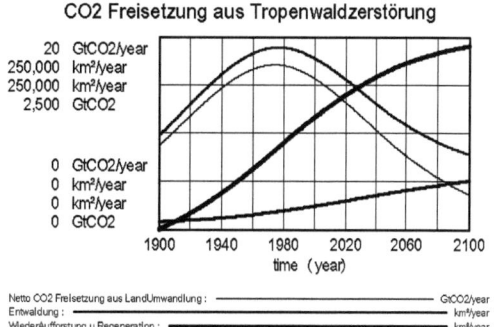

Abb. Z304b: Entwicklung von Wald-, Agrar- und degradierter Fläche.
Abb. Z304c: Entwaldung führt zur Freisetzung von CO_2.

Simulationsergebnisse

Die mit den Voreinstellungen berechnete Entwicklung der *Waldfläche*, *Agrarfläche* und *degradierter Landfläche* in den Tropenwaldgebieten für die Zeit zwischen 1900 und 2100 zeigt die Abb. Z304b. Die jährliche *Entwaldung* und *Wiederaufforstung*, wie auch die *jährliche CO_2 Freisetzung aus Landumwandlung* und die *kumulierte CO_2 Freisetzung aus Landumwandlung* zeigt Abb. Z304c. Wie sehr die Schlüsselgrößen *Waldfläche* und *kumuliertes CO2 aus Landumwandlung* von den Szenarioannahmen über die JÄHRLICHE ENTWALDUNG NACH 1990 abhängen, zeigen Abb. Z304d und e.

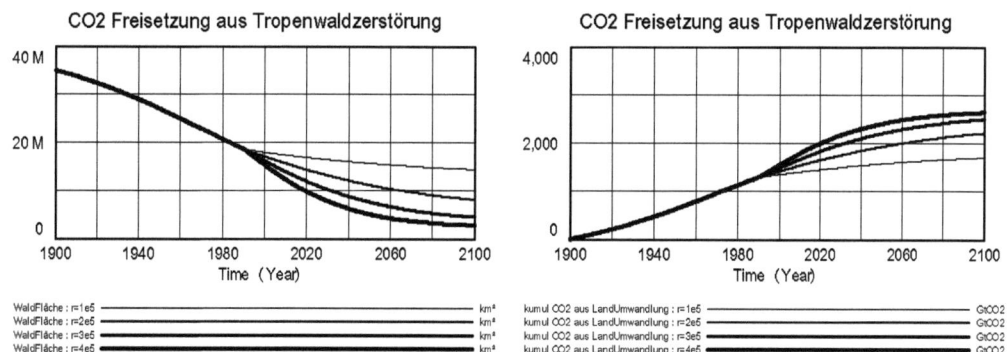

Abb. Z304d: Veränderung der Waldfläche bei unterschiedlicher jährl Entwaldung nach 1990 (100'000 bis 400'000 km^2 pro Jahr).
Abb. Z304e: Entsprechende kumulierte CO_2-Freisetzung.

Arbeitsvorschläge

1. Untersuchen Sie mit dem Modell die Bandbreite möglicher Entwicklungen für plausibel gewählte Parameter und Szenarien.
2. Vergleichen Sie die Ergebnisse für die Raten der CO_2-Freisetzung mit den Ergebnissen des globalen Modells Z303 CO_2 DYNAMIK. Welchen relativen Beitrag liefert die Tropenwaldzerstörung in der Gesamtbilanz?
3. Ermitteln Sie gestützt auf Simulationen, welche forst-, agrar- und siedlungspolitischen Maßnahmen in Tropenwaldgebieten nach dem Jahr 2000 ergriffen werden müssten, um die Nettoemission von CO_2 aus Tropenwaldgebieten möglichst rasch auf Null zu reduzieren und die Tropenwaldgebiete u.U. sogar als CO_2-Senken zu nutzen.

Literaturhinweise

Deutscher Bundestag 1990: Schutz der tropischen Wälder – Eine internationale Schwerpunktaufgabe. 2. Bericht der Enquête-Kommission "Vorsorge zum Schutz der Erdatmosphäre". *Zur Sache* 10/1990, Deutscher Bundestag, Bonn.

Z305 Kohlenstoffbilanz der Wälder

Aufgabenstellung

Pflanzen binden im Prozess der Photosynthese und Assimilation Kohlenstoff als CO_2 aus der Atmosphäre. Die jährlich gebundenen CO_2-Mengen sind enorm und bei weitem größer als die durch menschliche Aktivitäten verursachen CO_2-Einträge in die Atmosphäre. Im Gleichgewichtszustand werden die vorher in Biomasse gebundenen C-Mengen aber über die Zersetzung von Bestandsabfall in fast gleicher Höhe wieder an die Atmosphäre abgegeben (s. hierzu die Modelle Z302, Z303 und Z304). Selbst relativ kleine Beiträge aus menschlichen Aktivitäten können dieses dynamische Gleichgewicht empfindlich stören und zur Klimaveränderung führen.

Ebenso kann die Ausbreitung von Wäldern (z.B. durch Wiederaufforstung) zu zusätzlicher Entnahme von CO_2 aus der Atmosphäre und damit zur teilweisen Kompensation der anthropogenen Einträge führen. Internationale Vereinbarungen (Kyoto Protokoll) sehen vor, dass solche Beiträge bei Berechnung der nationalen CO_2-Bilanz als Gutschrift gebucht werden können.

Die physiologischen Prozesse der Assimilation von CO_2 durch Pflanzen und der Zersetzung organischen Materials durch Zersetzer (Destruenten) sind stark temperaturabhängig entsprechend der Reaktionsgeschwindigkeits-Temperatur-Regel von Van't Hoff (s. hierzu Larcher 1980, bes. S. 103-208 Kohlenstoffhaushalt). Die Nettospeicherung von C ergibt sich als Differenz der Prozesse von Assimilation und Zersetzung, wobei nicht von vornherein zu erkennen ist, bei welchen Temperaturen und anderen Bedingungen sich eine optimale Speicherung an welchen Stellen im Ökosystem (Biomasse, Bestandsabfall, Humus) ergibt. Zur Klärung der Gesamtwirkung der interagierenden dynamischen Prozesse und der resultierenden CO_2-Speicherung in Abhängigkeit vor allem von der mittleren Jahrestemperatur ist Modellierung des Systems angebracht.

Simulationsmodell

Das Modell ist im Simulationsdiagramm Abb. Z305a und b und den folgenden Modellgleichungen dokumentiert. Es beschreibt in vereinfachter Form, bezogen auf den Hektar Fläche, die dynamischen und verkoppelten Prozesse der Kohlenstoff-*Assimilation* durch Photosynthese, *Blattaustrieb*, *Blattatmung*, *Stammatmung*, *Holzzuwachs*, *Totholzverlust*, *Streuanfall*, *Streuzersetzung*, *Humifizierung*, *Humus-Mineralisierung*, *Holzernte*, Nutzung als *Brennholz* und *Bauholz* (mit unterschiedlichen Rückführungszeiten für CO_2). Wachstum, Atmung und Zersetzung sind stark temperaturabhängige Prozesse. Aus diesem Grund sind der Bestand an *Holzbiomasse*, *Bestandsabfall* und *Humus* sowie der gesamte *CO_2-Speicher im organischen Material* im Waldökosystem stark von der MITTLEREN JAHRESTEMPERATUR abhängig.

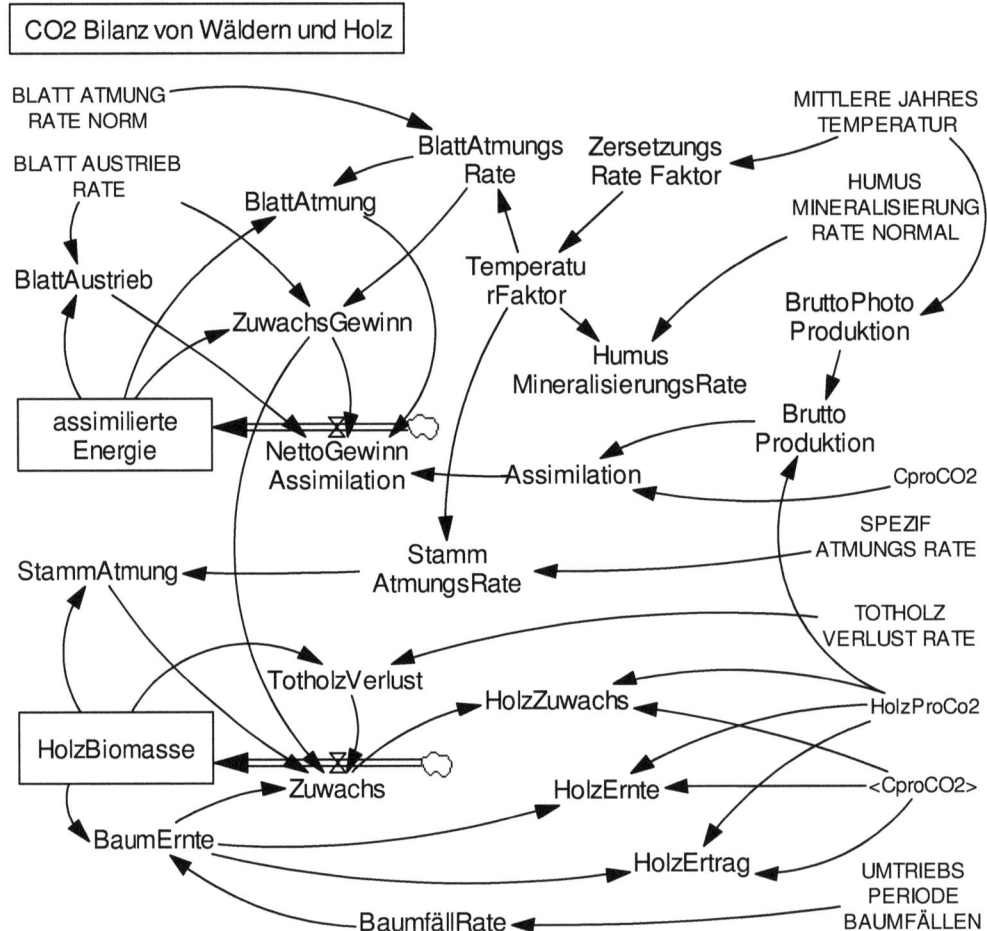

Abb. Z305a: Simulationsdiagramm zur Kohlenstoffbilanz der Wälder – Teil 1.

Die Parameterwerte der Voreinstellung basieren auf den Untersuchungen von Kira 1978 für Tropenwald in Südost-Asien. Für ein weitaus umfassenderes Simulationsmodell s. Bossel 1994.

Parameter
HolzProCo2 = 0.614 [tODM/tCO2]
CproCO2 = 12/44 [tC/tCO2]
MITTLERE JAHRES TEMPERATUR = 20 [degC]
SPEZIF ATMUNGS RATE = 0.045 [1/Year]
STREU ZERSETZUNGS RATE = 0.5 [1/Year]
BLATT ATMUNG RATE NORM = 0.42 [1/Year]

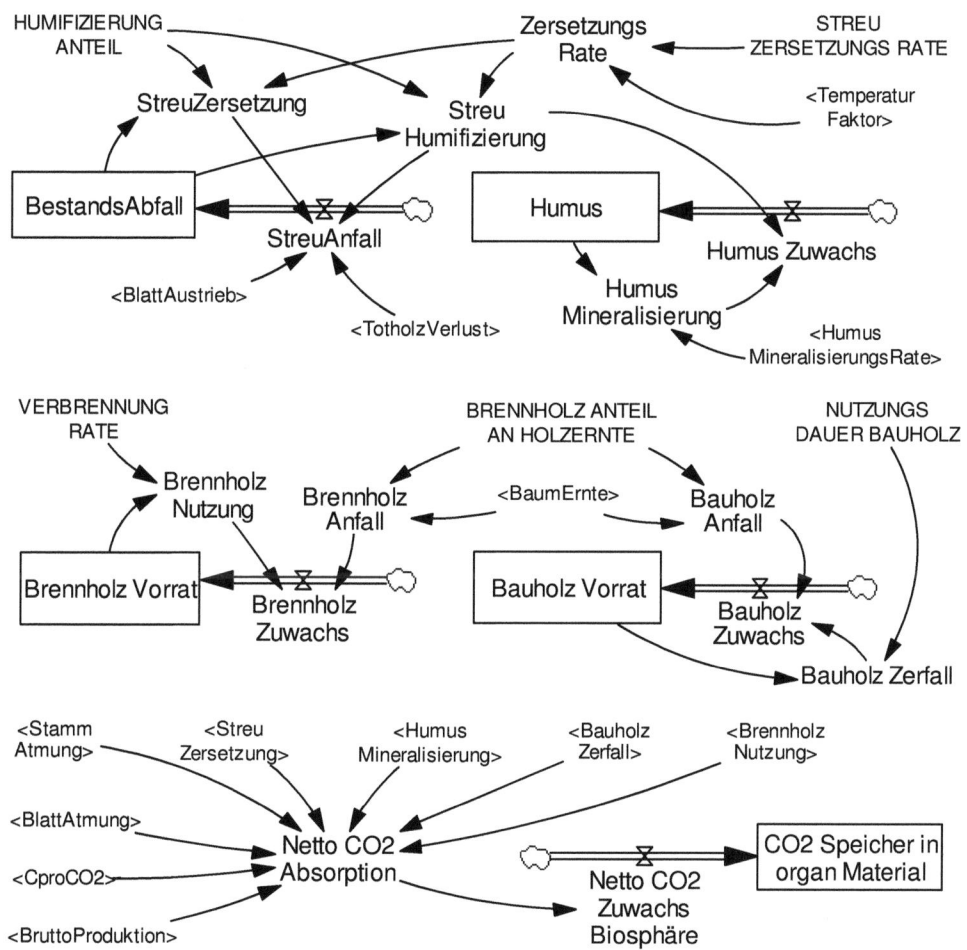

Abb. Z305b: Simulationsdiagramm zur Kohlenstoffbilanz der Wälder – Teil 2.

BLATT AUSTRIEB RATE = 0.16 [1/Year]
TOTHOLZ VERLUST RATE = 0.02 [1/Year]
UMTRIEBS PERIODE BAUMFÄLLEN = 70 [Year]
HUMUS MINERALISIERUNG RATE NORMAL = 0.01 [1/Year]
HUMIFIZIERUNG ANTEIL = 0.06 [1]
NUTZUNGS DAUER BAUHOLZ = 50 [Year]
BRENNHOLZ ANTEIL AN HOLZERNTE = 0.2 [1]
VERBRENNUNG RATE = 1/2 [1/Year]

Wuchsdynamik

BruttoPhotoProduktion = WITH LOOKUP (MITTLERE JAHRES TEMPERATUR, ([(-6,
  0) -(40, 100)], (-5, 0), (0, 10), (10, 30), (20, 60), (30, 80), (40, 80)))
  [tODM/(ha*Year)]

BruttoProduktion = BruttoPhotoProduktion /HolzProCo2 [tCO2/(ha*Year)]

Assimilation = BruttoProduktion *CproCO2 [tC/(ha*Year)]

NettoGewinn Assimilation = Assimilation –BlattAtmung –BlattAustrieb -
  ZuwachsGewinn [tC/(ha*Year)]

ZersetzungsRate Faktor = WITH LOOKUP (MITTLERE JAHRES TEMPERATUR, ([(-6,
  0) -(40, 10)], (-5, 0), (0, 0.5), (10, 1), (20, 2), (30, 4), (40, 6))) [1]

TemperaturFaktor = ZersetzungsRate Faktor [1]

Humus MineralisierungsRate = HUMUS MINERALISIERUNG RATE NORMAL
  *TemperaturFaktor [1/Year]

BlattAtmungsRate = BLATT ATMUNG RATE NORM *TemperaturFaktor /4 [1/Year]

BlattAtmung = assimilierte Energie *BlattAtmungsRate [tC/(ha*Year)]

BlattAustrieb = assimilierte Energie *BLATT AUSTRIEB RATE [tC/(ha*Year)]

ZuwachsGewinn = assimilierte Energie *(1 –BlattAtmungsRate -BLATT AUSTRIEB
  RATE) [tC/(ha*Year)]

assimilierte Energie = INTEG (NettoGewinn Assimilation, 0) [tC/ha]

StammAtmungsRate = SPEZIF ATMUNGS RATE *TemperaturFaktor/4 [1/Year]

StammAtmung = HolzBiomasse *StammAtmungsRate [tC/(ha*Year)]

TotholzVerlust = HolzBiomasse *TOTHOLZ VERLUST RATE [tC/(ha*Year)]

BaumfällRate = 1 /UMTRIEBS PERIODE BAUMFÄLLEN [1/Year]

BaumErnte = HolzBiomasse *BaumfällRate [tC/(ha*Year)]

Zuwachs = ZuwachsGewinn –StammAtmung –TotholzVerlust -BaumErnte
  [tC/(ha*Year)]

HolzBiomasse = INTEG (Zuwachs, 0) [tC/ha]

HolzZuwachs = Zuwachs *HolzProCo2 /CproCO2 [tODM/(ha*Year)]

HolzErtrag = BaumErnte *HolzProCo2 /CproCO2 [tODM/(ha*Year)]

HolzErnte = BaumErnte *HolzProCo2 /CproCO2 [tODM/(ha*Year)]

Zersetzungsdynamik und CO$_2$-Speicherung

ZersetzungsRate = STREU ZERSETZUNGS RATE *TemperaturFaktor [1/Year]

StreuZersetzung = BestandsAbfall *ZersetzungsRate *(1 -HUMIFIZIERUNG ANTEIL)
  [tC/(ha*Year)]

StreuHumifizierung = BestandsAbfall *ZersetzungsRate *HUMIFIZIERUNG ANTEIL
  [tC/(ha*Year)]

StreuAnfall = BlattAustrieb +TotholzVerlust –StreuZersetzung -StreuHumifizierung
  [tC/(ha*Year)]

BestandsAbfall = INTEG (StreuAnfall, 0) [tC/ha]

Humus Zuwachs = StreuHumifizierung -HumusMineralisierung [tC/(ha*Year)]

HumusMineralisierung = Humus MineralisierungsRate *Humus [tC/(ha*Year)]

Humus = INTEG (Humus Zuwachs, 0) [tC/ha]

BrennholzNutzung = VERBRENNUNG RATE *Brennholz Vorrat [tC/(ha*Year)]

BrennholzAnfall = BRENNHOLZ ANTEIL AN HOLZERNTE *BaumErnte [tC/(ha*Year)]

BrennholzZuwachs = BrennholzAnfall -BrennholzNutzung [tC/(ha*Year)]
Brennholz Vorrat = INTEG (BrennholzZuwachs, 0) [tC/ha]
BauholzAnfall = (1 -BRENNHOLZ ANTEIL AN HOLZERNTE) *BaumErnte
    [tC/(ha*Year)]
Bauholz Zerfall = Bauholz Vorrat /NUTZUNGS DAUER BAUHOLZ [tC/(ha*Year)]
Bauholz Zuwachs = BauholzAnfall-Bauholz Zerfall [tC/(ha*Year)]
Bauholz Vorrat = INTEG (Bauholz Zuwachs, 0) [tC/ha]
Netto CO2 Absorption = BruttoProduktion -(1/CproCO2) *(BlattAtmung
    +StammAtmung +StreuZersetzung +HumusMineralisierung +BrennholzNutzung
    +Bauholz Zerfall) [tCO2/(ha*Year)]
Netto CO2 Zuwachs Biosphäre = Netto CO2 Absorption [tCO2/(ha*Year)]
CO2 Speicher in organ Material = INTEG (Netto CO2 Zuwachs Biosphäre, 0)
    [tCO2/ha]

Simulationszeitparameter
INITIAL TIME = 0 [Year]
FINAL TIME = 500 [Year]
TIME STEP = 0.25 [Year]

Simulationsergebnisse

Abb. Z305c zeigt den Zeitverlauf der Akkumulation von Kohlenstoff (in tC/ha) in der *Holzbiomasse*, dem *Bestandsabfall* und im *Humus* eines Waldes für die Parameter der Voreinstellung. Der Anfangswert dieser Zustandsgrößen ist Null, d.h. der Bestand beginnt sein Wachstum auf anfänglich humusfreiem Boden. Die *Holzbiomasse* wächst ständig und erreicht nach etwa 75 Jahren ihren Gleichgewichtswert – danach halten sich Streufall, Totholzverluste und Zuwachsgewinne genau die Waage. Der *Bestands-abfall* (Laubstreu, Totholz) bleibt daher ebenfalls auf einem konstanten Wert. Zwischen Humusbildung (*Streu-Humifizierung*) und Humuszersetzung (*Humus-Mineralisierung*) herrscht erst nach etwa 200 Jahren ein Gleichgewicht; so lange wächst der Bestand von *Humus* noch an.

Für Aussagen über den möglichen Beitrag von Wäldern zur Speicherung von CO_2 muss der Temperatureinfluss auf die Prozesse der Assimilation, Respiration, Humifizierung und Humuszersetzung korrekt berücksichtigt werden. In den Abb. Z305d, e und f sind Zustandsbilder für die Akkumulation von Kohlenstoff (in tC/ha) als *Holz-biomasse*, *Bestandsabfall* und *Humus* als Funktion der gesamten Nettospeicherung im Waldökosystem (*CO₂ Speicher in organ Material*) gezeigt. Die Endpunkte der Kurven markieren die Gleichgewichtswerte für diese Größen in Abhängigkeit von der MITT-LEREN JAHRESTEMPERATUR (0, 10, 20, 30, 40 Grad Celsius). Hier stellt sich Folgendes heraus:

1. Eine optimale C-Speicherung (von fast 2000 tCO₂/ha) ergibt sich bei gemä-ßigten Temperaturen (hier: 20 Grad C). Hier ist das Verhältnis zwischen den (tempera-

turabhängigen) Assimilationsgewinnen und den (ebenfalls temperaturabhängigen) Zersetzungsverlusten am günstigsten. Entsprechend ist hier auch die Holzbiomasse (und entsprechend Bestandsabfall und Humus) im Gleichgewichtszustand (Reifezustand des Bestands) am größten.

    2. Bei niedrigen Temperaturen akkumuliert weit mehr Humus und Bestandsabfall als bei höheren Temperaturen – dort wird er schneller zersetzt.

    3. Sowohl in sehr kaltem wie in sehr warmem Klima ist die Kohlenstoff-Speicherung in Wäldern stark reduziert.

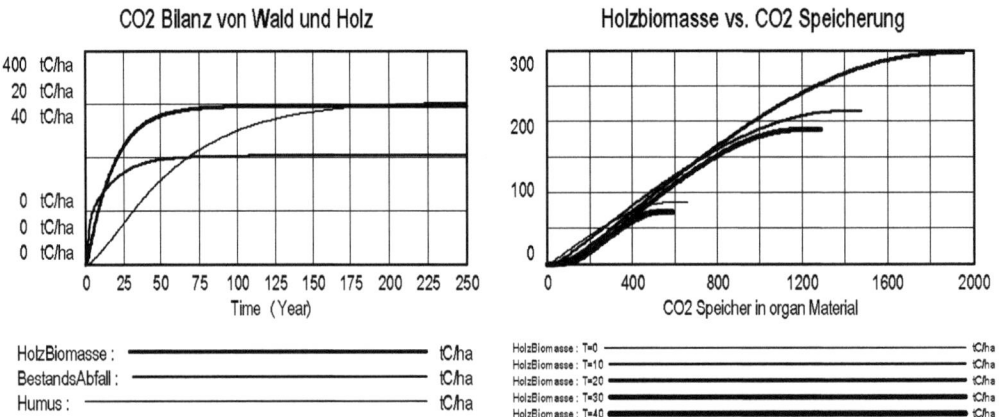

Abb. Z305c: Aufbau des Kohlenstoff-Vorrats in Holz, Bestandsabfall und Humus.
Abb. Z305d: Wald in gemäßigtem Klima (20°C) baut am meisten Holz auf und speichert insgesamt am meisten CO_2.

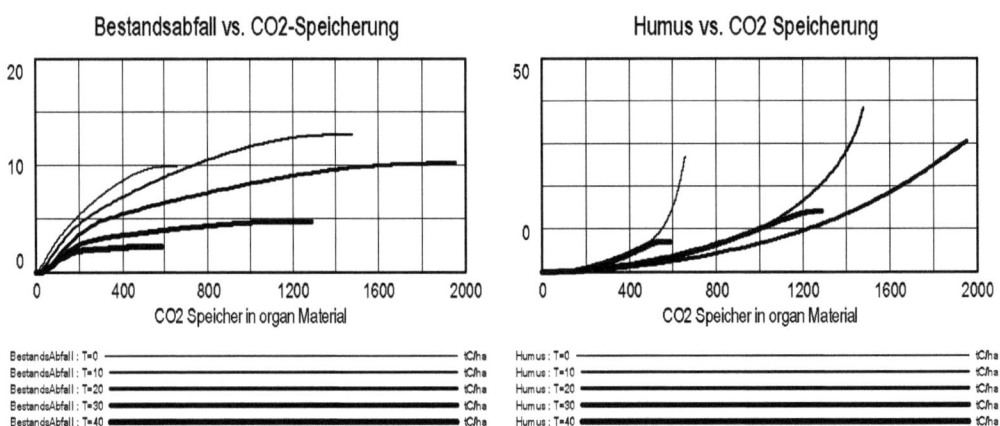

Abb. Z305e: Der Bestandabfall (Streudicke) ist bei niedrigen Temperaturen größer.
Abb. Z305f: Der Humusvorrat im Boden ist bei hohen Temperaturen sehr gering.

Arbeitsvorschläge

1. Simulieren Sie mit dem Modell die Entwicklung für (a) mitteleuropäischen Wald, (b) tropischen Regenwald, (c) Wald in heißen Wüstengebieten. Vergleichen Sie die Entwicklung der Schlüsselgrößen für drei Fälle.

2. Welchen Einfluss hat die Nutzungsdauer des geernteten Holzes auf die (a) kurzfristige, (b) langfristige Speicherung von Kohlenstoff? Untersuchen Sie die Extremfälle: 1. ausschließlich Brennholz-Nutzung, 2. ausschließlich Bauholz-Nutzung.

3. Entwerfen Sie vereinfachte aber realistische Aufforstungsszenarien für alle Kontinente und berechnen Sie mit dem Modell die damit mögliche Speicherung von Kohlenstoff aus der Atmosphäre, unter Berücksichtigung der in den verschiedenen Gebieten herrschenden mittleren Jahrestemperaturen. Welchen Beitrag könnte eine konsequente (Wieder)Aufforstung zur Reduzierung des CO_2-Anstiegs der Atmosphäre leisten? (Vergleich mit den Ergebnissen von Modell Z303 CO_2-DYNAMIK VON BIOSPHÄRE UND ATMOSPHÄRE). Kann Wiederaufforstung auf Dauer einen Beitrag leisten? Leisten nachhaltig bewirtschaftete Wälder einen Beitrag zur Reduzierung des CO_2-Pegels in der Atmosphäre?

Literaturhinweise

Bossel, H. 1994: *Treedyn3 Forest Simulation Model – Mathematical model, program documentation, and simulation results.* Berichte des Forschungszentrums Waldökosysteme, Reihe B, Bd. 35, Universität Göttingen.

Bossel, H. 1996: Treedyn3 forest simulation model. *Ecological Modelling* 90, 187-227.

Kira, T. 1978: Community architecture and organic matter dynamics in tropical lowland rainforests in Sourth-East Asia with spezial reference to Pasoh Forest, West Malaysia. In: P. B. Tomlinson, M. H. Zimmermann: *Tropical Trees as Living Systems.* Proceedings, 4th Cabot Symposium, Harvard Forest, Petersham Mass. Cambridge University Press, Cambridge.

Larcher, W. 1980: *Ökologie der Pflanzen auf physiologischer Grundlage.* UTB Ulmer Stuttgart, 3. Aufl.

Z306 Autoverkehr und CO_2-Emissionen

Aufgabenstellung

Der Kraftfahrzeugverkehr verursacht in allen Ländern einen erheblichen Teil der CO_2-Emissionen. In den meisten Ländern – vor allem in Schwellenländern mit rascher Motorisierung – wachsen Treibstoffverbrauch und Emissionen noch erheblich. Durch Bevölkerungswachstum wird das Problem noch verschärft. Diese Entwicklung stellt mit ihren Konsequenzen für das Klima nicht nur ein Umweltproblem dar, sondern sie bedeutet wegen des stark wachsenden Verbrauchs nicht erneuerbarer fossiler Brennstoffe längerfristig auch globale Konflikte und eine Bedrohung der wirtschaftlichen und gesellschaftlichen Entwicklung. Es ist deshalb wichtig, den Spielraum zukünftiger Entwicklungen und insbesondere die Konsequenzen technischer Entwicklungen (wie der Verbesserung (oder Verschlechterung) der Flotteneffizienz des Kraftfahrzeugbestandes) oder des zügigen Ausbaus des öffentlichen Personenverkehrs zu untersuchen, um Anhaltspunkte für zukunftsorientierte Entscheidungen zu gewinnen.

Simulationsmodell

Das Modell ist in den Simulationsdiagrammen Abb. 306a und b sowie den folgenden Gleichungen dokumentiert. Im ersten Teil werden die Bevölkerungsentwicklung und die Entwicklung des Brutto-Inlandsprodukts mit einfachen Wachstumsmodellen simuliert. Mit den Ergebnissen wird die Entwicklung des Kraftfahrzeugbestandes und des öffentlichen Verkehrs ermittelt. Hiermit wird im zweiten Teil die Entwicklung des Treibstoffverbrauchs und der CO_2-Emissionen aus dem privaten und öffentlichen Verkehr berechnet, unter Berücksichtigung von Effizienzverbesserungen sowohl bei Neuwagen als auch in der gesamten Pkw-Flotte. Der öffentliche Verkehr wird hier durch Busverkehr repräsentiert, wie das in vielen Ländern der Fall ist.

Bevölkerung und *Brutto-Inlandsprodukt* (BIP) werden mit logistischen Wachstumsprozessen berechnet, die durch das BEVÖLKERUNGSWACHSTUM ANFANGS, das ERWARTETE SÄTTIGUNGSNIVEAU BEVÖLKERUNG, das WIRTSCHAFTSWACHSTUM ANFANGS und das MAX BIP PRO KOPF definiert sind. Die Zahl der *Pkw pro Kopf* wird als Prozess exponentieller Sättigung in Abhängigkeit vom BIP ermittelt, dessen Parameter auf internationalen Statistiken beruhen. Die *Pkw Anzahl* folgt mit der Größe der *Bevölkerung*. Die *Wartungsintensität* und damit die *Nutzungsdauer* der Pkw hängen von ihrer relativen Knappheit (*Pkw pro Kopf*) ab. Hieraus bestimmen sich auch die *Verschrottungsrate* und die *Neukaufrate*. Ältere Fahrzeuge haben höheren Treibstoffverbrauch als Neuwagen. Die *Neuwagen-Effizienz* verbessert sich im Zuge der technischen Entwicklung in einem logistischen Prozess mit szenario-abhängigen Parametern. Der Ersatz älterer Fahrzeuge durch effizientere Neuwagen führt zu einer *Flotten-Effizienzverbesserung* und damit zum Anstieg der *Pkw-Flotteneffizienz*.

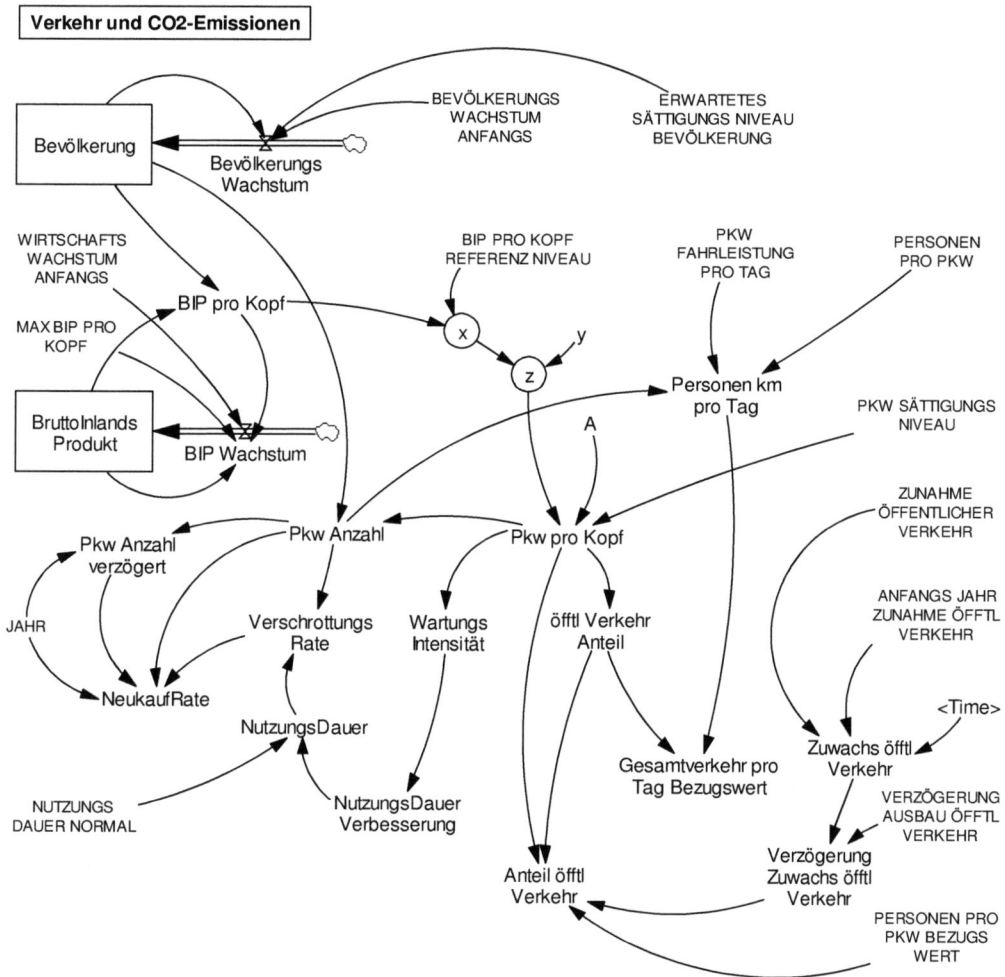

Abb. Z306a: Simulationsdiagramm für Verkehrsentwicklung und CO_2-Emissionen – Teil 1.

Die Pkw-Verkehrsleistung in *Personen-km pro Tag* wird mit internationalen Erfahrungswerten für PKW-FAHRLEISTUNG PRO TAG und PERSONEN PRO PKW ermittelt (Zahavi und Cheslow 1979). Unter Verwendung empirischer Beobachtungen (*öfftl Verkehr Anteil*, Zahavi 1976) wird der *Anteil öffentlicher Verkehr* am gesamten Personenverkehr als Funktion der Motorisierung (*Pkw pro Kopf*) ermittelt (Modal Split). Hiermit können über die durchschnittliche Besetzung der Fahrzeuge (PERSONEN PRO PKW und PERSONEN PRO BUS) die Fahrleistungen *Pkw Strecke pro Jahr* und *Bus Strecke pro Jahr* und hiermit der *Pkw Treibstoffverbrauch* und der *Bus Treibstoffverbrauch* ermittelt werden, aus denen der *Treibstoffverbrauch gesamt* und die *CO$_2$-Emission gesamt* folgen. Die zeitliche Entwicklung dieser Größen kann als Funktion einer Reihe von Parametern untersucht werden, die sowohl die Effizienzverbesserungen der Neufahrzeuge wie auch den Anteil des öffentlichen Verkehrs am Gesamtverkehr sowie Bevölkerungs- und Wirtschaftsentwicklung betreffen.

Die Struktur des Modells ist generisch und gilt daher allgemein für Länder in verschiedenen Stadien der Motorisierung. Die Parameter der Voreinstellung gelten annähernd für ein mittelgroßes Industrieland mit einer raschen Motorisierung in den 1960er Jahren (Westdeutschland).

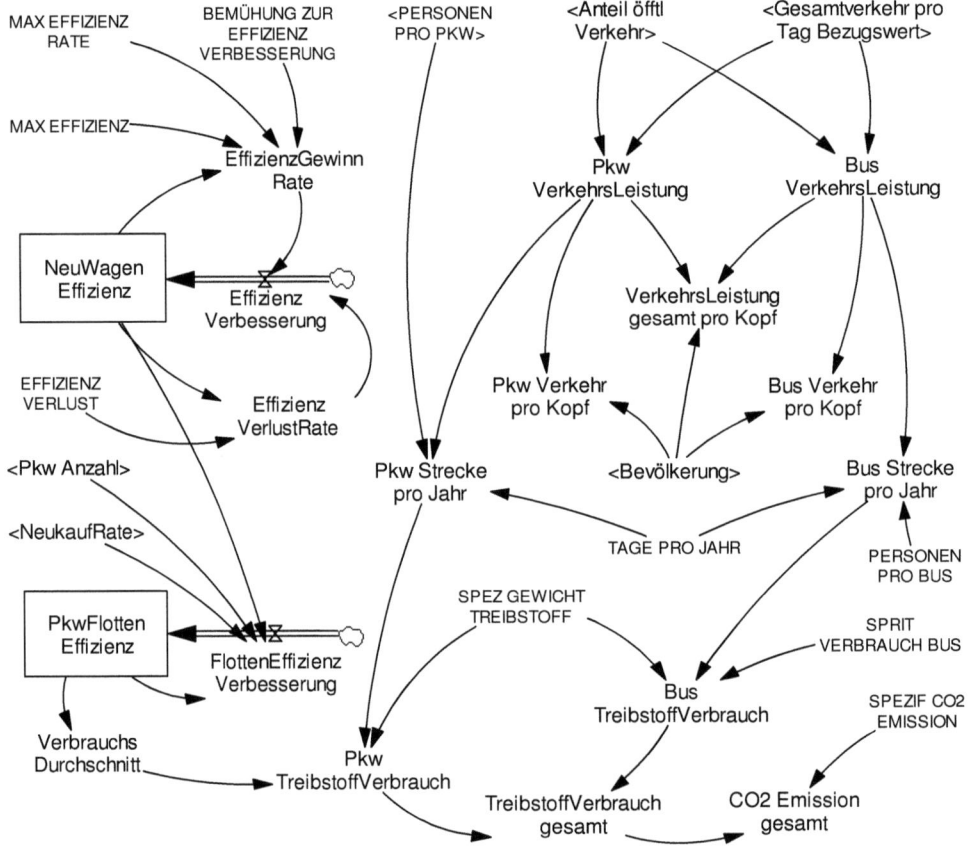

Abb. Z306b: Simulationsdiagramm für Verkehrsentwicklung und CO$_2$-Emissionen – Teil 2.

Parameter
BEVÖLKERUNGS WACHSTUM ANFANGS = 0 [1/Year]
ERWARTETES SÄTTIGUNGS NIVEAU BEVÖLKERUNG = 6e+007 [Person]
BIP PRO KOPF REFERENZ NIVEAU = 10000 [$/(Person*Year)] *ReferenzNiveau für BruttoInlandsProdukt pro Kopf, 1985 US*
WIRTSCHAFTS WACHSTUM ANFANGS = 0.08 [1/Year]
MAX BIP PRO KOPF = 50000 [$/(Person*Year)] *BIP/Kopf Sättigungsniveau, 1985 $*
PKW FAHRLEISTUNG PRO TAG = 30 [km/(Pkw*day)] *Durchschnittswert*
NUTZUNGS DAUER NORMAL = 7 [Year] *normale Nutzungsdauer Pkw*
PERSONEN PRO PKW = 1.2 [Person] *Durchschnittliche Auslastung*
PERSONEN PRO PKW BEZUGS WERT = 0.25 [Person/Pkw] *Bezugswert für Motorisierung*
PKW SÄTTIGUNGS NIVEAU = 1.67 [Person/Pkw]
A = 1.2 [1] *Anfangssteigung Kfz-Sättigung*
PERSONEN PRO BUS = 20 [Person] *Durchschnittswert*
SPRIT VERBRAUCH BUS = 0.25 [liter/km] *Durchschnittswert*
ZUNAHME ÖFFENTLICHER VERKEHR = 0.2 [1]
VERZÖGERUNG AUSBAU ÖFFTL VERKEHR = 5 [Year] *Verzögerungszeit*
ANFANGS JAHR ZUNAHME ÖFFTL VERKEHR = 2000 [Year]
BEMÜHUNG ZUR EFFIZIENZ VERBESSERUNG = 0.5 [1]
MAX EFFIZIENZ = 50 [km/liter] *max mögliche Effizienz (min Treibstoffverbrauch)*
MAX EFFIZIENZ RATE = 0.03 [1/Year] *max Rate der Effizienzverbesserung*
EFFIZIENZ VERLUST = 0 [1/Year] *Effizienzverlust durch Nachlässigkeit, Knowhow-Verlust usw.*
SPEZ GEWICHT TREIBSTOFF = 0.6 [kg/liter]
SPEZIF CO2 EMISSION = 3.3 [1] *CO2 pro Treibstoffeinheit (kg pro kg)*
TAGE PRO JAHR = 365 [day/Year]
JAHR = 1 [Year]

Dynamik Pkw-Bestand und ÖPNV
BevölkerungsWachstum = BEVÖLKERUNGS WACHSTUM ANFANGS *Bevölkerung *(1-Bevölkerung /ERWARTETES SÄTTIGUNGS NIVEAU BEVÖLKERUNG) [Person/Year]
Bevölkerung = INTEG (BevölkerungsWachstum, 6e+007) [Person]
BIP Wachstum = WIRTSCHAFTS WACHSTUM ANFANGS *BruttoInlandsProdukt *(1 - BIP pro Kopf /MAX BIP PRO KOPF) [$/(Year*Year)]
BruttoInlandsProdukt = INTEG (BIP Wachstum, 6e+010) [$/Year] *1985 USA*
BIP pro Kopf = BruttoInlandsProdukt /Bevölkerung [$/(Year*Person)]
x = BIP pro Kopf /BIP PRO KOPF REFERENZ NIVEAU [1]
y = 1.5 [1] *Exponent der Pkw-Sättigungsfunktion*
z = EXP (y *LN(x)) [1]
Pkw pro Kopf = (1 -EXP(-A*z)) /PKW SÄTTIGUNGS NIVEAU [Pkw/Person]
Pkw Anzahl = Pkw pro Kopf *Bevölkerung [Pkw]
Pkw Anzahl verzögert = DELAY3 (Pkw Anzahl, JAHR) [Pkw]
VerschrottungsRate = (1/NutzungsDauer) *Pkw Anzahl [Pkw/Year]

NeukaufRate = (Pkw Anzahl -Pkw Anzahl verzögert) /JAHR +VerschrottungsRate
   [Pkw/Year]
WartungsIntensität = WITH LOOKUP (Pkw pro Kopf, ([(0, 0) -(2, 5)], (0, 3), (0.05, 2),
   (0.1, 1.3), (0.3, 0.7), (0.5, 0.5), (1, 0.2), (2, 0.2))) [1] *WartungsIntensität als Funktion der Pkw Dichte*
NutzungsDauer Verbesserung = WITH LOOKUP (WartungsIntensität, ([(0, 0) -(5, 10)],
   (0, 0.5), (1, 1), (2, 1.5), (3, 3))) [1] *Verbesserung der Nutzungsdauer bei höherer
   Wartungsintensität*
NutzungsDauer = NutzungsDauer Verbesserung *NUTZUNGS DAUER NORMAL
   [Year]
öfftl Verkehr Anteil = WITH LOOKUP (Pkw pro Kopf, ([(0, 0) -(2, 1)], (0, 1), (0.03, 0.8),
   (0.05, 0.67), (0.1, 0.47), (0.2, 0.27), (0.3, 0.15), (0.4, 0.08), (0.5, 0.05), (1, 0.03),
   (2, 0.025))) [1] *Anteil des öfftl Verkehrs as Funktion der Pkw-Dichte*
Zuwachs öfftl Verkehr = IF THEN ELSE (Time >= ANFANGS JAHR ZUNAHME ÖFFTL
   VERKEHR, (1 +ZUNAHME ÖFFENTLICHER VERKEHR), 1) [1]
Verzögerung Zuwachs öfftl Verkehr = DELAY3I (Zuwachs öfftl Verkehr, VERZÖGE-
   RUNG AUSBAU ÖFFTL VERKEHR, 1) [1]
Anteil öfftl Verkehr = öfftl Verkehr Anteil *(1 +(Pkw pro Kopf /PERSONEN PRO PKW
   BEZUGS WERT) *(Verzögerung Zuwachs öfftl Verkehr -1)) [1]
Personen km pro Tag = PKW FAHRLEISTUNG PRO TAG *Pkw Anzahl *PERSONEN
   PRO PKW [km*Person/day]
Gesamtverkehr pro Tag Bezugswert = Personen km pro Tag *(1 +(öfftl Verkehr Anteil
   /(1 -öfftl Verkehr Anteil))) [km*Person/day]

Dynamik Treibstoffverbrauch
Bus VerkehrsLeistung = Gesamtverkehr pro Tag Bezugswert *Anteil öfftl Verkehr
   [km*Person/day]
Bus Verkehr pro Kopf = Bus VerkehrsLeistung /Bevölkerung [km/day]
Bus Strecke pro Jahr = (Bus VerkehrsLeistung /PERSONEN PRO BUS) *TAGE PRO
   JAHR [km/Year]
Bus TreibstoffVerbrauch = Bus Strecke pro Jahr *SPRIT VERBRAUCH BUS *SPEZ
   GEWICHT TREIBSTOFF [kg/Year]
Pkw VerkehrsLeistung = Gesamtverkehr pro Tag Bezugswert *(1 -Anteil öfftl Verkehr)
   [km*Person/day]
Pkw Verkehr pro Kopf = Pkw VerkehrsLeistung /Bevölkerung [km/day]
Pkw Strecke pro Jahr = (Pkw VerkehrsLeistung /PERSONEN PRO PKW) *TAGE PRO
   JAHR [km/Year]
Pkw TreibstoffVerbrauch = Pkw Strecke pro Jahr *VerbrauchsDurchschnitt *SPEZ
   GEWICHT TREIBSTOFF [kg/Year]
VerkehrsLeistung gesamt pro Kopf = (Pkw VerkehrsLeistung +Bus VerkehrsLeistung)
   /Bevölkerung [km/day]
TreibstoffVerbrauch gesamt = Bus TreibstoffVerbrauch +Pkw TreibstoffVerbrauch
   [kg/Year]
CO2 Emission gesamt = TreibstoffVerbrauch gesamt *SPEZIF CO2 EMISSION
   [kg/Year]

EffizienzGewinn Rate = ((MAX EFFIZIENZ -NeuWagenEffizienz) /MAX EFFIZIENZ)
   *MAX EFFIZIENZ RATE *BEMÜHUNG ZUR EFFIZIENZ VERBESSERUNG
   *NeuWagenEffizienz [km/(Year*liter)]
EffizienzVerlustRate = EFFIZIENZ VERLUST *NeuWagenEffizienz [km/(Year*liter)]
EffizienzVerbesserung = EffizienzGewinn Rate -EffizienzVerlustRate [km/(Year*liter)]
NeuWagenEffizienz = INTEG (EffizienzVerbesserung, 6.67) [km/liter] *Anfangswert
   100/6.67 = 15 liter/(100 km)*
FlottenEffizienzVerbesserung = (NeukaufRate/Pkw Anzahl) *(NeuWagenEffizienz -
   PkwFlottenEffizienz) [km/(Year*liter)]
PkwFlottenEffizienz = INTEG (FlottenEffizienzVerbesserung, 5) [km/liter]
VerbrauchsDurchschnitt = 1 /PkwFlottenEffizienz [liter/km]

Simulationszeitparameter
INITIAL TIME = 1950 [Year]
FINAL TIME = 2050 [Year]
TIME STEP = 0.2 [Year]

Simulationsergebnisse

Mit den Parameterwerten der Voreinstellung wird eine rasche Motorisierung ab 1950
simuliert, die etwa um 2000 zu einer Sättigung der *Pkw Anzahl* führt. Die zeitliche
Entwicklung der wichtigsten Größen ist in Abb. Z306c, d und e gezeigt.

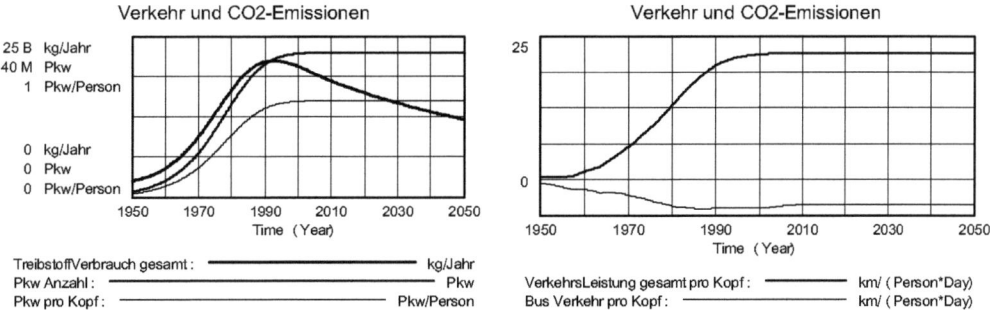

Abb. Z306c: Motorisierung bis zur Sättigung, bei sinkendem Verbrauch pro Pkw.
Abb. Z306d: Der Anteil des öffentlichen Personenverkehrs geht stark zurück.

   Mit zunehmendem *Brutto-Inlandsprodukt* wächst auch die Zahl der *Pkw pro
Kopf* bis ein Sättigungszustand erreicht ist. Die Verkehrsaufteilung (Modal Split) verändert sich im Lauf dieser Zeit erheblich zugunsten des privaten Pkw-Verkehrs (Absinken von *Busverkehr pro Kopf*). Gleichzeitig wächst die *Verkehrsleistung gesamt
pro Kopf* (km Fahrstrecke in Kfz pro Person und Tag) rasch bis auf einen Sättigungswert.

Da die *Neuwageneffizienz* sich ständig verbessert, so verbessert sich auch die *Pkw Flotteneffizienz* mit entsprechender Zeitverzögerung. Damit verringert sich mit Sättigung der *Pkw Anzahl* auch der *Treibstoffverbrauch gesamt* längerfristig wieder.

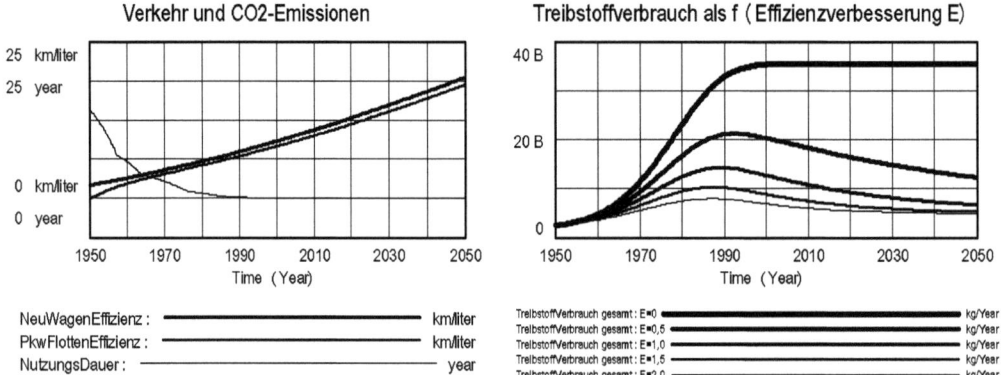

Abb. Z306e: Verbesserung der Effizienz bei Verkürzung der Nutzungsdauer.
Abb. Z306f: BEMÜHUNG ZUR EFFIZIENZVERBESSERUNG hat erheblichen Einfluss auf den Gesamt-Treibstoffverbrauch.

In den Abb. Z306f, g und h werden die Wirkungen der Parameter BEMÜHUNG ZUR EFFIZIENZVERBESSERUNG (E von 0 bis 2), PKW SÄTTIGUNGSNIVEAU (P von 1 bis 9 Personen pro Pkw) und einer ZUNAHME DES ÖFFENTLICHEN VERKEHRS um 200% zum ANFANGSJAHR ZUNAHME ÖFFTL VERKEHR (T von 1970 bis 2010) auf den *Treibstoffverbrauch gesamt* dargestellt. Offensichtlich ergeben sich über diese Parameter erhebliche Einsparmöglichkeiten für den Treibstoffverbrauch und die damit verbundenen CO_2-Emissionen.

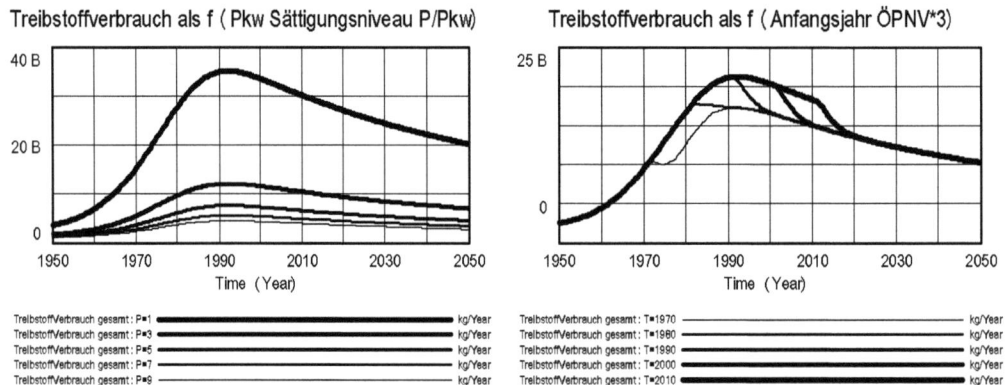

Abb. Z306g: Einfluss der Pkw-Sättigungsdichte auf den Treibstoffverbrauch.
Abb. Z306h: Einfluss einer Verdreifachung des ÖPNV auf den Treibstoffverbrauch.

Arbeitsvorschläge

1. Machen Sie sich durch Verändern der Parameter in sinnvollen Bereichen mit Funktion und Dynamik des Modells vertraut. Welche Parameter haben den größten Einfluss auf *Treibstoffverbrauch gesamt* und *CO$_2$-Emission gesamt*?
2. Untersuchen Sie die Entwicklung für ein Entwicklungsland mit einer gleichzeitig wachsenden Bevölkerung. Verwenden Sie, soweit möglich, reale Daten für ein bestimmtes Land.
3. Untersuchen Sie, nach Anpassung der Parameter auf die Entwicklung eines westeuropäischen Landes, die Konsequenzen der zügigen Einführung von 'Dreiliter-Autos' (Treibstoffverbrauch 3 Liter pro 100 km) für *Treibstoffverbrauch gesamt* und *CO$_2$-Emission gesamt* (drei Parameter bei *Effizienzgewinnrate*).
4. Untersuchen Sie die Konsequenzen einer Verschlechterung der *Neuwagen Effizienz* durch den hohen Anteil von SUVs (sports utility vehicles, Geländewagen) mit extrem hohem Treibstoffverbrauch bei den Neuzulassungen in USA. Vergleichen Sie das mit einer zügigen Einführung von Dreiliter-Autos. Um wie viel Prozent könnte der *Treibstoffverbrauch gesamt* der USA damit längerfristig reduziert werden? Könnten die USA damit unabhängig von Erdöl- und Kraftstoffimporten werden?
(*Hinweis*: Ausreichend genaue Daten für diese Aufgaben lassen sich im Internet oder in den verschiedenen Jahrbüchern (Fischer, Harenberg, Knaur, Spiegel u.a.) finden.)

Literaturhinweise

Noll, S. A. 1982: *Transportation energy conservation in developing countries*. Resources for the Future, Washington D.C., discussion paper D-73K.
Siddiqi, T. S., Parayno, P., Bossel, H. 1991: Applying system dynamics to climate change issues. *Proceedings, System Dynamics Conference*, Aug. 1991, Bangkok.
Zahavi, Y. 1976: *Travel characteristics in cities of developing and developed nations*. World Bank, Washington D.C., staff working paper no. 230.
Zahavi, Y., Cheslow, M. 1979: Travel demand and estimation of energy consumption by a constrained model. *Transportation Research Record* 764, 79-89.

Z307 Tägliche Photoproduktion eines Pflanzenbestands

Aufgabenstellung

Die Photoproduktion eines Pflanzenbestandes ist abhängig von der einfallenden photoaktiven Strahlungsenergie der Sonnenstrahlung, die wiederum vom tages- und jahreszeitlich schwankenden Sonnenstand abhängt. Nachts verliert die Pflanze durch Atmung Energie. In der Morgendämmerung wird der Lichtkompensationspunkt erreicht, bei dem die Photoproduktion gerade den Atmungsverlust deckt. Mit zunehmender Einstrahlung steigt die Photosyntheseleistung der Blätter zunächst rasch an, um dann bereits bei mittlerer Einstrahlung das Maximum zu erreichen. Diese Lichtabhängigkeitskurve unterscheidet sich von Pflanzenart zu Pflanzenart.

In der Laubkrone produzieren nur die obersten Schichten mit voller Leistung; in den abgeschatteten unteren Schichten reduziert sich die Produktion erheblich. Für genaue Aussagen über die nach Tages- und Jahreszeit stark veränderliche Photoproduktion der gesamten Laubkrone müssen daher in einem Simulationsmodell 1. die tages- und jahreszeitliche Dynamik der Einstrahlung mit 2. pflanzenspezifischen Daten (wie der Lichtabhängigkeitskurve) und 3. einem mathematischen Modell der Lichtdämpfung in den Schichten der Laubkrone (Monsi-Saeki) zusammengebracht werden.

Simulationsmodell

Das Modell ist im Simulationsdiagramm Abb. Z307a und in den folgenden Modellgleichungen dokumentiert. Es berechnet den Tagesverlauf der Photoproduktion einer Pflanzendecke unter Berücksichtigung der von der Jahreszeit und der geographischen Breite abhängigen, sich im Tagesverlauf verändernden Sonneneinstrahlung und der Lichtdämpfung in den verschiedenen Schichten der Laubkrone. Das Modell gilt für Pflanzenvegetationen aller terrestrischen Ökosysteme, d.h. für Wälder, Wiesen, Felder, Buschland usw.

Die einfallende *photoaktive Strahlung* wird aus der von der GEOGRAFISCHEN BREITE und der vom *Jahreszeitpunkt* abhängigen *Sonnendeklination* und der vom *Tageszeitpunkt* abhängigen *Sonnenhöhe* berechnet, unter Berücksichtigung des ATMOSPHÄRISCHEN ABSORPTIONSFAKTORS, der SOLARKONSTANTE und des Anteils der photoaktiven Strahlung PAR ANTEIL SONNENLICHT.

Die im Tagesverlauf empfangene *Strahlungsenergie* ist das Zeitintegral der momentanen *photoaktiven Strahlung*. Das Zeitintegral der hellen *Lichtstunden* ergibt die *Tageslichtstunden* des betrachteten Tages.

Die (Nettorate der) *Kronenproduktion* der Laubkrone ergibt sich durch analytische Integration der von der LICHTDÄMPFUNG und den Parametern MAX PHOTOPRODUKTION und STEIGUNG PHOTOSYNTHESEFUNKTION des Laubs abhängigen Blattproduktionskurve in der durch den BLATTFLÄCHENINDEX gegebenen Zahl der Blattschichten, vermindert um die MITTLERE BLATTRESPIRATION (Monsi-Saeki Gleichung, s. France and Thornley 1984, Richter 1985). Durch Integration der *Kronenproduktion* über die Zeit ergibt sich die tägliche *Laubkronenproduktion* der Kronenschicht.

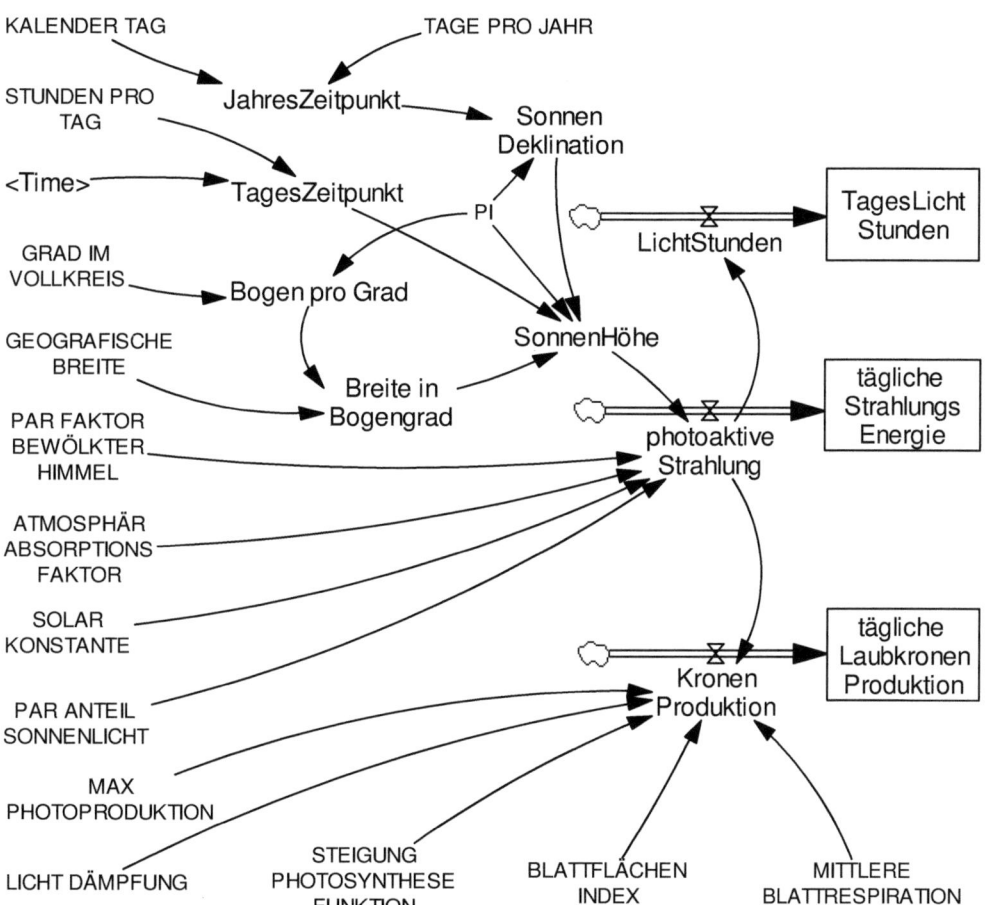

Abb. Z307a: Simulationsdiagramm für die tägliche Photoproduktion in der Laubkrone.

Parameter
KALENDER TAG = 173 [Tag]
JahresZeitpunkt = (KALENDER TAG+10) /TAGE PRO JAHR [1]
GEOGRAFISCHE BREITE = 50 [Grad]
SOLAR KONSTANTE = 1360 [W/m²]
PAR ANTEIL SONNENLICHT = 0.47 [1]
PAR FAKTOR BEWÖLKTER HIMMEL = 1 [1]
ATMOSPHÄR ABSORPTIONS FAKTOR = 0.15 [1]
BLATTFLÄCHEN INDEX = 5 [m²/m²]
LICHT DÄMPFUNG = 0.7 [1]
MAX PHOTOPRODUKTION = 3 [gCO2/(m²*Hour)]
STEIGUNG PHOTOSYNTHESE FUNKTION = 0.05 [gCO2/W*Hour]
MITTLERE BLATTRESPIRATION = 0.3 [gCO2/(m²*Hour)]
STUNDEN PRO TAG = 24 [Hour]
TAGE PRO JAHR = 365 [Tag]
PI = 3.14159 [1]
GRAD IM VOLLKREIS = 360 [Grad]
Bogen pro Grad = 2*PI /GRAD IM VOLLKREIS [1/Grad]
Breite in Bogengrad = GEOGRAFISCHE BREITE *Bogen pro Grad [1]

Dynamik
SonnenDeklination = -23.4 *(PI/180) *COS (2 *PI *JahresZeitpunkt) [1]
TagesZeitpunkt = (Time+12) /STUNDEN PRO TAG [1]
(SonnenHöhe = SIN (Breite in Bogengrad) *SIN(SonnenDeklination) +COS(Breite in
        Bogengrad) *COS(SonnenDeklination) *COS(2 *PI *TagesZeitpunkt) [1]
photoaktive Strahlung = IF THEN ELSE(SonnenHöhe > 1/100, PAR FAKTOR BE-
        WÖLKTER HIMMEL *PAR ANTEIL SONNENLICHT *SOLAR KONSTANTE
        *SonnenHöhe *EXP(-ATMOSPHÄR ABSORPTIONS FAKTOR /SonnenHöhe),
        0) [W/m²]
tägliche StrahlungsEnergie = INTEG (photoaktive Strahlung, 0) [W*Hour/m²]
KronenProduktion = (MAX PHOTOPRODUKTION /LICHT DÄMPFUNG) *LN((1
        +STEIGUNG PHOTOSYNTHESE FUNKTION /MAX PHOTOPRODUKTION
        *photoaktive Strahlung) /(1 +(STEIGUNG PHOTOSYNTHESE FUNKTION /MAX
        PHOTOPRODUKTION) *photoaktive Strahlung *EXP(-LICHT DÄMPFUNG
        *BLATTFLÄCHEN INDEX))) -MITTLERE BLATTRESPIRATION
        *BLATTFLÄCHEN INDEX [gCO2/(m²*Hour)]
tägliche LaubkronenProduktion = INTEG (KronenProduktion, 0) [gCO2/m²]
LichtStunden = IF THEN ELSE (photoaktive Strahlung > 0.001, 1, 0) [1]
TagesLichtStunden = INTEG (LichtStunden, 0) [Hour]

Simulationszeitparameter
INITIAL TIME = 0 [Hour]
FINAL TIME = 24 [Hour]
TIME STEP = 0.05 [Hour]

Simulationsergebnisse

Abb. Z307b zeigt Ergebnisse im Tagesverlauf für den Tag 173 (d.h. 22. Juni, Sommersonnenwende) und für 50 Grad nördliche Breite (Frankfurt, Kiew, Vancouver, Winnipeg). Der angenommene BLATTFLÄCHENINDEX von 5 entspricht einer Laubwaldkrone.

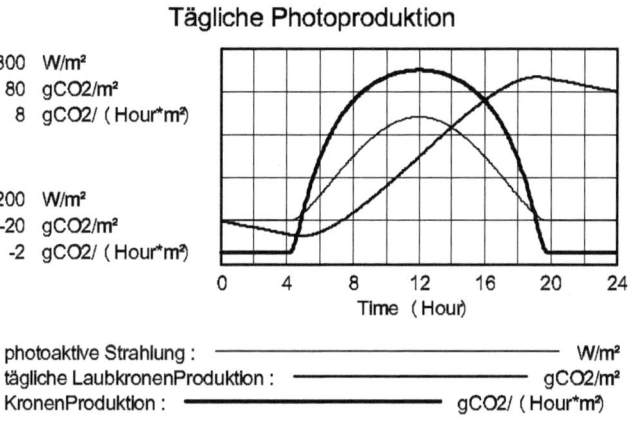

photoaktive Strahlung : ————————————————— W/m²
tägliche LaubkronenProduktion : ————————————— gCO2/m²
KronenProduktion : ————————————— gCO2/ (Hour*m²)

Entsprechend dem Sonnenstand ergibt sich eine etwa sinusförmig ansteigende *photoaktive Strahlung* mit einem Mittagsmaximum. Der zeitliche Beginn der Strahlung und deren Ende entsprechen dem Sonnenauf- und -untergang. Die Photoproduktion in der Laubschicht (*Kronenproduktion*) folgt dem Strahlungsverlauf, hat jedoch einen breiteren Verlauf, da sich bereits die volle Blattproduktion auch bei niedrigen Strahlungswerten einstellt. Von der Tagesproduktion wird auch nachts wieder ein Teil veratmet; die Produktionskurve hat daher nachts einen absinkenden Verlauf. Im Sommer führen auch in den polaren Breiten die langen Tage zu einer hohen Produktion.

Über die Blattatmung ergeben sich besonders bei kurzer Tageslänge relativ hohe Energieverluste. Da die unteren abgeschatteten Blattschichten netto nur relativ wenig produzieren, werden sie normalerweise abgeworfen, was zu einem maximalen BLATTFLÄCHENINDEX von etwa 5 führt (Blattflächenindex = Quadratmeter Blattfläche pro Quadratmeter Bodenfläche).

Über die Tagesdauer, die vom Sonnenstand abhängige Einstrahlung und die Jahreszeit ergibt sich ein erheblicher Effekt der geographischen Breite. Für die Gesamtproduktion ist die Form der Lichtempfindlichkeitskurve der Blätter von Bedeutung: die MAXIMALE PHOTOPRODUKTION bei Lichtsättigung, und die anfängliche STEIGUNG DER PHOTOSYNTHESEFUNKTION, die den Produktionsanstieg bei zunehmender Einstrahlung charakterisiert (und daher die Produktion bei niedriger Einstrahlung morgens und abends stark beeinflusst).

Arbeitsvorschläge

1. Untersuchen Sie die Produktion des Pflanzenbestands an anderen Tagen im Jahr sowie für andere geographische Breiten. Wie kommt es, dass bei gleicher Länge einer Vegetationsperiode (z.B. 100 Tage) die Pflanzenproduktion in gemäßigten und subpolaren Breiten während dieser Zeit (Sommer auf der Nordhalbkugel) erheblich höher sein kann als in den Tropen? Rechnen Sie Beispiele.

2. Ermitteln Sie für die Mitte jeden Monats die *tägliche Laubkronenproduktion* (Nettoproduktion) als Funktion der Jahreszeit, zeichnen Sie den Verlauf über das Jahr und integrieren Sie das Ergebnis zur gesamten Jahresproduktion (Fläche unter der Kurve). Rechnen Sie dies in Jahresproduktion von Tonnen Kohlenstoff pro Hektar (tC/ha) um.

3. Untersuchen Sie, welche Nettoproduktion sich ergibt, wenn der BLATTFLÄCHENINDEX (im Bereich 1 bis 10) verändert wird. Für welchen Wert ergibt sich maximale Nettoproduktion?

4. Untersuchen Sie die Wirkung der MITTLEREN BLATTRESPIRATION auf die Nettoproduktion.

4. Bei schattenliebenden Pflanzen ist die STEIGUNG PHOTOSYNTHESEFUNKTION (der anfängliche Anstieg der Lichtempfindlichkeitskurve) erheblich größer als bei lichtliebenden Pflanzen. Erläutern Sie den Grund und die Konsequenz für die Pflanze. Rechnen Sie Simulationen für beide Arten und vergleichen und diskutieren Sie das Ergebnis.

Literaturhinweis

France, J., Thornley, J. H. M. 1984: *Mathematical Models in Agriculture.* Butterworths, London (bes. S. 114-137).

Larcher, W. 1980: *Ökologie der Pflanzen auf physiologischer Grundlage.* UTB Ulmer Stuttgart, 3. Aufl.

Richter, O. 1985: *Simulation des Verhaltens ökologischer Systeme – Mathematische Methoden und Modelle.* VCH Weinheim, S. 164-172.

Z308 Waldwachstum

Aufgabenstellung

Die Blattmasse der Laubkrone eines Waldes wächst solange, bis sie sich in mehreren Laubschichten soweit verdichtet hat, dass in den unteren Bereichen wegen Lichtmangels keine Nettoproduktion mehr stattfinden kann und kein weiteres Laub gebildet wird (s. hierzu Modell Z307 PHOTOPRODUKTION). Ein großer Teil der in der Laubkrone assimilierten Energie wird für die Lebensvorgänge der Bäume veratmet. Überschüsse führen zu Holzzuwachs und entsprechendem Wachstum der Bäume. Über den mit der Holzmenge wachsenden Atmungsbedarf ergibt sich schließlich ein Ende des Holzwachstums; die Energiegewinne kompensieren dann gerade die Energieverluste. Offensichtlich bestimmt also die Nettobilanz der Energieflüsse (ausgedrückt in Einheiten von C, CO_2 oder organischer Trockensubstanz OTS) die Entwicklung eines Waldbestandes. Schadstoffe können entweder durch Verringerung der Photosynthese, durch Schädigung des energieassimilierenden Laubes, oder durch erhöhten Assimilatbedarf für den Ersatz von Laub- oder Feinwurzelverlusten die Energiebilanz des Waldes erheblich beeinträchtigen und zu Zuwachsverlusten und Waldsterben führen. Diese Zusammenhänge lassen sich bereits mit einem einfachen Modell zum dynamischen Zusammenspiel von Blattmasse und Holzmasse mit ihren Energiegewinnen und Verlusten untersuchen.

Simulationsmodell

Das Modell ist im Simulationsdiagramm Abb. Z308a und in den folgenden Modellgleichungen dokumentiert. Es hat zwei Zustandsgrößen: die *Blattmasse* und die *Holzmasse*. Alle Größen sind auf den Hektar Waldfläche bezogen; es wird also nicht nach Einzelbäumen differenziert.

Für die produzierende *Blattmasse* gilt hier logistisches Wachstum bis zur LAUBMENGENKAPAZITÄT mit der (anfänglichen) MAXIMALEN AUSTRIEBSRATE. Die Begrenzung der *Blattmasse* ergibt sich dadurch, dass sich bei weiterer Verdichtung der Laubkrone die Beleuchtungsverhältnisse der unteren Blattschichten so verschlechtern, dass die Respirationsverluste nicht mehr durch die dort kleinen Energiegewinne kompensiert werden können (vgl. Z307 PHOTOPRODUKTION). Die Assimilatproduktion (*Kronenproduktion*) ist proportional zur *Blattmasse* und der SPEZIFISCHEN KRONENPRODUKTION; sie kann PRODUKTIONSEINBUßEN DURCH SCHADSTOFFE (in Prozent) unterworfen sein, die im ANFANGSJAHR UMWELTBELASTUNG beginnen. Die BLATTPROPORTIONALE ENERGIENUTZUNG berücksichtigt den Respirationsanteil des Laubes und der Feinwurzeln. Weiterer Assimilatverbrauch (*Stammatmung* mit der STAMMPROPORTIONALEN ATMUNGSRATE) ist proportional zur vorhandenen (Splint-)Holzmenge und zur Laubneubildung (*Laubziel*). Bei der *Blattmasse* ergeben sich

Verluste durch den *Laubabwurf*; beim Holz durch *Totholzverluste* mit der TOTHOLZ VERLUSTRATE. Überschüsse, die nach Abzug dieser verschiedenen Verluste verbleiben, gehen in den *Holzzuwachs*.

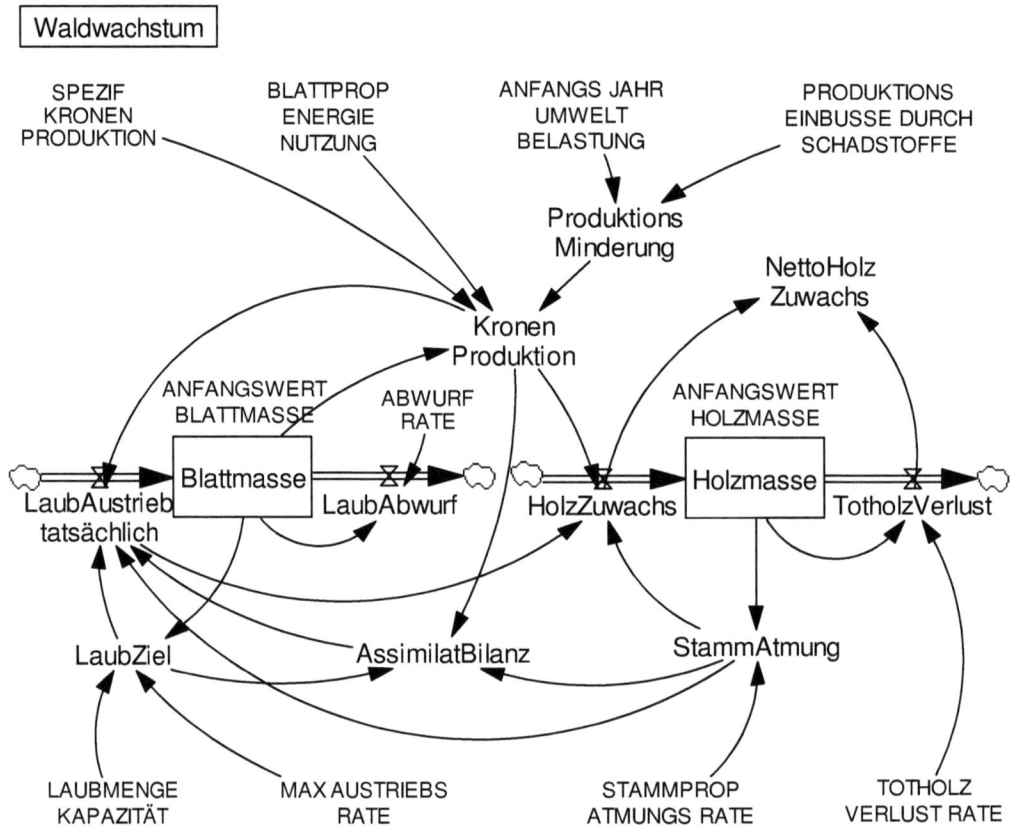

Abb. Z308a: Simulationsdiagramm des Waldwachstums.

Parameter
ANFANGSWERT HOLZMASSE = 1 [t OTS/ha] (*t OTS = Tonnen organische Trockensubstanz*)
ANFANGSWERT BLATTMASSE = 0.2 [t OTS/ha]
LAUBMENGE KAPAZITÄT = 10 [t OTS/ha]
MAX AUSTRIEBS RATE = 0.5 [1/Year]
ABWURF RATE = 0.2 [1/Year]
SPEZIF KRONEN PRODUKTION = 6 [t OTS/(t OTS*Year)] *Kronenproduktion pro Jahr bezogen auf Laubmasse*
BLATTPROP ENERGIE NUTZUNG = 0.5 [1]

STAMMPROP ATMUNGS RATE = 0.03 [1/Year]
TOTHOLZ VERLUST RATE = 0.01 [1/Year]
ANFANGS JAHR UMWELT BELASTUNG = 40 [Year]
PRODUKTIONS EINBUSSE DURCH SCHADSTOFFE = 0 [1]

Dynamik
ProduktionsMinderung = STEP (PRODUKTIONS EINBUSSE DURCH SCHADSTOF-
    FE/100, ANFANGS JAHR UMWELT BELASTUNG) [Dmnl]
KronenProduktion = BLATTPROP ENERGIE NUTZUNG *Blattmasse *SPEZIF KRO-
    NEN PRODUKTION *(1 -ProduktionsMinderung) [t OTS/(Year*ha)]
AssimilatBilanz = KronenProduktion –LaubZiel -StammAtmung [t OTS/(Year*ha)]
LaubZiel = MAX AUSTRIEBS RATE *Blattmasse *(1 –Blattmasse /LAUBMENGE KA-
    PAZITÄT) [t OTS/(Year*ha)]
LaubAustrieb tatsächlich = IF THEN ELSE (AssimilatBilanz > 0, LaubZiel, IF THEN
    ELSE ((KronenProduktion -StammAtmung) > 0, KronenProduktion -
    StammAtmung, 0)) [t OTS/(Year*ha)]
LaubAbwurf = ABWURF RATE *Blattmasse [t OTS/(Year*ha)]
Blattmasse = INTEG (+LaubAustrieb tatsächlich -LaubAbwurf, ANFANGSWERT
    BLATTMASSE) [t OTS/ha]
StammAtmung = STAMMPROP ATMUNGS RATE *Holzmasse [t OTS/(Year*ha)]
HolzZuwachs = KronenProduktion -LaubAustrieb tatsächlich -StammAtmung [t
    OTS/(Year*ha)]
TotholzVerlust = TOTHOLZ VERLUST RATE *Holzmasse [t OTS/(Year*ha)]
Holzmasse = INTEG (+HolzZuwachs -TotholzVerlust, ANFANGSWERT HOLZMASSE)
    [t OTS/ha]
NettoHolzZuwachs = HolzZuwachs -TotholzVerlust [t OTS/(Year*ha)]

Simulationszeitparameter
INITIAL TIME = 0 [Year]
FINAL TIME = 100 [Year]
TIME STEP = 0.02 [Year]

Simulationsergebnisse

Abb. Z308b zeigt den Zeitverlauf der Simulation mit den Parameterwerten der Voreinstellung, d.h. ohne Schadstoffeinfluss.   Beginnend bei kleinen Anfangswerten für
Blattmasse und *Holzmasse* wächst zunächst die *Blattmasse* bis zu ihrer logistischen
Sättigungsgrenze (LAUBMENGEN KAPAZITÄT).   Die *Holzmasse* nimmt anfangs relativ
rasch zu, da die holzmasse-spezifischen Atmungsverluste (*Stammatmung*) zunächst nur
gering sind.   Mit der *Holzmasse* steigen sowohl die holzproportionale *Stammatmung*
wie auch der *Totholzverlust*, bis diese Verluste schließlich die Höhe der Assimilatge-
winne erreichen und der *Holzzuwachs* Null wird.   Mit den gewählten Parametern ergibt
sich der höchste *Holzzuwachs* etwa bei 20 Jahren, danach nimmt er allmählich wegen

der wachsenden *Stammatmung* ab. Das System strebt so einem Gleichgewicht zu, das durch die beschränkte Produktionskapazität der Laubkrone definiert ist.

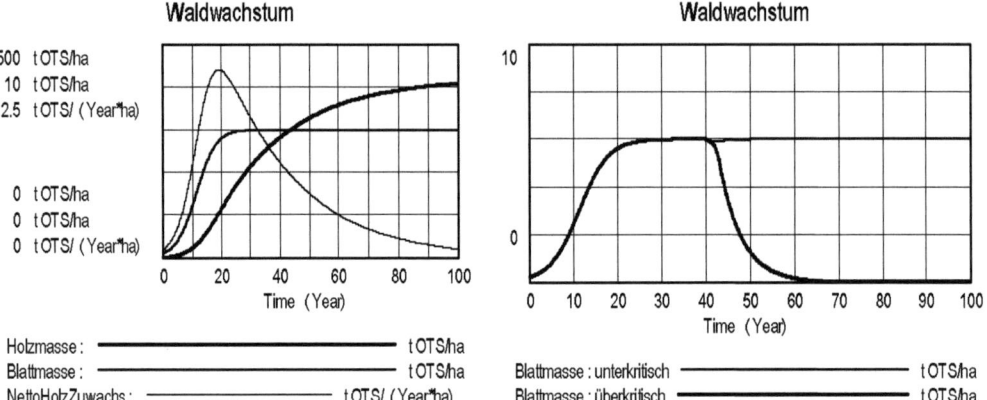

Abb. Z308b: Entwicklung eines Bestandes bis zur Hiebsreife. Der größte Zuwachs ergibt sich im jungen Bestand.
Abb. Z308c: Erst bei einer kritischen Schadstoffbelastung stirbt der Wald plötzlich ab. Eine unterkritische Schädigung ist äußerlich kaum zu erkennen.

Die Entwicklungsdynamik wird stark beeinträchtigt durch Umweltschäden (PRODUKTIONSEINBUSSE DURCH SCHADSTOFFE) nach dem ANFANGSJAHR UMWELT-BELASTUNG. Es kann zum Zusammenbruch des Waldes kommen, da der Ersatzbedarf für Laub- und Feinwurzeln wie auch schließlich der Atmungsbedarf nicht mehr durch die Energiegewinne gedeckt werden kann. Kritisch sind daher auch die SPEZIFISCHE KRONENPRODUKTION im Verhältnis zur STAMMPROPORTIONALEN ATMUNGSRATE sowie die BLATTPROPORTIONALE ENERGIENUTZUNG als Verhältnis der Nettoassimilation zur Bruttoproduktion des Laubes.

Wird eine PRODUKTIONSEINBUSSE DURCH SCHADSTOFFBELASTUNG ab einem bestimmten ANFANGSJAHR UMWELTBELASTUNG eingeführt, so verringert sich zwar der Holzzuwachs entsprechend, der Wald ändert sich aber zunächst im Aussehen kaum, da bei verschwindendem Holzzuwachs auch weiterhin noch eine volle Laubkrone ausgebildet wird. Ein fortdauerndes 'Dahinvegetieren' des Waldes ohne jeglichen Holzzuwachs ist möglich. Erst wenn nicht mehr genug Assimilate gebildet werden können, um eine ausreichende Blattmasse zu erhalten, bricht das System in kurzer Zeit zusammen. Diese dramatische Verzweigung des Systemverhaltens bei geringfügiger Parameteränderung ist in Abb. Z308c gezeigt. Für diese Läufe wurde (mit ANFANGS-JAHR UMWELTBELASTUNG = 40) die PRODUKTIONSEINBUSSE DURCH SCHADSTOFFBE-LASTUNG allmählich erhöht. Bei einer Beeinträchtigung von 46.8% entspricht die

Blattmasse noch dem Zustand ohne Schadstoffbelastung – die Schädigung wäre also im Erscheinungsbild nicht zu erkennen. Wird die PRODUKTIONSEINBUßE DURCH SCHADSTOFFBELASTUNG nur geringfügig erhöht (auf 46.9%), so verschwindet die *Laubmasse* in kurzer Zeit und der Wald stirbt ab. Diese im Modell auftretende Dynamik dürfte auch für den Prozess des 'Waldsterbens' bei Wäldern unter (überkritischer) Schadstoffbelastung verantwortlich sein. Das komplexere Modell Z309 BAUMDYNAMIK zeigt ebenfalls, dass es auf die Assimilatbilanz ankommt. Diese kann sowohl durch schadstoffbedingte Unterproduktion wie durch schadstoffbedingten erhöhten Bedarf für Laub- und Feinwurzelneubildung negativ werden und zum Zusammenbruch führen.

Das Globalverhalten dieses einfachen Waldmodells wird im Zustandsbild der Abb. Z308d untersucht. Das Bild wurde durch Ankopplung des Moduls Z115 ZUSTANDSBILD (in Bossel Zoo1 2004) erzeugt. Es zeigt sich, dass (mit den Parametern der hier gewählten Voreinstellung) der 'Wald' erhalten bleibt und auf einen Gleichgewichtspunkt von 6 tOTS/ha Blattmasse bei etwa 440 tOTS/ha Holzmasse zustrebt, wenn die anfänglich *Laubmasse* im Verhältnis zur *Holzmasse* groß genug ist (linker oberer Teil des Bildes). Ist dagegen die anfängliche *Laubmasse* im Verhältnis zu gering, bricht der 'Wald' zusammen (rechter unterer Bildbereich).

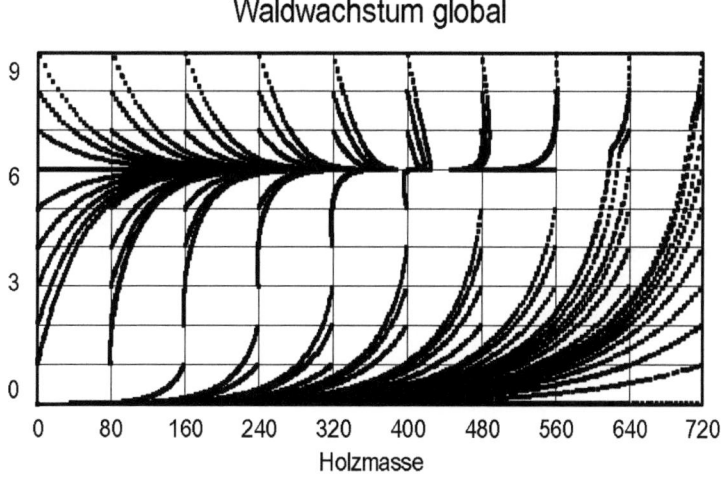

Abb. Z308d: Das Zustandsbild zeigt eine Bewegung der Zustandspfade im linken oberen Bereich auf einen Gleichgewichtspunkt zu. Anfangswerte im rechten unteren Bereich führen zum Zusammenbruch.

Arbeitsvorschläge

1. Untersuchen Sie den Einfluss insbesondere der Parameter SPEZIF KRONENPRODUK-
TION, BLATTPROP ENERGIENUTZUNG, STAMMATMUNG.
2. Verändern Sie die PRODUKTIONSEINBUSSE DURCH SCHADSTOFFE (%) und stellen
Sie fest, bis zu welchen Belastungswerten das System bei verschiedenen ANFANGS-
JAHREN UMWELTBELASTUNG noch ohne Zusammenbruch existieren kann. Wer kann
Umweltschäden besser verkraften: junger oder alter Wald?
3. Wie müssen Umweltentlastungen aussehen, um kritisch geschädigte 'Wald'bestände
verschiedenen Alters vor dem Zusammenbruch zu bewahren? Klären Sie das mit verschiedenen Simulationen, bei denen Sie anstelle von ANFANGSJAHR UMWELTBELAS-
TUNG und PRODUKTIONSEINBUSSE DURCH SCHADSTOFFE zeitveränderliche Schädi-
gungsszenarien durch eine Tabellenfunktion einführen.
4. Koppeln Sie den Modul Z115 ZUSTANDSBILD an das Waldmodell. Überprüfen Sie
korrektes Funktionieren, indem Sie das Zustandsbild in Abb. Z308d reproduzieren.
(*Achtung*: in Z115 den korrekten Zustandsausschnitt und die Rechenlänge (z.B. 20
Jahre) wählen. Entsprechend die FINAL TIME auf 100 * 20 = 2000 Jahre setzen, da
10*10 = 100 einzelne Simulationen gerechnet werden müssen.) Untersuchen Sie, welchen Einfluss verschiedene Schadszenarien auf das Zustandsbild haben (ANFANGS-
JAHR UMWELTBELASTUNG = 0, PRODUKTIONSEINBUßE DURCH SCHADSTOFFE in verschiedener Höhe).

Literaturhinweise

Bossel, H. 1986: Dynamics of forest dieback – systems analysis and simulation. *Eco-
logical Modelling* 34 (S. 259-288).
Bossel, H. 1987/1989: *Simulation dynamischer Systeme – Grundwissen, Methoden,
Programme.* Vieweg Braunschweig/ Wiesbaden (S. 245-268).

Z309 Baumsterben

Aufgabenstellung

Vor allem in Mitteleuropa und in Nordamerika treten seit den 1980er Jahren vermehrt und fast epidemieartig 'neuartige Waldschäden' auf, denen in manchen Gebieten ganze Wälder zum Opfer fielen. Mittelgebirgslagen weitab von Industriegebieten sind oft besonders betroffen, und die Symptome zeigen sich sowohl in stark säurebelasteten wie an kalkreichen Standorten. Während die Art der Erkrankung, ihre Ursachen, ihr Verlauf und ihre Therapie immer noch ungenügend geklärt sind, besteht jedoch kaum Zweifel daran, dass sie letztlich durch Belastung der Luft mit Schadstoffen hervorgerufen wurde. Schadstoffe können direkt die Assimilationsleistung der Blätter beeinträchtigen, oder aber auch indirekt über Bodenversauerung, Absterben der Feinwurzeln, Nährstoffentzug, Aluminium- oder Schwermetallvergiftung wirken. Trotz unterschiedlicher Ursachen und Wirkungspfade im Baum ist das Resultat das gleiche: Der Baum stirbt bei Überbelastung rasch ab, nachdem er vorher einen Großteil seines Laubes und seiner Feinwurzeln verloren hat.

Die Beobachtungen haben zu der Vermutung geführt, dass es sich hier um eine 'Systemkrankheit' handelt, bei der die Belastung eines Organs die Funktionsfähigkeit auch der anderen Organe eines Baums in Mitleidenschaft zieht, bis es schließlich zum Zusammenbruch kommt. Für diese Betrachtungsweise spricht vieles, da anders die beobachteten Symptome kaum widerspruchsfrei zusammenzufügen wären.

Die Beschäftigung mit dynamischen Systemen lehrt, dass Systemzusammenbrüche fast immer durch sich selbst verstärkende Rückkopplungsmechanismen in Verbindung mit nichtlinearen Zusammenhängen ausgelöst werden. D.h. die Ursachen für krisenhafte Zusammenbrüche sind in erster Linie in strukturellen Zusammenhängen zu suchen, die bei gewissen Parameter-Konstellationen zur Wirkung kommen. Diese Beobachtung legt es nahe, auch im Zusammenhang mit dem Waldsterben zunächst einmal die Systemstruktur des Systems 'Baum' und ihre dynamischen Verhaltensmöglichkeiten zu untersuchen, unter bewusstem Verzicht auf quantitative Genauigkeit ein Minimalmodell der essentiellen Wirkungsbeziehungen im System Baum zu entwickeln und an ihm zu prüfen, ob und unter welchen Umständen sich an diesem Modellsystem katastrophale Zusammenbrüche überhaupt ergeben können. Von einem solchen qualitativen und explorativen Modell sind also keine genauen Vorhersagen, wohl aber Hinweise auf mögliche Verhaltensdynamiken auch des realen Systems zu erwarten.

Simulationsmodell

Das Simulationsdiagramm dieses Modells für einen Nadelbaum ist in Abb. Z309a gezeigt; die Modellgleichungen sind im Folgenden aufgelistet. Die wichtigsten Komponenten dieses Modells sind die *Laubmenge* und ihre *Assimilatproduktion*, die (Fein-)

Wurzelmenge und ihre Nährstoff- und *Wasserförderung* und schließlich die Verteilung der Assimilate auf die verschiedenen Lebensprozesse und Organe. *Restassimilate* führen zu entsprechendem *Holzzuwachs* der *Holzmasse.*

Die *Assimilatproduktion* ergibt sich als Produkt aus *Laubmenge* und PHOTO-SYNTHESE-EFFIZIENZ. Diese kann durch Umweltschadstoffe beeinträchtigt werden (was durch Verringerung des Normwertes von "1" berücksichtigt wird). Der *möglichen Assimilatproduktion* entspricht ein Förderbedarf (Wasser und Nährstoffe), der eine bestimmten *Bedarf an Feinwurzeln* hervorruft. Falls die (Nährstoff- und) *Wasserförderung* nicht der *möglichen Assimilatproduktion* entspricht, ist diese auf die *tatsächliche Assimilatproduktion* eingeschränkt. Über den *Bedarf an Feinwurzeln* reguliert sich der *Assimilatbedarf für Wurzeln*; die *Assimilate für Wurzeln* führen zur *Wurzelneubildung*. Der *Wurzelverlust* ist proportional zur NORMALEN FEINWURZEL VER-LUSTRATE, kann sich aber auch über den WURZELSCHADEN FAKTOR erhöhen.

Assimilate werden verteilt auf: den *Atmungsbedarf der Holzmasse* (Achsen und Wurzeln), die *Laubneubildung*, die *Wurzelneubildung* und den *FruchtBedarf*. *Restassimilate* stehen für den *Holzzuwachs* zur Verfügung. Sind nicht genügend Assimilate vorhanden, so kann angenommen werden, dass sie proportional auf die verschiedenen Bedarfe verteilt werden, nachdem zunächst einmal der feststehende Atmungsbedarf abgezogen worden ist. Falls Blätter und/oder Wurzeln wegen Assimilatmangels nicht voll ersetzt werden können, kommt es zu einem durch die Rückkopplungsprozesse sich selbst beschleunigenden Zusammenbruch.

Bei der Quantifizierung des Modells wurde mit auf "1" normierten Größen gearbeitet. Bei normaler Entwicklung werden daher die Zustandsgrößen *Laubmenge*, *Wurzelmenge* und *Holzmasse* auch über einen längeren Zeitraum in der Nähe von 1 verbleiben. Das gleiche gilt für die *mögliche Assimilatproduktion*. Sie wird entsprechend dem Verhältnis *Wasserförderung* /*Wasserbedarf* auf die *tatsächliche Assimilatproduktion* reduziert. Entsprechend der vorhandenen *Holzmasse* wird von dieser Assimilatmenge zunächst ein Betrag (Wichtung 0.3) als Erhaltungsbedarf abgezogen. Von den verbleibenden Assimilaten werden der Laubbedarf (LAUBANTEIL) und der Fruchtbedarf (FRUCHTANTEIL) sowie der variable Wurzelbedarf abgezogen. Reicht die noch verbleibende Assimilatmenge für diese Aufteilung nicht aus, so werden die Assimilate proportional gekürzt, aber entsprechend dem Anforderungsverhältnis aufgeteilt. Nach dieser Aufteilung verbleibende Assimilate kommen dem *Holzzuwachs* zugute.

Einzelheiten der Assimilation, wie strahlungsabhängige Photosynthese, Lichtsättigung in der Krone usw. sind in diesem Modell nicht dargestellt. Es ist daher nicht anwendbar auf die Simulation längerfristiger Wachstumsprozesse eines Baums, sondern soll lediglich die Zusammenbruchsdynamik illustrieren. Genauere Darstellungen der Wachstumsprozess über den vollen Lebenszyklus verwenden Formulierungen ähnlich denen in Modell Z307 PHOTOPRODUKTION (s. u.a. Bossel 1986, 1989, 1989/1992, 1994, 1996 sowie dort zitierte Arbeiten).

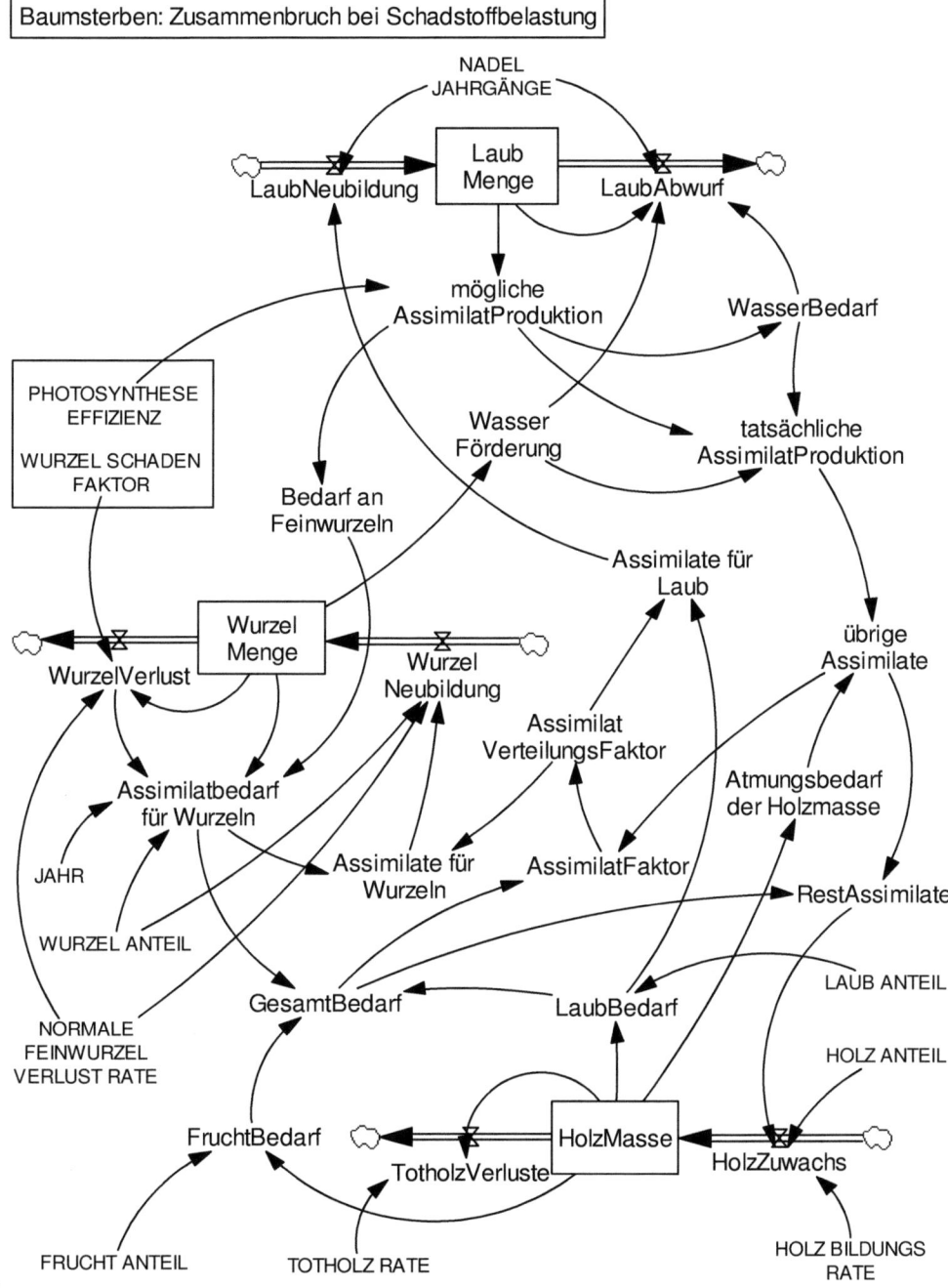

Abb. Z309a: Simulationsdiagramm zum Baumsterben

Parameter
NADEL JAHRGÄNGE = 8 [Year]
PHOTOSYNTHESE EFFIZIENZ = 1 [1]
WURZEL SCHADEN FAKTOR = 1 [1]
NORMALE FEINWURZEL VERLUST RATE = 1 [1/Year]
LAUB ANTEIL = 0.15 [1]
WURZEL ANTEIL = 0.065 [1]
FRUCHT ANTEIL = 0.085 [1]
HOLZ ANTEIL = 0.075 [1]
HOLZ BILDUNGS RATE = 1 [1/Year]
TOTHOLZ RATE = 0.01 [1/Year]
JAHR = 1 [Year]

Dynamik
mögliche AssimilatProduktion = LaubMenge *PHOTOSYNTHESE EFFIZIENZ [1]
WasserBedarf = mögliche AssimilatProduktion [1]
LaubAbwurf = IF THEN ELSE((WasserBedarf /WasserFörderung) >1.2, LaubMenge
        *(1 /NADEL JAHRGÄNGE) *(WasserBedarf /WasserFörderung), LaubMenge
        /NADEL JAHRGÄNGE) [1/Year]
WasserFörderung = WurzelMenge [1]
tatsächliche AssimilatProduktion = IF THEN ELSE ((WasserFörderung /WasserBedarf)
        < 1, mögliche AssimilatProduktion *(WasserFörderung /WasserBedarf), mögli-
        che AssimilatProduktion) [1]
Atmungsbedarf der Holzmasse = 0.3 *HolzMasse [1]
übrigeAssimilate = tatsächliche AssimilatProduktion -Atmungsbedarf der Holzmasse [1]
AssimilatFaktor = IF THEN ELSE (übrigeAssimilate >= GesamtBedarf, 1, übrigeAssimi-
        late /GesamtBedarf) [1]
AssimilatVerteilungsFaktor = IF THEN ELSE (AssimilatFaktor >= 0, AssimilatFaktor, 0)
        [1]
LaubBedarf = LAUB ANTEIL *HolzMasse [1]
Assimilate für Laub = LaubBedarf *AssimilatVerteilungsFaktor [1]
LaubNeubildung = Assimilate für Laub*(1 /NADEL JAHRGÄNGE) *(1 /0.15) [1/Year]
LaubMenge = INTEG (+LaubNeubildung -LaubAbwurf, 1) [1]
WurzelVerlust = WURZEL SCHADEN FAKTOR *NORMALE FEINWURZEL VERLUST
        RATE *WurzelMenge [1/Year]
Bedarf an Feinwurzeln = mögliche AssimilatProduktion [1]
Assimilatbedarf für Wurzeln = IF THEN ELSE((WurzelVerlust *JAHR*(Bedarf an Fein-
        wurzeln /WurzelMenge) *WURZEL ANTEIL > 0), WurzelVerlust *JAHR*(Bedarf
        an Feinwurzeln /WurzelMenge) *WURZEL ANTEIL, 0) [1]
Assimilate für Wurzeln = Assimilatbedarf für Wurzeln *AssimilatVerteilungsFaktor [1]
WurzelNeubildung = (Assimilate für Wurzeln /WURZEL ANTEIL) *NORMALE FEIN-
        WURZEL VERLUST RATE [1/Year]
WurzelMenge = INTEG (WurzelNeubildung -WurzelVerlust,1) [1]
FruchtBedarf = FRUCHT ANTEIL *HolzMasse [1]
GesamtBedarf = FruchtBedarf +LaubBedarf +Assimilatbedarf für Wurzeln [1]

RestAssimilate = IF THEN ELSE(übrigeAssimilate >= GesamtBedarf, übrigeAssimilate-
GesamtBedarf, 0) [1]
TotholzVerluste = TOTHOLZ RATE *HolzMasse [1/Year]
HolzZuwachs = HOLZ ANTEIL *RestAssimilate *HOLZ BILDUNGS RATE [1/Year]
HolzMasse = INTEG (HolzZuwachs -TotholzVerluste,1) [1]

Simulationszeitparameter
INITIAL TIME = 0 [Year]
FINAL TIME = 10 [Year]
TIME STEP = 0.01 [Year]

Simulationsergebnisse

Das Modell hat zwei wichtige Eingriffsmöglichkeiten, mit denen Schadwirkungen
simuliert werden können. Einmal kann ein Szenario für die Leistungsfähigkeit der
Assimilationsorgane (PHOTOSYNTHESE EFFIZIENZ) eingegeben werden. Diese wird
dabei von ihrem Normalwert von 1 auf niedrigere Werte reduziert, um Schadwirkungen darzustellen. Zum anderen kann der Verlust an Feinwurzeln durch Erhöhung des
Wurzelabbaus (WURZELSCHADEN FAKTOR, Normalwert = 1) vergrößert werden, um
damit zusätzliche Wurzelverluste durch einen niedrigen pH-Wert oder andere Schadstoffe im Boden als Szenario darzustellen.

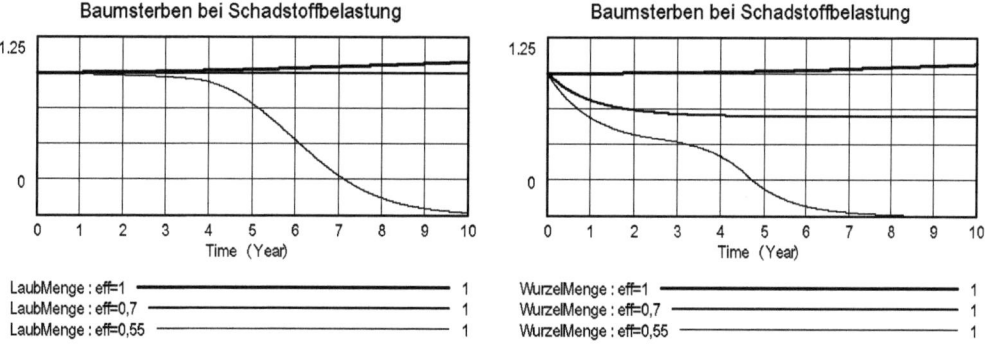

Abb. Z309b: Laubschädigung bei Verringerung der Blatteffizienz durch Schadstoffe.
Abb. Z309c: Wurzelschädigung bei Verringerung der Blatteffizienz.

In den Abb. Z309b, c und d werden die Ergebnisse für zunehmende Blattschädigung für die drei Größen *Laubmenge*, *Wurzelmenge* und *Holzzuwachs* gezeigt. Die
Normalentwicklung (PHOTOSYNTHESE EFFIZIENZ = *eff* = 1) zeigt über 10 Jahre einen
leichten Anstieg von *Laubmenge* und *Wurzelmenge* bei einem fast gleich bleibenden
starken Holzzuwachs. Wird die PHOTOSYNTHESE EFFIZIENZ auf = 0.7 reduziert, so
bleiben *Laubmenge* und *Wurzelmenge* konstant; es ergibt sich aber noch ein leichter

Holzzuwachs. Bei weiterer Reduktion von *eff* bleibt die Entwicklung qualitativ gleich: *Laubmenge* und *Wurzelmenge* ändern sich nicht, und der *Holzzuwachs* verringert sich auf Null. Wird die PHOTOSYNTHESE EFFIZIENZ auf 0.55 verringert, so ändert sich das Verhalten drastisch: *Laubmenge* und *Wurzelmenge* sinken rasch auf Null, d.h. der Baum stirbt ab. Es zeigen sich so drei verschiedene Verhaltensmodi (Bossel 1986): 1. normales Wachstum, 2. Stagnation, 3. Zusammenbruch.

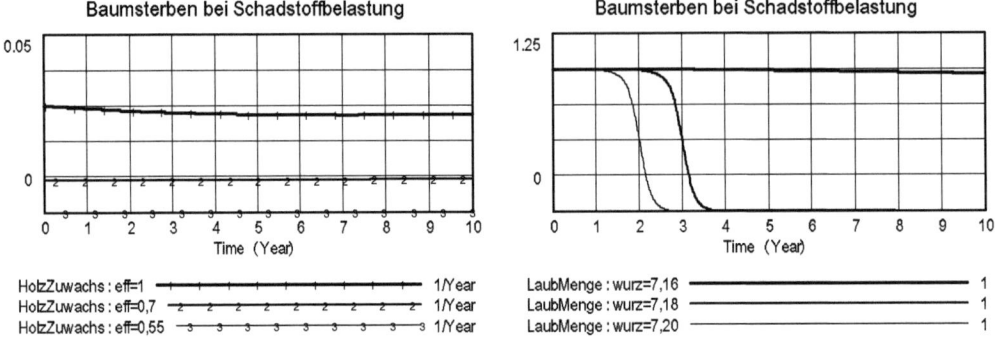

Abb. Z309d: Abnehmender Holzzuwachs bei zunehmender Blattschädigung.
Abb. Z309e: Laubverlust und Absterben bei überkritischer Wurzelschädigung.

Grundsätzlich gleiches Verhalten ergibt sich, wenn der WURZELSCHADENFAK-TOR (= wurz) allmählich erhöht wird (Abb. Z309e). Zunächst scheint der dadurch verursachte höhere *Wurzelverlust* nur geringen Einfluss auf die Entwicklung zu haben. Aber auch hier bricht das System unausweichlich zusammen, wenn ein kritischer Schädigungswert (hier *wurz* = 7.18) erreicht wird.

Die Symptome der Schädigung und des Zusammenbruchs sind in beiden Fällen (Blattschädigung oder Wurzelschädigung) gleich. Es spielt für dieses System 'Baum' keine Rolle, ob die Schädigung primär über das Blattwerk oder über das Wurzelwerk angreift. Die Blattschädigung hat wegen der Systemrückkopplung eine entsprechende Wurzelschädigung zur Folge und umgekehrt. Das System bricht schließlich als Ganzes zusammen. Mit diesen Simulationsergebnissen scheint sich prinzipiell die Vermutung der 'Systemkrankheit' zu bestätigen: Bäume können mit den gleichen Symptomen absterben, entweder als Folge einer primären Blattschädigung oder als Folge einer primären Wurzelschädigung, oder als Folge einer Kombination von (geringeren) Schädigungen in beiden Organen.

Arbeitsvorschläge

1. Experimentieren Sie mit den beiden Schadfaktoren einzeln und in Kombination und ermitteln Sie die kritischen Wertepaare (PHOTOSYNTHESE EFFIZIENZ, WURZELSCHA-

DEN FAKTOR) für die sich Zusammenbruch ergibt. Tragen Sie diese als Stabilitätsgrenze in einem Diagramm der beiden Parameter auf. Interpretieren Sie das Ergebnis.
2. Fügen Sie Tabellenfunktionen für die Schadparameter ein (PHOTOSYNTHESE EFFIZIENZ, WURZELSCHADEN FAKTOR), so dass Sie mit zeitabhängige Schadszenarien simulieren können.
3. In Übereinstimmung mit den Beobachtungen ergibt sich aus dem Modell der Hinweis, dass ein Zusammenbruch dann zu befürchten ist, wenn kaum oder kein Holzzuwachs mehr stattfindet. Welche Möglichkeiten zur Früherkennung gefährdeter Bestände ergeben sich daraus? Welche Möglichkeiten zur Abwendung eines beginnenden Zusammenbruchs bestehen, wenn überhaupt? Stellen Sie durch Simulationen fest, wie rasch und wie stark eine Umweltbelastung reduziert werden müsste, um eine beginnende Zusammenbruchsentwicklung noch aufzuhalten.
4. Beschaffen Sie sich Daten für eine Waldbaumart und ersetzen Sie die normierten Größen im Modell durch absolute Werte und artenspezifische Assimilat-Aufteilungen. Welche Ergebnisse erhalten Sie? Können Sie diese Ergebnisse mit den Beobachtungen in Beziehung setzen?
5. Verändern und ergänzen Sie das Modell durch Verwendung realer Größen und eine genauere Darstellung der Assimilation in der Laubkrone (analog Modell Z307 PHOTOPRODUKTION oder Bossel/Schäfer 1989), so dass auch die Baumentwicklung über den gesamten Lebenszyklus simuliert werden kann. Vergleichen Sie die Simulationsergebnisse mit realen Daten.

Literaturhinweise

Bossel, H. 1985: *Umweltdynamik – 30 Programme für kybernetische Umwelterfahrungen.* Te-wi, München (S. 173-195).
Bossel, H., Metzler, W., Schäfer, H. 1985: *Dynamik des Waldsterbens – Mathematisches Modell und Computersimulation.* Springer Verlag, Berlin, Heidelberg, New York, Tokyo 1985.
Bossel, H. 1986: Dynamics of forest dieback – Systems analysis and simulation. *Ecological Modelling*, 34 (S. 259-288).
Bossel, H., Schäfer, H. 1989: Generic simulation model of forest growth, carbon and nitrogen dynamics, and application to tropical acacia and European spruce. *Ecological Modelling* 48, S. 221-265.
Bossel, H. 1989/1992: *Simulation dynamischer Systeme – Grundwissen, Methoden, Programme.* Vieweg Braunschweig/ Wiesbaden (S. 245-268).
Bossel, H. 1994: *Treedyn3 Forest Simulation Model – Mathematical model, program documentation, and simulation results.* Berichte des Forschungszentrums Waldökosysteme, Reihe B, Bd. 35, Universität Göttingen.
Bossel, H. 1996: Treedyn3 forest simulation model. *Ecol. Modelling* 90, 187-227.

Z310 Bodenwasserdynamik

Die Rolle von Simulationen in der Landwirtschaft

Die Landwirtschaft wird geprägt von dynamischen Prozessen des Werdens und Verge-hens. Einige haben eine typische Zeitperiode von Tagen (z.B. Schädlingsbefall), eini-ge von Wochen (z.B. Pflanzenwachstum bis zur Ernte) oder von Monaten (z.B. Vieh-zucht), einige von Jahren (Bodenerosion, Wachstum von Wäldern, landwirtschaftlicher Strukturwandel). In diesen dynamischen Prozessen sind viele ökologische, technische und betriebswirtschaftliche Größen und Entscheidungen miteinander verknüpft, die sich oft in komplexen Rückkopplungsmustern gegenseitig beeinflussen. In vielen Fäl-len wird es schwierig, die Auswirkungen einer Entscheidung mit einiger Sicherheit vorherzusagen, und der Betriebsführer muss sich auf seine Erfahrungen oder seine Intuition verlassen. Oft führt es dazu, dass hohe Risiken übernommen werden müssen (wie in Entscheidungen zur Schädlingsbekämpfung), oder dass sich eine unnötige Ver-schwendung von Ressourcen einstellt (Treibstoffe, Dünger, Chemikalien, Wasser, Ar-beit, Boden).

Aus einem besseren Verständnis der dynamischen Systeme, ihrer Prozesse und Eigenschaften kann sich ein besseres Verständnis der kritischen Komponenten des Systems und von effektiveren und weniger ressourcenintensiven Möglichkeiten der Regelung ergeben. Der Versuch, die Systemzusammenhänge besser zu verstehen, sie zu formalisieren und in ein dynamisches Simulationsmodell zu fassen, dessen Verhal-ten dann unter einer Vielzahl von Bedingungen untersucht werden kann, kann sicher-lich in vielen Fällen zu einem besseren Verständnis und damit zu besseren Entschei-dungen führen.

Bei den hier vorgestellten drei Modellen für den Feldfruchtanbau (Z310, Z311, Z312) bestand die Zielsetzung nicht darin, Programme für die landwirtschaftliche Be-triebsführung bereitzustellen. Das Ziel war vielmehr, jeweils in einem möglichst klei-nen Modell diejenigen essentiellen Elemente des dynamischen Systems zu erfassen und zu verknüpfen, die eine gültige Beschreibung der Systemdynamik liefern können. Die Betonung bei der Programmentwicklung lag daher auf den wichtigsten Elementen und ihren Verknüpfungen und nicht auf der Präzision oder dem Detail der Darstellung. Es kann daher nicht erwartet werden, dass die Simulationsergebnisse spezifische lokale Gegebenheiten exakt beschreiben können, aber man kann erwarten, dass das Zeitver-halten auch für eine breite Vielfalt von Parameterwerten relativ korrekt beschrieben wird.

Mit diesen Einschränkungen müssen die hier vorgestellten Modelle als didakti-sche Modelle verstanden werden, d.h. Modelle, die das Verständnis relativ komplexer Systeme und ihres Verhaltens unter einer Vielzahl von Bedingungen erleichtern und verbessern sollen. Falls Modelle dieser Art einen Beitrag zu besseren Entscheidungen liefern können, so würde dieser Beitrag aus dem resultierenden besseren Systemverständnis und nicht aus der direkten Anwendung auf ein konkretes Problem kommen. Modelle dieser Art können sehr viel mehr Information über ein System vermitteln, als das mit einer verbalen Beschreibung möglich ist. Vor allem aber kann mit solchen Modellen ein breites Spektrum von Bedingungen und Entscheidungsmöglichkeiten mit sehr geringem Aufwand untersucht werden. Deren Ergebnisse werden dem Modellbenutzer ein viel besseres 'Gefühl' für das System und sein Verhalten verschaffen. Dieses Verständnis wird ihn in die Lage versetzen, auch bei dem von ihm betreuten realen System bessere Entscheidungen zu treffen.

Relativ aggregierte Modelle wie die hier vorgestellten können aber auch als Vorstufe für sehr viel komplexere, datenintensivere und genauer arbeitende Modelle für die landwirtschaftliche Beratung angesehen werden. Der grundsätzliche Simulationsansatz wird dabei für viele Anwendungen der gleiche bleiben müssen. (Wir befassen uns hier allerdings nicht mit einem Typus von Modell, der heute in der landwirtschaftlichen Beratung bereits eine gewisse Rolle spielt, und dem ein gänzlich anderer Ansatz zugrunde liegt: Optimierungsmodelle, wie sie etwa für die Futtermittel-Zusammensetzung und Zuteilung in Mastbetrieben eingesetzt werden). Die hier vorgestellten Modelle erlauben einen Ausbau auf einen höheren Detaillierungsgrad, ohne dass sich dabei im Modellansatz oder in der Programmauslegung Entscheidendes ändert.

Modelle zu landwirtschaftlichen Fragen sind auf verschiedenen Ebenen denkbar: Eine erste Ebene ist die der nationalen oder regionalen Agrarproduktion, eine zweite Ebene die des individuellen landwirtschaftlichen Betriebs, eine dritte die des Feldes mit einer bestimmten Feldfrucht und bestimmten Bodenverhältnissen und eine vierte Ebene schließlich ist die Ebene der individuellen Pflanze oder des individuellen Tieres. Die folgenden drei Modelle befassen sich mit dem Feldfruchtanbau.

Das erste Modell Z310 BODENWASSERDYNAMIK ist eine Darstellung der dynamischen Veränderungen der Bodenfeuchte auf der Ebene eines Feldes. In diesem Modell wird die Bodenfeuchte als Funktion von Niederschlägen, Versickerung, Bodenverhältnissen, Wachstum und Transpiration der Pflanzen usw. berechnet.

Das zweite Modell Z311 NÄHRSTOFFDYNAMIK arbeitet ebenfalls auf der Ebene eines Feldes und ist für die Verkopplung mit dem Modell der Bodenwasserhaltung entwickelt worden. Die Darstellung konzentriert sich hier auf die Stickstoffhaltung im Boden als Funktion von Nährstoff-Aufnahme, Düngung, Zersetzung von organischem Material, Versickerung usw. In dem Modell werden für die verschiedenen Feldfrüchte die entsprechenden charakteristischen Parameter eingesetzt, so dass sich u.a. auch der Stickstoff-Haushalt in einem vorgegebenen Fruchtwechsel bestimmen lässt.

Das dritte Modell Z312 FELDFRUCHTANBAU schließlich ist aus der Verkoppelung der Modelle Z310 BODENWASSERDYNAMIK und Z311 NÄHRSTOFFDYNAMIK entstanden. Es gestattet die gleichzeitige Berücksichtigung der Wasser- und der Nährstoffversorgung bei der Simulation des Pflanzenwachstums. Mit dem Modell können u.a. erste Fruchtfolgestudien gemacht werden.

Aufgabenstellung zur Bodenwasserdynamik

Das Wachstum der Feldfrucht und das Ernteergebnis hängen wesentlich vom Wasserangebot im Boden ab. Die Bodenfeuchte ist eine Funktion von Niederschlägen, Verdunstung, Bewässerung, Versickerung, Transpiration und vor allem der Bodenparameter. Den wechselnden Bedingungen entsprechend verändert sie sich ständig im Laufe des Jahres. Die Bodenfeuchte bestimmt damit auch wesentlich die Dynamik des Pflanzenwachstums, dieses wiederum die Transpiration und damit den Bodenwassergehalt. Bei der Darstellung im Modell müssen eine Vielzahl von Boden- und Pflanzenparametern berücksichtigt werden wie z.B.: Bodenart (Tongehalt), Tiefe der Krume, Gehalt an organischem Material, Wurzeltiefe, Verdichtung durch landwirtschaftliche Maschinen, Bodenbedeckung (Pflanzen oder Plastikfolien), Mineraldüngergabe, Fruchtart, Saat- und Erntezeit usw. Das Niederschlagsmuster und die jährliche Niederschlagsmenge müssen wählbar sein, um ihren Einfluss auf die Bodenwasserhaltung untersuchen zu können.

Das hier vorgestellte Modell beschäftigt sich im Wesentlichen nur mit der Wasserhaltung. Zweck des Modells ist die Darstellung der die Wasserhaltung in landwirtschaftlichen Böden bestimmenden Wirkungszusammenhänge und die Berechnung der dynamischen Konsequenzen unter Berücksichtigung einer Vielzahl von interaktiv einzugebenden Boden-, Wetter- und Pflanzenparametern.

Das Modell berechnet zunächst aus den vorgegebenen Bodenparametern die Wasserhaltefähigkeit des Bodens (aus Tonanteil, Gehalt an organischem Material, Tiefe des Oberbodens, Wurzeltiefe, Bodenverdichtung). Aus den vorgegebenen Niederschlagswerten (mit Zufallsverteilung), dem anfänglichen Bodenwassergehalt und dem Grundwasserstand (soweit in den Kapillarsaum reichend), den Bewässerungsangaben und dem Pflanzenwachstum über die vorgebbare Wachstumszeit werden Pflanzenwachstum, Transpiration, Evaporation und der resultierende Bodenwasserbetrag im Jahresablauf ermittelt. Bei Unterversorgung mit Wasser verdorrt der Pflanzenbestand.

Die Nährstoffsituation wird pauschal vorgegeben. Für eine vollständige Darstellung des Wachstums einer Feldfrucht kann das Modell daher nur als Teilmodell dienen. Es ist daher zur Ankopplung an das im folgenden Beitrag besprochene Modell Z311 NÄHRSTOFFDYNAMIK gedacht. Es ist jedoch instruktiv, mit dem isolierten Modell den Einfluss der unterschiedlichen Bedingungen auf die Bodenwasserhaltung im Jahresgang zu untersuchen. Die interaktive Eingabemöglichkeit für alle wesentlichen Parameter erleichtert dabei die Bearbeitung.

Simulationsmodell

Das Modell soll anhand des Simulationsdiagramms (Abb. Z310a und b) erläutert werden. Im Folgenden sind auch die entsprechenden Modellgleichungen vollständig dokumentiert.

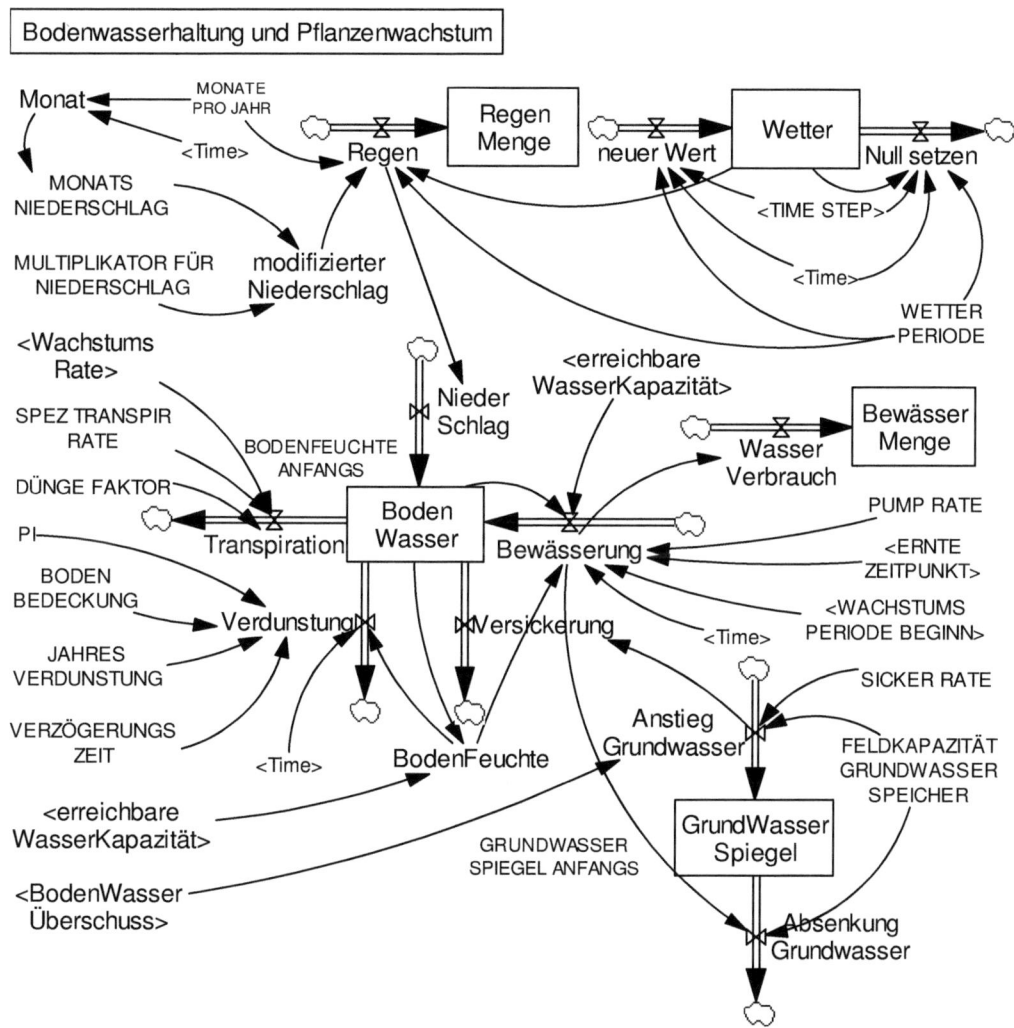

Abb. Z310a: Simulationsdiagramm der Bodenwasserdynamik – Teil 1.

Das *Bodenwasser* wird durch *Niederschlag* und *Bewässerung* vermehrt, während *Verdunstung*, *Transpiration* und *Versickerung* den Bestand an *Bodenwasser* verringern. Die Höhe der *Bewässerung* (falls überhaupt mit PUMPRATE bewässert wird), wie auch die *Verdunstung*, hängen von der *Bodenfeuchte* ab. Die Bewässerungsentscheidung ist auch vom Zeitpunkt während der Vegetationsperiode abhängig, während die *Verdunstung* eine Funktion der jahreszeitlich abhängigen Sonneneinstrahlung und der BODENBEDECKUNG ist (nackter Boden, Pflanzendecke, Folie).

Die Menge des pflanzenverfügbaren Wassers hängt von der *Bodenfeuchte* ab. Entsprechend diesem *Feuchteeinfluss* verändert sich das *relative Wachstum* der *relativen Pflanzenmasse*. Sinkt die Feuchte unter einen gewissen Wert (Welkepunkt), so wird das Pflanzenwachstum empfindlich gestört. Bei längerer Unterversorgung mit Wasser stirbt die Pflanze ab.

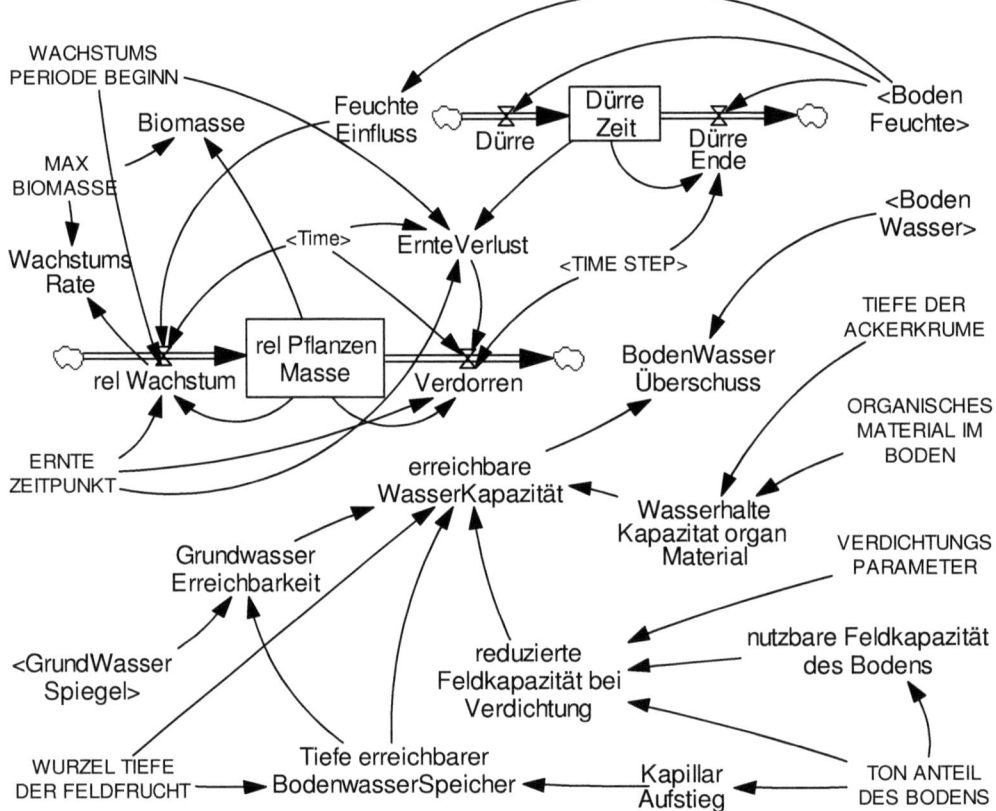

Abb. Z310b: Simulationsdiagramm der Bodenwasserdynamik – Teil 2.

Das *Wachstum* beginnt mit dem Zeitpunkt der Aussaat (WACHSTUMSPERIODE BEGINN) und endet mit dem ERNTEZEITPUNKT. Es ist stark abhängig von der bereits vorhandenen *relativen Pflanzenmasse*, wobei sich das anfänglich rasche Wachstum nach einer Sättigungsfunktion allmählich auf Null gegen Ende der Wachstumsperiode reduziert. Das zunächst berechnete *relative Wachstum* wird durch Multiplizieren mit der aufgrund der Nährstoffversorgung zu erwartenden MAXIMALEN BIOMASSE auf Absolutwerte umgerechnet (die pflanzenspezifischen Wirkungen der Nährstoff-Versorgung sind in dem Modell Z311 NÄHRSTOFFDYNAMIK dargestellt). Die *Transpi-*

ration hängt von der *Wachstumsrate* der Frucht ab und zu einem Teil auch von der Nährstoffverfügbarkeit (über den DÜNGEFAKTOR). Bei ungenügender *Bodenfeuchte* während einer länger anhaltenden *Dürrezeit* ergibt sich ein *Ernteverlust*, falls die Dürre nicht sowieso kurz vor der fälligen Ernte eintritt.

Das Verhalten des Systems wird stark von den Bodenparametern beeinflusst. Aus der TIEFE DER ACKERKRUME bestimmt sich zusammen mit ihrem Gehalt an OR-GANISCHEM MATERIAL IM BODEN die *Wasserhaltekapazität des organischen Materials*. Die Wasserhaltekapazität des Bodens selbst (ausgedrückt durch die *nutzbare Feldkapazität des Bodens*) ist vor allem durch die Bodenkörnung und den VERDICH-TUNGSPARAMETER bestimmt. Ein gutes Maß für die Bodenkörnung ist der relative Gehalt an Tonteilchen (kleiner als 0.01 mm), d.h. der TONANTEIL DES BODENS. Die Bodenkörnung bestimmt auch wesentlich den *Kapillaraufstieg* des Wassers. Schließ-lich ist die WURZELTIEFE DER FELDFRUCHT ein Maß für die *Tiefe des erreichbaren Bodenwasserspeichers*, aus dem die Pflanzen ihr Wasser entnehmen können. Diese verschiedenen Faktoren bestimmen gemeinsam die von der Pflanze *erreichbare Was-serhaltekapazität* des Bodens. Zusammen mit der Absolutmenge von Wasser im Bo-den ergibt sich hieraus die *Bodenfeuchte*.

Falls die Menge des *Bodenwassers* die Wasserhaltekapazität übersteigt, wird ein Teil des Wassers versickern und den *Grundwasserspiegel* erhöhen. Auf der anderen Seite sinkt der *Grundwasserspiegel* entsprechend der für die *Bewässerung* entnomme-nen Wassermenge und der FELDKAPAZITÄT DES GRUNDWASSERSPEICHERS.

Für die Simulation können entweder die Niederschlagsdaten der Voreinstellung (Jahresniederschlag *Regenmenge* etwa 800 mm/Jahr) direkt übernommen oder mit dem MULTIPLIKATOR FÜR NIEDERSCHLAG auf andere Jahresniederschläge umgerechnet werden, oder es können über die Tabellenfunktion MONATSNIEDERSCHLAG eigene monatliche Niederschlagswerte eingegeben werden. Die Niederschläge selbst können über eine Zufallsfunktion berechnet werden, wobei die mittlere Länge einer WETTER-PERIODE vorzugeben ist.

Die im Modell verwendeten Daten und Tabellenfunktionen basieren auf Zahlen aus der Fachliteratur (s. Literaturhinweise).

Bodenparameter
TIEFE DER ACKERKRUME = 0.3 [m]
ORGANISCHES MATERIAL IM BODEN = 0.08 [1] *Volumen Anteil*
TON ANTEIL DES BODENS = 0.3 [1] *Volumen Anteil*
FELDKAPAZITÄT GRUNDWASSER SPEICHER = 0.15 [1m WS pro m Boden]
BODENFEUCHTE ANFANGS = 0.5 [1]
GRUNDWASSER SPIEGEL ANFANGS = -10 [m]
SICKER RATE = 50 [1/Year]
BODEN BEDECKUNG = 1 [1] *nackter Boden = 0, Pflanzenbedeckung = 1, Plastikfolie = 2*
VERDICHTUNGS PARAMETER = 0 [1] *Bodenverdichtung = 1, keine Verdichtung = 0*

nutzbare Feldkapazität des Bodens = WITH LOOKUP (TON ANTEIL DES BODENS,
([(0, 0) -(1, 1)], (0, 0.01), (0.1, 0.1), (0.2, 0.16), (0.3, 0.2), (0.4, 0.21), (0.5, 0.15),
(0.6, 0.13), (1, 0.05))) [1]
KapillarAufstieg = WITH LOOKUP (TON ANTEIL DES BODENS, ([(0, 0) -(1, 10)], (0,
0.1), (1, 3))) [m]

Fruchtparameter
MAX BIOMASSE = 10000 [kg/ha] *Biomasse in kg OTS (organ. Trockensubstanz)*
SPEZ TRANSPIR RATE = 0.4 [m/(kg/ha)]
WURZEL TIEFE DER FELDFRUCHT = 1 [m]
WACHSTUMS PERIODE BEGINN = 0.3 [Year] 13. Woche = 13/52 = 0.25
ERNTE ZEITPUNKT = 0.6 [Year] *26. Woche = 26/52 = 0.5*
DÜNGE FAKTOR = 1 [1] *optimale Düngung = 1, keine Düngung = 0, Zwischenwerte*
OK
PUMP RATE = 150 [1/Year] *keine Bewässerung = 0*

Wetterparameter
MONATS NIEDERSCHLAG = WITH LOOKUP (Monat, ([(0, 0) -(12, 0.1)], (0, 0.068),
(1, 0.068), (2, 0.068), (3, 0.047), (4, 0.061), (5, 0.063), (6, 0.075), (7, 0.086), (8,
0.09), (9, 0.066), (10, 0.067), (11, 0.068), (12, 0.068))) [m/Month]
Achtung: Wert für 0 = Wert für 12 (Jahresende) ; Jahressumme = 1 bis 12
MULTIPLIKATOR FÜR NIEDERSCHLAG = 1 [1]
JAHRES VERDUNSTUNG = 0.444 [m/Year] *m WS*
WETTER PERIODE = 3 [Day] *keine Zufallsberechnung falls = 0*

Konstanten
MONATE PRO JAHR = 12*1 [Month/Year]
Monat = MONATE PRO JAHR *Time [Month]
PI = 3.14159*1 [1/Year]
VERZÖGERUNGS ZEIT = 0.25/1 [Year]

Niederschlagsdynamik
neuer Wert = IF THEN ELSE (WETTER PERIODE <= 0, 0, IF THEN ELSE (ABS (Time
*(365 /WETTER PERIODE) −INTEGER (Time *(365 /WETTER PERIODE))) <
TIME STEP *(365 /WETTER PERIODE), INTEGER (RANDOM UNIFORM (0.5,
1.5, 0)) /TIME STEP, 0)) [1/Year]
Null setzen = IF THEN ELSE (WETTER PERIODE <= 0, 0, IF THEN ELSE (ABS
((Time +TIME STEP /2) *(365 /WETTER PERIODE) −INTEGER ((Time +TIME
STEP /2) *(365 /WETTER PERIODE))) < TIME STEP *(365 /WETTER PE-
RIODE), Wetter /TIME STEP, 0)) [1/Year]
Wetter = INTEG (+neuer Wert -Null setzen, 0) [1]
Regen = IF THEN ELSE(WETTER PERIODE <= 0, MONATE PRO JAHR
*modifizierter Niederschlag, MONATE PRO JAHR *modifizierter Niederschlag
*Wetter *2) [m/Year]
RegenMenge = INTEG (Regen, 0) [m]

modifizierter Niederschlag = MONATS NIEDERSCHLAG *MULTIPLIKATOR FÜR
NIEDERSCHLAG [m/Month]
NiederSchlag = Regen [m/Year]

Bodenwasserdynamik

WasserhalteKapazitat organ Material = TIEFE DER ACKERKRUME *ORGANISCHES
MATERIAL IM BODEN *5 [mm WS]
reduzierte Feldkapazität bei Verdichtung = IF THEN ELSE (VERDICHTUNGS PARA-
METER > 0 :AND: TON ANTEIL DES BODENS < 0.15, 0.94*nutzbare Feldka-
pazität des Bodens, IF THEN ELSE (VERDICHTUNGS PARAMETER > 0 :AND:
TON ANTEIL DES BODENS >= 0.15, 0.88 *nutzbare Feldkapazität des Bodens,
nutzbare Feldkapazität des Bodens)) [1]
Transpiration = (1 /DÜNGE FAKTOR) *SPEZ TRANSPIR RATE *WachstumsRate
/10000 [m/Year]
Verdunstung = BodenFeuchte *JAHRES VERDUNSTUNG *(1 +0.95*SIN (2 *PI *(Time
-VERZÖGERUNGS ZEIT))) *(1 -BODEN BEDECKUNG /2) [m/Year]
Versickerung = Anstieg Grundwasser [m/Year]
BodenWasser = INTEG (Bewässerung +NiederSchlag −Transpiration −Verdunstung -
Versickerung, BODENFEUCHTE ANFANGS *erreichbare WasserKapazität)
[mm WS]
BodenFeuchte = BodenWasser /erreichbare WasserKapazität [1]
BodenWasserÜberschuss = BodenWasser -erreichbare WasserKapazität [m]
Bewässerung = IF THEN ELSE (BodenFeuchte < 0.5 :AND: Time -INTEGER(Time) >
WACHSTUMS PERIODE BEGINN :AND: Time -INTEGER(Time) < ERNTE
ZEITPUNKT, (0.5 *erreichbare WasserKapazität -BodenWasser) *PUMP RATE,
0) [m/Year]
WasserVerbrauch = Bewässerung [m/Year]
BewässerMenge = INTEG (WasserVerbrauch, 0) [m]
Absenkung Grundwasser = Bewässerung /FELDKAPAZITÄT GRUNDWASSER SPEI-
CHER [m/Year]
Anstieg Grundwasser = IF THEN ELSE (BodenWasserÜberschuss > 0, (BodenWas-
serÜberschuss /FELDKAPAZITÄT GRUNDWASSER SPEICHER) *SICKER
RATE, 0) [m/Year]
GrundWasserSpiegel = INTEG (+Anstieg Grundwasser -Absenkung Grundwasser,
GRUNDWASSER SPIEGEL ANFANGS) [m]

Feldfruchtdynamik

Tiefe erreichbarer BodenwasserSpeicher = WURZEL TIEFE DER FELDFRUCHT
+KapillarAufstieg [m]
erreichbare WasserKapazität = IF THEN ELSE (Grundwasser Erreichbarkeit > 0, Tiefe
erreichbarer BodenwasserSpeicher *reduzierte Feldkapazität bei Verdichtung,
WasserhalteKapazitat organ Material +WURZEL TIEFE DER FELDFRUCHT
*reduzierte Feldkapazität bei Verdichtung) [m]
Grundwasser Erreichbarkeit = IF THEN ELSE (-Tiefe erreichbarer BodenwasserSpeicher < GrundWasserSpiegel, 1, 0) [1]

FeuchteEinfluss = WITH LOOKUP (BodenFeuchte, ([(0, 0) -(2, 2)], (0, 0), (0.1, 0.2), (0.3, 0.5), (0.5, 1), (1, 1), (2, 1))) [1]

rel Wachstum = IF THEN ELSE ((Time –INTEGER (Time) < WACHSTUMS PERIODE BEGINN) :OR: (Time –INTEGER (Time) > ERNTE ZEITPUNKT), 0, (25*(20/52) /(ERNTE ZEITPUNKT -WACHSTUMS PERIODE BEGINN)) *rel PflanzenMasse *(1 -rel PflanzenMasse) *FeuchteEinfluss) [1/Year]

WachstumsRate = rel Wachstum *MAX BIOMASSE [kg/(ha*Year)]

Dürre = IF THEN ELSE (BodenFeuchte > 0.2, 0, 1) [1/Year]

Dürre Zeit = INTEG (Dürre -Dürre Ende, 0) [1]

Dürre Ende = IF THEN ELSE (BodenFeuchte > 0.2, Dürre Zeit /TIME STEP, 0) [1/Year]

ErnteVerlust = IF THEN ELSE (Dürre Zeit > 20/365 :AND: (Time -INTEGER(Time)) > WACHSTUMS PERIODE BEGINN :AND: Time -INTEGER(Time) < WACHS-TUMS PERIODE BEGINN +(ERNTE ZEITPUNKT -WACHSTUMS PERIODE BEGINN), 1, 0) [1]

Verdorren = IF THEN ELSE ((Time -INTEGER(Time) > ERNTE ZEITPUNKT) :OR: (ErnteVerlust = 1), rel PflanzenMasse /TIME STEP, 0) [1/Year]

rel PflanzenMasse = INTEG (rel Wachstum -Verdorren, 0.01) [1]

Biomasse = rel PflanzenMasse *MAX BIOMASSE [kg/ha]

Simulationszeitparameter
INITIAL TIME = 0 [Year]
FINAL TIME = 1 [Year]
TIME STEP = 0.01 [Year]

Simulationsergebnisse

Die Simulationsläufe gehen jeweils über ein Jahr. Die große Zahl der Boden-, Pflanzen- und Wetterparameter erlaubt die Simulation sehr unterschiedlicher Verhältnisse. Im Folgenden werden beispielhaft die Einflüsse von Boden, Niederschlag und Bewässerung auf die Wasserverfügbarkeit im Boden und die Pflanzenentwicklung untersucht.

Abb. Z310c zeigt Ergebnisse für die Parameterwerte der Voreinstellung. Sie gelten für einen relativ tiefen, humusreichen Ackerboden ('Krume') auf tonigem, unverdichtetem Unterboden. Die Wasserhaltekapazität ist daher relativ hoch, ebenso der Kapillaraufstieg (wegen der geringen Korngröße der Tonteilchen). Da der Boden vollständig von Pflanzen bedeckt, ist die Wasserverdunstung an der Bodenoberfläche entsprechend reduziert. Die Fruchtparameter entsprechen in etwa denen von Getreide. Die Niederschlagsdaten und Wetterparameter stellen angenähert das langjährige Mittel für Nordrhein-Westfalen und Hessen dar. Die Simulationsergebnisse zeigen, dass unter diesen Bedingungen die Feldfrucht sich auch ohne Bewässerung bis fast zu ihrer MAXIMALEN BIOMASSE entwickelt. Durch *Versickerung* von *Bodenwasser* nimmt der *Grundwasserspiegel* leicht zu.

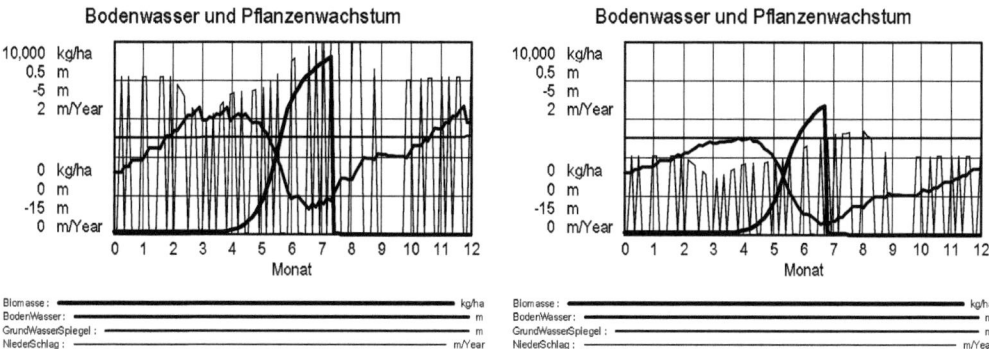

Abb. Z310c: Bodenwasser und Wachstum bei humusreichem Boden im Normaljahr.
Abb. Z310d: Bodenwasser und Wachstum bei humusreichem Boden im Trockenjahr.

Abb. Z310d zeigt Ergebnisse für ein trockenes Jahr (Jahresniederschlag durch MULTIPLIKATOR FÜR NIEDERSCHLAG = 0.5 halbiert) unter sonst gleichen Bedingungen. Die *Biomasse* zum ERNTEZEITPUNKT reduziert sich wegen des anhaltend geringen Wasserangebots im Boden (*Bodenwasser*) auf etwa 60% der MAXIMALEN BIOMASSE. Versickerung findet nicht statt, und da der Grundwasserspiegel vom *Kapillaraufstieg* nicht erreicht werden kann und ein (unterirdischer) Zu- oder Abfluss im Modell nicht vorgesehen ist, bleibt der *Grundwasserspiegel* konstant.

Abb. Z310e zeigt Ergebnisse für die gleichen Wetterbedingungen (MULTIPLIKATOR FÜR NIEDERSCHLAG = 0.5) bei ungünstigen Bodenverhältnissen. Bei dieser Simulation wurden die folgenden Parameter verändert: TIEFE DER ACKERKRUME = 0.1, ORGANISCHES MATERIAL IM BODEN = 0.01, VERDICHTUNGSPARAMETER = 1, BODENBEDECKUNG = 0; die restlichen Parameter wie vorher. Unter diesen Bedingungen entwickelt sich die *Biomasse* nur bis auf knapp 40% ihrer MAXIMALEN BIOMASSE, was einem völligen Ernteverlust gleichkommt.

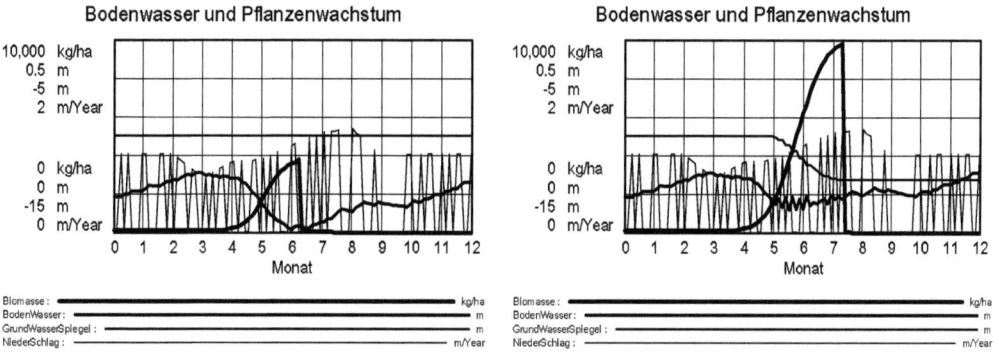

Abb. Z310e: Wachstum im Trockenjahr bei ungünstigen Bodenverhältnissen.
Abb. Z310f: Wachstum unter ungünstigen Bodenverhältnissen bei Bewässerung.

Abb. Z310f zeigt, dass auch unter diesen schwierigen Bodenverhältnissen ein sehr hoher Ertrag erreicht werden kann, wenn (durch Abpumpen von Grundwasser) bei Bedarf während der Wachstumsphase bewässert wird. In diesem Beispiel führt es zu einer Absenkung des *Grundwasserspiegels* um etwa 4 m (kein Zufluss von außerhalb).

Wegen der Einfachheit des Modells können diese Ergebnisse sicher nur eine beschränkte Genauigkeit für sich beanspruchen, doch zeigen sie bereits die Bedeutung des Humusgehalts des Bodens und der Bodenbedeckung für die Erhaltung einer ausreichenden Bodenfeuchte auch mit wenig oder geringer Bewässerung. Darüber hinaus geben die Zeitdiagramme einen Einblick in die jahreszeitlichen Veränderungen der Bodenfeuchte, des Bewässerungsbedarfs und des Grundwasserstands als Funktion der Bodenparameter, der Niederschläge und der Betriebsführung.

Arbeitsvorschläge

1. Untersuchen Sie systematisch, unter sonst gleichen Bedingungen, den Einfluss der verschiedenen Bodenparameter auf die Wasserhaltung unter marginalen Bedingungen (Trockenjahr, seltene Regenperioden = lange WETTERPERIODE). Welche zusätzlichen Wirkungen lassen sich durch Folienabdeckung (Verdunstungshemmung) erreichen? Welche Konsequenzen zeigen sich für den Bewässerungsbedarf?
2. Untersuchen Sie, bei Beibehaltung der anderen Parameter, den Einfluss der Bodenkörnung (TONANTEIL DES BODENS) auf Wasserhaltung, Wasserbedarf und Ernteergebnis.
3. Verwenden Sie zufallsgesteuerte Niederschläge und einen relativ niedrigen Jahresniederschlagswert (*Regenmenge* nach 1 Jahr) von z.B. 500 mm/a über mehrere Jahre. Verändern Sie jedes Jahr die Ausgangszahl ('seed') des Zufallsgenerators (3. Argument in RANDOM UNIFORM in der Variablen *neuer Wert*). Welche 'Erfahrungen' machen Sie insgesamt mit Ihren 'Ernten' im Laufe von 5 oder 10 Jahren bei (a) humusreichem tonigem und (b) humusarmem sandigem Boden (geringer TONANTEIL DES BODENS)? Falls Sie bewässern: Welche Unterschiede ergeben sich für den Bewässerungsbedarf und den Grundwasserspiegel? Unter welchen Bedingungen lässt sich auch bei Bewässerung ein im Jahresmittel gleich bleibender Grundwasserspiegel erzielen?

Literaturhinweise
Ruhrstickstoff AG 1983: *Faustzahlen für Landwirtschaft und Gartenbau.* Landwirtschaftsverlag Münster-Hiltrup.
Scheffer/Schachtschabel 1979: *Lehrbuch der Bodenkunde.* 10. Auflage, Enke, Stuttgart.
Finck, A. 1982: *Pflanzenernährung in Stichworten.* Hirt, Kiel, S. 75-81.

Z311 Nährstoffdynamik

Aufgabenstellung

Mehrere Prozesse führen dem Boden den Nährstoff Stickstoff zu: atmosphärischer Niederschlag, Stickstoff-Fixierung durch Schmetterlingsblütler (Leguminosen) und freilebende Bakterien, Ammonium und Nitrat aus der Zersetzung organischen Materials im Boden und Düngung mit mineralischem oder organischem Dünger. Auf der anderen Seite wird dem Boden Stickstoff entnommen durch die Nährstoffaufnahme der Pflanzen, durch Auswaschung, durch Denitrifikation usw. Jeder dieser Prozesse hat andere Eigenschaften und vor allem eine andere charakteristische Zeitkonstante. Zusammen genommen stellen diese Prozesse ein komplexes dynamisches System dar. Da die Zeitkonstanten der Teilprozesse Tage (Nährstoffaufnahme durch Pflanzen, Düngeeffekte), aber auch Jahre betragen können (Zersetzung organischen Materials), kann ein relativ komplexes dynamisches Verhalten erwartet werden, das sich in einer jährlichen Bilanzierung der Stickstoff-Flüsse nicht zeigt. Ein Simulationsmodell dieses dynamischen Systems kann dagegen eine genauere Beschreibung liefern. Besonders dort, wo die Stickstoffhaltung sich wesentlich auf Bodenprozesse mit großen Zeitkonstanten stützen muss, wie in der regenerativen (ökologischen) Landwirtschaft, können Simulationsergebnisse nützliche Einsichten vermitteln. Eine wichtige Anwendung ist die Planung von Fruchtwechselfolgen und Düngergaben.

Das hier besprochene Modell ist ein dynamisches Simulationsmodell der wichtigsten Prozesse des Bodenstickstoff-Systems und ihrer Verknüpfungen mit dem Pflanzenwachstum und der Zersetzung organischen Materials. Die Zustandsgrößen sind: Pflanzenbiomasse, pflanzenverfügbarer Stickstoff, Kohlenstoff und Stickstoff im unzersetzten organischen Material (Nährhumus), Kohlenstoff im Dauerhumus. Mathematisch wird das System daher durch ein System von fünf nichtlinearen gewöhnlichen Differential-Gleichungen beschrieben.

Ziel der Modellentwicklung war es, die grundlegenden dynamischen Prozesse und Verhaltensweisen des Systems in einem möglichst kleinen Modellsystem einzufangen. Es hat eine Vielzahl einstellbarer Parameter für Bodenverhältnisse, Düngung und verschiedene Arten von Nutzpflanzen. Es kann daher für einen breiten Fächer von Bedingungen benutzt werden, um durch Experimentieren mit dem Modellsystem ein besseres Verständnis des realen Systems zu erhalten. Dieses bessere 'Gefühl' für das System sollte den Benutzer in die Lage versetzen, auch im realen System effizientere Entscheidungen im Hinblick auf die Nutzung knapper Ressourcen zu machen. Wegen seiner Kompaktheit und der begrenzten Datenbasis sollte man von dem Modell keine präzisen Daten für die Betriebsführung unter ganz bestimmten Bedingungen erwarten. Um diese Aufgabe zuverlässig zu erfüllen, müsste das Modell ausgebaut werden. Das Modell kann zwar für sich allein betrieben werden, ist aber für die Kopplung mit dem vorher besprochenen Z310 BODENWASSERDYNAMIK Modell entworfen worden.

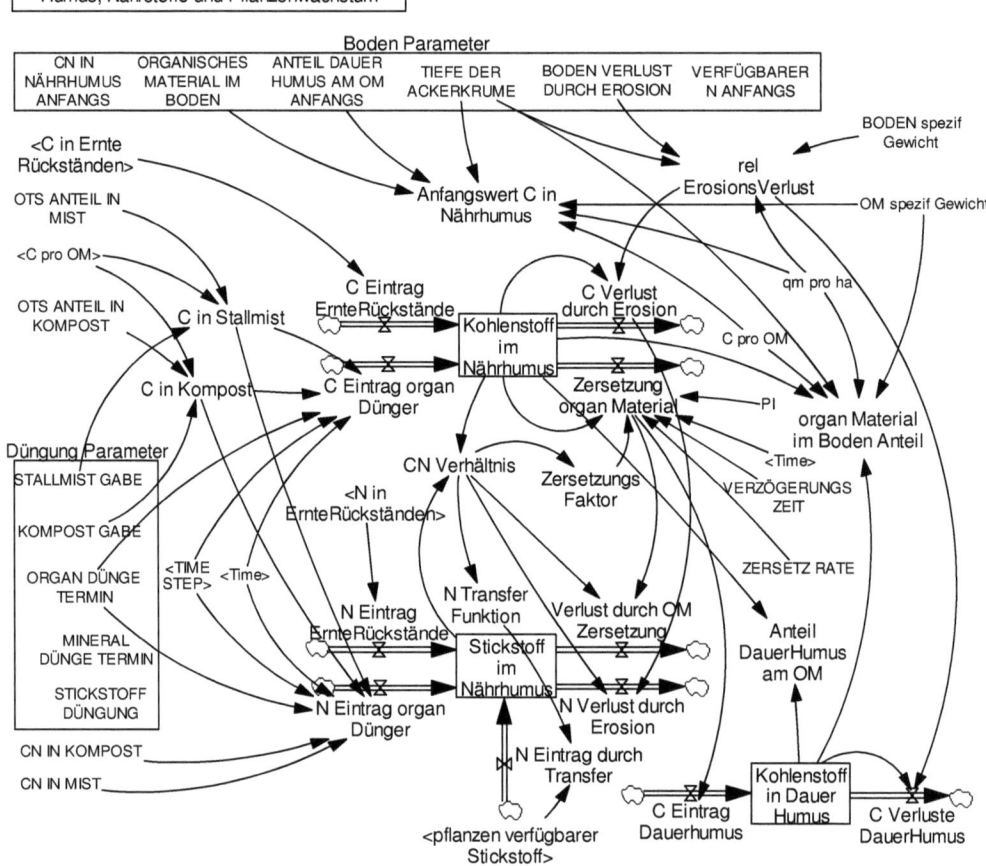

Abb. Z311a: Simulationsdiagramm der Nährstoffdynamik – Teil 1.

Simulationsmodell

Die Struktur des Modellsystems ist den Simulationsdiagrammen in Abb. Z311a und b zu entnehmen. Die entsprechenden Modellgleichungen sind im Folgenden vollständig aufgeführt. Das Modell berechnet für eine Vielzahl von Boden-, Dünge- und Pflanzenparametern das Wachstum einer Feldfrucht im Jahresverlauf bis zur Ernte als Funktion des pflanzenverfügbaren Stickstoffs. Dieser wird ermittelt über den Düngereintrag, über Auslaugungsverluste und vor allem über die im Nähr- und im Dauerhumus ablaufenden, u.a. vom C/N-Verhältnis abhängenden Zersetzungsprozesse und die damit verbundenen Verluste. Die von vorhergehenden Anbauperioden im Boden und auf dem Feld verbliebenen Pflanzenreste werden zusammen mit zugeführtem Mist

und/oder Kompost in Abhängigkeit vom C/N-Verhältnis und der jahreszeitlich bedingten Bodentemperatur zersetzt und in Dauerhumus und pflanzenverfügbaren Stickstoff
überführt.

Die Zustandsgrößen des Modellsystems sind: der Kohlenstoff im leicht zersetz-
baren organischen Material (*Kohlenstoff im Nährhumus*), der *Stickstoff im Nährhumus*,
der *Kohlenstoff im Dauerhumus*, der *pflanzenverfügbare Stickstoff* und die *relative
Pflanzenmasse* der Feldfrucht.

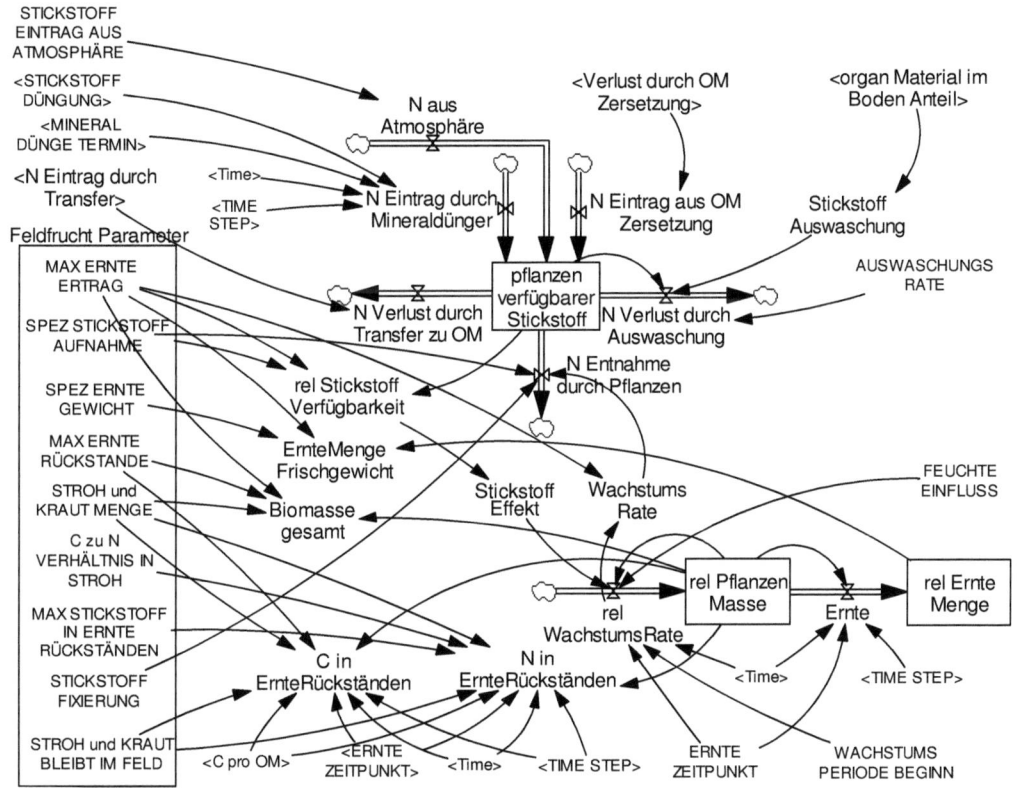

Abb. Z311b: Simulationsdiagramm der Nährstoffdynamik – Teil 2.

Zu Beginn der Simulation (normalerweise am Beginn eines neuen Jahres) wird
die Anfangsmenge des *Kohlenstoffs im Nährhumus* aus der Menge des ORGANISCHEN
MATERIALS IM BODEN, der TIEFE DER ACKERKRUME und dem ANTEIL DAUERHUMUS
AM OM ANFANGS bestimmt (OM = organisches Material, OTS = organische Trockensubstanz). In ähnlicher Weise wird der anfängliche STICKSTOFF IM NÄHRHUMUS aus
dem anfänglichen Kohlenstoff/Stickstoff-Verhältnis (*CN Verhältnis*) ermittelt. Der
Anfangswert für den *Kohlenstoff im Dauerhumus* folgt aus dem ANTEIL DAUERHUMUS

AM OM ANFANGS. Der Anfangswert für den *pflanzenverfügbaren Stickstoff* ergibt sich aus VERFÜGBARER N ANFANGS. Die anfängliche *relative Pflanzenmasse* entspricht der relativen Menge des Saatguts (normalerweise etwa 2% der maximalen Biomasse).

Der jeweilige *Kohlenstoff im Nährhumus* hängt ab von der *Zersetzung organisches Material, C Verlust durch Erosion, C Eintrag Ernterückstände* und *C Eintrag organischer Dünger.* Auf ähnliche Weise ergibt sich der *Stickstoff im Nährhumus* aus *Verlust durch OM Zersetzung, N Verlust durch Erosion, N Eintrag Ernterückstände, N Eintrag organischer Dünger* und *N Eintrag durch Transfer* vom *pflanzenverfügbaren Stickstoff.* Der letztere Effekt stellt sich ein, wenn das *CN Verhältnis* zu weit ist und Bodenorganismen Stickstoff vorübergehend aus dem Boden 'borgen' müssen, um ihre Funktionen zu erfüllen. Die *N Transfer Funktion* hängt deshalb vom jeweiligen *CN Verhältnis* ab, wobei sich die maximale Zerfallsrate etwa bei C/N = 20 einstellt. Die *Zersetzung organisches Material* hängt außerdem von der Menge des vorhandenen Materials ab (ausgedrückt durch *Kohlenstoff im Nährhumus*) und von der Bodentemperatur, die vor allem eine Funktion der Sonneneinstrahlung und deshalb der Jahreszeit (*Time*) ist.

Der *pflanzenverfügbare Stickstoff* nimmt mit dem *N Eintrag aus OM Zersetzung*, dem Eintrag von *N aus Atmosphäre* und dem *N Eintrag durch Mineraldünger* zu und verringert sich entsprechend der *N Entnahme durch Pflanzen*, dem *N Verlust durch Transfer zu OM* und dem *N Verlust durch Auswaschung* aus dem Boden. Der *N Verlust durch Auswaschung* reduziert sich, wenn mehr *organisches Material im Boden* vorhanden ist. Am *Kohlenstoff im Dauerhumus* entstehen *C Verluste Dauerhumus* durch allmähliche Zersetzung und durch Erosion. Nur ein kleiner Teil (etwa 25%) des aus dem *Kohlenstoff im Nährhumus* freiwerdenden Kohlenstoffs ergibt einen *C Eintrag Dauerhumus*; der Rest entweicht in die Atmosphäre als Kohlendioxid.

Die jeweilige Menge der *relativen Pflanzenmasse* hängt ab von der *relativen Wachstumsrate*, die wiederum von der *relativen Stickstoffverfügbarkeit* im Boden über die empirische Funktion *Stickstoffeffekt* abhängt. Das Wachstum beginnt am WACHSTUMSPERIODE BEGINN und endet mit dem ERNTEZEITPUNKT. Es hängt ebenfalls ab von der relativen Verfügbarkeit von Wasser (FEUCHTE EINFLUSS); dieser Einfluss wird im Modell Z310 BODENWASSERDYNAMIK berechnet. Die jeweilige *N Entnahme durch Pflanzen* hängt ab von der *Wachstumsrate*, die sich aus der *relativen Wachstumsrate* und dem pflanzenspezifischen MAXIMALEN ERNTEERTRAG ergibt. Der Ertrag der *Biomasse gesamt* folgt aus der *relativen Pflanzenmasse* und dem MAXIMALEN ERNTEERTRAG. Sein Wert zum Erntezeitpunkt wird zur Bestimmung der pflanzenspezifischen Beträge von Stroh, Blättern und anderen Ernteresten verwendet, die nach der Ernte auf dem Feld verbleiben.

Normalerweise erstreckt sich die Berechnung über ein Jahr, doch können auch mehrjährige Fruchtfolgen und damit auch die mehrjährige C und N Dynamik im Boden berechnet werden. Hierzu müssen die Werte der Zustandsgrößen am Ende des Jahres notiert und als Anfangswerte für das nächste Jahr eingegeben werden. Außerdem sind die Mengen und Zeitpunkte der Düngung sowie die Daten für die gewählte Feldfrucht neu einzugeben.

Abkürzungen: OM = organisches Material, OTS = organische Trockensubstanz

Bodenparameter
CN IN NÄHRHUMUS ANFANGS = 20 [1]
ORGANISCHES MATERIAL IM BODEN = 0.04 [1] *Volumen Anteil*
ANTEIL DAUER HUMUS AM OM ANFANGS = 0.75 [1] *Volumen Anteil*
TIEFE DER ACKERKRUME = 0.2 [m]
BODEN VERLUST DURCH EROSION = 5000 [kg/(Year*ha)]
VERFÜGBARER N ANFANGS = 50 [kg/ha]
AUSWASCHUNGS RATE = 0.3 [1/Year]
BODEN spezif Gewicht = 1600 [kg/(m*m*m)]

Düngungsparameter
STALLMIST GABE = 15000 [kg/ha]
KOMPOST GABE = 10000 [kg/ha]
ORGAN DÜNGE TERMIN = 0.2 [Year] *0.25 = 13. Woche = Ende März*
MINERAL DÜNGE TERMIN = 0.25 [Year] *0.25 = 13. Woche = Ende März*
STICKSTOFF DÜNGUNG = 80 [kg/ha]
CN IN KOMPOST = 15 *1 [1] *C zu N Verhältnis in Kompost*
CN IN MIST = 20 *1 [1] *C zu N Verhältnis in Stallmist*
OTS ANTEIL IN MIST = 0.25 *1 [1] *kg OTS pro kg Frischgewicht*
OTS ANTEIL IN KOMPOST = 0.35 *1 [1] *kg OTS pro kg Frischgewicht*
STICKSTOFF EINTRAG AUS ATMOSPHÄRE = 25 [kg/(ha*Year)]
ZERSETZ RATE = 0.2 [1/Year]

Feldfruchtparameter
MAX ERNTE ERTRAG = 6500 [kg/ha]
SPEZ STICKSTOFF AUFNAHME = 0.029 [1] *kg N pro kg OTS_Ernteertrag*
SPEZ ERNTE GEWICHT = 1.15 [1] *kg Frischgewicht pro kg OTS*
MAX ERNTE RÜCKSTANDE = 1700 [kg/ha]
STROH und KRAUT MENGE = 7700 [kg/ha]
C zu N VERHÄLTNIS IN STROH = 80 [1]
MAX STICKSTOFF IN ERNTE RÜCKSTÄNDEN = 17 [kg/ha]
STICKSTOFF FIXIERUNG = 0 [1] *nur bei Leguminosen, sonst = 0, in kg N pro kg OTS_Ertrag*
STROH und KRAUT BLEIBT IM FELD = 1 [1] *Stroh oder Kraut bleibt im Feld = 1, wird geerntet = 0*
WACHSTUMS PERIODE BEGINN = 0.3 [Year]
ERNTE ZEITPUNKT = 0.6 [Year]
FEUCHTE EINFLUSS = 1 [1]

Konstanten

OM spezif Gewicht = 650 [kg/(m*m*m)] *spezif. Gewicht der Trockenmasse*
PI = 3.14159 *1 [1/Year]
qm pro ha = 10000 *1 [m*m /ha]
VERZÖGERUNGS ZEIT = 0.25 [Year]
C pro OM = 0.47 [1] *kg C pro kg OM*

Kohlenstoff in Nährhumus und Dauerhumus

Anfangswert C in Nährhumus = ORGANISCHES MATERIAL IM BODEN *(1 -ANTEIL
        DAUER HUMUS AM OM ANFANGS) *TIEFE DER ACKERKRUME *qm pro ha
        *OM spezif Gewicht *C pro OM [kg/ha]
C Eintrag ErnteRückstände = C in ErnteRückständen [kg/(ha*Year)]
C in Stallmist = STALLMIST GABE *OTS ANTEIL IN MIST *C pro OM [kg/ha]
C in Kompost = KOMPOST GABE *OTS ANTEIL IN KOMPOST *C pro OM [kg/ha]
C Eintrag organ Dünger = IF THEN ELSE (ABS(Time -ORGAN DÜNGE TERMIN) <
        TIME STEP/2, (C in Stallmist +C in Kompost) /TIME STEP, 0) [kg/(Year*ha)]
rel ErosionsVerlust = BODEN VERLUST DURCH EROSION /(TIEFE DER ACKER-
        KRUME *qm pro ha *BODEN spezif Gewicht) [1/Year]
C Verlust durch Erosion = rel ErosionsVerlust *Kohlenstoff im Nährhumus
        [kg/(ha*Year)]
ZersetzungsFaktor = WITH LOOKUP (1 /CN Verhältnis, ([(0, 0) -(0.05, 1)], (0, 0), (0.01,
        0.05), (0.025, 0.25), (0.033, 0.5), (0.04, 0.9), (0.05, 1))) [1]
Zersetzung organ Material = ZERSETZ RATE *ZersetzungsFaktor *Kohlenstoff im
        Nährhumus *(1 +0.5 *SIN (2 *PI *(Time -VERZÖGERUNGS ZEIT)))
        [kg/(ha*Year)]
Kohlenstoff im Nährhumus = INTEG (C Eintrag organ Dünger +C Eintrag ErnteRück-
        stände -C Verlust durch Erosion -Zersetzung organ Material,Anfangswert C in
        Nährhumus) [kg/ha] *Nährhumus: unzersetztes organisches Material*
organ Material im Boden Anteil = (Kohlenstoff im Nährhumus +Kohlenstoff in Dauer-
        Humus) /(TIEFE DER ACKERKRUME *qm pro ha *OM spezif Gewicht *C pro
        OM) [1]
C Eintrag Dauerhumus = 0.25 *Zersetzung organ Material [kg/(ha*Year)]
C Verluste DauerHumus = Kohlenstoff in DauerHumus *(0.2 +rel ErosionsVerlust)
        [kg/(ha*Year)]
Kohlenstoff in DauerHumus = INTEG (C Eintrag Dauerhumus -C Verluste DauerHu-
        mus, (ORGANISCHES MATERIAL IM BODEN *(1 -ANTEIL DAUER HUMUS
        AM OM ANFANGS) *TIEFE DER ACKERKRUME *qm pro ha *OM spezif Ge-
        wicht *C pro OM) *ANTEIL DAUER HUMUS AM OM ANFANGS /(1 -ANTEIL
        DAUER HUMUS AM OM ANFANGS)) [kg/ha]
Anteil DauerHumus am OM = Kohlenstoff in DauerHumus /(Kohlenstoff in DauerHu-
        mus +Kohlenstoff im Nährhumus) [1]

Stickstoff im Nährhumus

CN Verhältnis = Kohlenstoff im Nährhumus /Stickstoff im Nährhumus [1]

N Transfer Funktion = WITH LOOKUP (1 /CN Verhältnis, ([(0, 0) -(0.05, 1)], (0, 1), (0.01, 0.95), (0.025, 0.75), (0.033, 0.5), (0.04, 0.2), (0.05, 0))) [1/Year]

Verlust durch OM Zersetzung = Zersetzung organ Material /CN Verhältnis [kg/(ha*Year)]

N Verlust durch Erosion = C Verlust durch Erosion /CN Verhältnis [kg/(ha*Year)]

N Eintrag ErnteRückstände = N in ErnteRückständen [kg/(ha*Year)]

N Eintrag organ Dünger = IF THEN ELSE (ABS (Time -ORGAN DÜNGE TERMIN) < TIME STEP/2, (C in Stallmist /CN IN MIST +C in Kompost /CN IN KOMPOST) /TIME STEP, 0) [kg/(Year*ha)]

N Eintrag durch Transfer = N Transfer Funktion *pflanzen verfügbarer Stickstoff [kg/(ha*Year)]

Stickstoff im Nährhumus = INTEG (N Eintrag organ Dünger +N Eintrag ErnteRückstände +N Eintrag durch Transfer +Verlust durch OM Zersetzung -N Verlust durch Erosion, Anfangswert C in Nährhumus /CN IN NÄHRHUMUS ANFANGS) [kg/ha]

Pflanzenverfügbarer Stickstoff

N aus Atmosphäre = STICKSTOFF EINTRAG AUS ATMOSPHÄRE [kg/(Year*ha)]

N Eintrag aus OM Zersetzung = Verlust durch OM Zersetzung [kg/(ha*Year)]

N Eintrag durch Mineraldünger = IF THEN ELSE (ABS (Time -MINERAL DÜNGE TERMIN) < TIME STEP /2, STICKSTOFF DÜNGUNG /TIME STEP, 0) [kg/(ha*Year)]

Stickstoff Auswaschung = WITH LOOKUP (organ Material im Boden Anteil, ([(0, 0) -(1, 1)], (0, 1), (0.05, 0.5), (0.1, 0.2), (1, 0.1))) [1]

N Verlust durch Auswaschung = AUSWASCHUNGS RATE *pflanzen verfügbarer Stickstoff *Stickstoff Auswaschung [kg/(ha*Year)]

N Verlust durch Transfer zu OM = N Eintrag durch Transfer [kg/(ha*Year)]

N Entnahme durch Pflanzen = WachstumsRate *(SPEZ STICKSTOFF AUFNAHME - STICKSTOFF FIXIERUNG) [kg/(ha*Year)]

pflanzen verfügbarer Stickstoff = INTEG (N aus Atmosphäre +N Eintrag aus OM Zersetzung +N Eintrag durch Mineraldünger -N Entnahme durch Pflanzen -N Verlust durch Auswaschung -N Verlust durch Transfer zu OM, VERFÜGBARER N ANFANGS) [kg/ha]

rel StickstoffVerfügbarkeit = pflanzen verfügbarer Stickstoff /(MAX ERNTE ERTRAG *SPEZ STICKSTOFF AUFNAHME) [1]

Pflanzenwachstum

Stickstoff Effekt = WITH LOOKUP (rel StickstoffVerfügbarkeit, ([(0, 0) -(10, 1)], (0, 0), (0.2, 0.2), (0.35, 0.5), (0.5, 0.8), (1, 1), (2, 0.9), (3, 0.4), (5, 0.1), (10, 0))) [1]

rel WachstumsRate = IF THEN ELSE ((Time -INTEGER(Time) < WACHSTUMS PERIODE BEGINN) :OR: (Time −INTEGER (Time) > ERNTE ZEITPUNKT), 0, (25*(20/52) /(ERNTE ZEITPUNKT -WACHSTUMS PERIODE BEGINN)) *rel PflanzenMasse *(1 -rel PflanzenMasse) *FEUCHTE EINFLUSS *Stickstoff Effekt) [1/Year]

WachstumsRate = rel WachstumsRate *MAX ERNTE ERTRAG [kg/(ha*Year)]

Ernte = IF THEN ELSE (ABS (Time -ERNTE ZEITPUNKT) < TIME STEP/2, rel Pflan-
    zenMasse /TIME STEP, 0) [1/Year]
ErnteMenge Frischgewicht = SPEZ ERNTE GEWICHT *rel ErnteMenge *MAX ERNTE
    ERTRAG [kg/ha] *Frischgewicht*
rel PflanzenMasse = INTEG (rel WachstumsRate -Ernte, 0.01) [1]
rel ErnteMenge = INTEG (Ernte, 0) [1]
C in ErnteRückständen = IF THEN ELSE (ABS(Time -ERNTE ZEITPUNKT) < TIME
    STEP/2, (C pro OM *rel PflanzenMasse *(STROH und KRAUT BLEIBT IM FELD
    *STROH und KRAUT MENGE +MAX ERNTE RÜCKSTANDE)) /TIME STEP, 0)
    [kg/(ha*Year)]
N in ErnteRückständen = IF THEN ELSE (ABS (Time -ERNTE ZEITPUNKT) < TIME
    STEP/2, (C pro OM *rel PflanzenMasse *(STROH und KRAUT BLEIBT IM FELD
    *STROH und KRAUT MENGE /C zu N VERHÄLTNIS IN STROH +MAX STICK-
    STOFF IN ERNTE RÜCKSTÄNDEN)) /TIME STEP, 0) [kg/(ha*Year)]
Biomasse gesamt = rel PflanzenMasse *(MAX ERNTE ERTRAG +STROH und
    KRAUT MENGE +MAX ERNTE RÜCKSTANDE) [kg/ha]

Simulationszeitparameter
INITIAL TIME = 0 [Year]
FINAL TIME = 1 [Year]
TIME STEP = 0.01 [Year]

Daten für verschiedene Nutzpflanzen

(Einheiten s. Modellparameter)

	Getreide	Mais	Kartof-feln	Rüben	Bohnen, Erbsen	Raps	Klee, Luzerne	Gras
MAX ERNTEERTRAG	6500	7800	9000	9800	4400	3600	7000	5200
SPEZ STICKSTOFF-AUFNAHME	0.029	0.032	0.031	0.035	0.075	0.06	0.029	0.023
SPEZIF ERNTEGEWICHT	1.15	1.15	5.56	7.14	1.14	1.11	1.14	1.15
STROH UND KRAUT-MENGE	7700	8600	6000	6000	6000	6900	0	0
MAX ERNTERÜCK-STÄNDE	1700	2000	1000	1000	2300	1300	4000	4000
C ZU N VERHÄLTNIS IN STROH	80	55	30	30	15	30	15	50
MAX STICKSTOFF IN ERNTERÜCKSTÄNDEN	17	20	25	25	53	30	75	30
STICKSTOFF-FIXIERUNG	0	0	0	0	0.068	0	0.025	0

Simulationsergebnisse

Wegen der großen Zahl von Parametern, die vom Benutzer verändert werden können, kann dieses Modell für eine Vielzahl verschiedener Bedingungen eingesetzt werden. Die Simulationen mit diesem Modell setzen eine ausreichende Wasserverfügbarkeit voraus (FEUCHTEEINFLUSS = 1). Das Pflanzenwachstum bei eingeschränkter Wasserverfügbarkeit kann durch Ankopplung des Modells Z310 BODENWASSERDYNAMIK berechnet werden; dies geschieht im Modell Z312 FELDFRUCHTANBAU.

Abb. Z311c zeigt die Entwicklung für die Parameter der Voreinstellung. In diesem Fall wird 'Getreide' angebaut; die entsprechenden Parameter der obigen Tabelle finden sich auch in den Modellgleichungen. Zur Zeit *Time* = 0.2 (etwa Mitte März) wird mit einer größeren Menge STALLMISTGABE und KOMPOSTGABE gedüngt. Zusätzlich wird zur Zeit *Time* = 0.25 (Anfang April) STICKSTOFFDÜNGUNG gegeben. Mit der Mineraldüngergabe steigt der *pflanzenverfügbare Stickstoff* drastisch an, wird aber besonders während der intensivsten Wachstumsperiode der Feldfrucht rasch verbraucht. Aus der Zersetzung des *organischen Materials im Boden* (Stallmist, Kompost, Ernterückstände) wird *pflanzenvefügbarer Stickstoff* erst langsam frei. Sein Vorrat wird durch diesen Vorgang nach der Ernte allmählich wieder aufgefüllt.

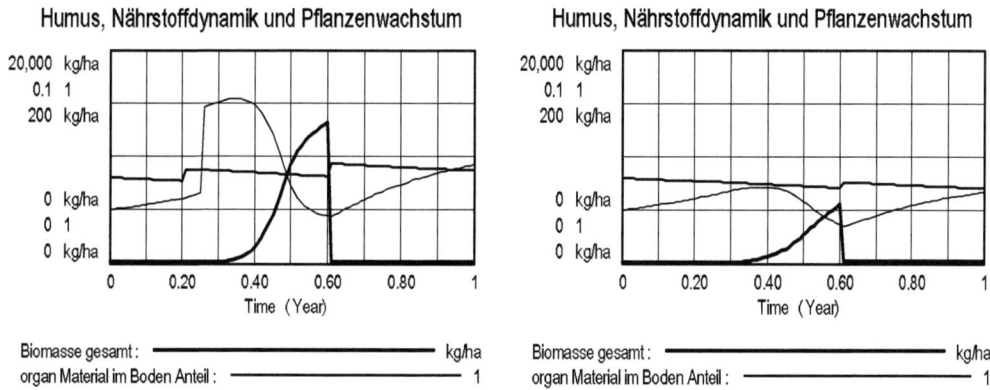

Abb. Z311c: Pflanzenwachstum bei organischer und mineralischer Düngung.
Abb. Z311d: Pflanzenwachstum ohne jegliche Düngung.

Abb. Z311d verdeutlicht den erheblichen Einfluss, den die Stickstoffdüngung (mit organischem Material oder Mineraldünger) auf das Pflanzenwachstum hat. In diesem Fall sind Anfangsbedingungen und Fruchtwahl identisch zum vorhergehenden Fall, aber es wird nicht gedüngt. Da die angenommenen Bodenparameter von einem relativ hohen Anteil an organischem Material im Boden ausgehen (Anfangswert für *organisches Material im Boden* = 4%), ergibt sich aus dessen Zersetzung zunächst ein Anstieg von *pflanzenverfügbarem Stickstoff*, während des Wachstums ein starker Verbrauch, und danach wieder ein Anstieg. Das Stickstoffangebot ist aber längst nicht ausreichend; die Feldfrucht erreicht nur etwa 40% ihrer maximalen *Biomasse gesamt*.

Arbeitsvorschläge

1. Experimentieren Sie mit verschiedenen Bodenverhältnissen, Feldfrüchten, Fruchtwechselfolgen, Düngergaben usw. und versuchen Sie, über mehrere Jahre Ihren 'Betrieb' so zu führen, dass Sie hohe Erträge erzielen. Wie verändert sich dabei die Bodenqualität (*organ. Material im Boden* und *pflanzenverfügbarer Stickstoff*)? Berechnen Sie Ihre Kosten und Erträge, indem Sie entsprechende Preise einsetzen.
2. In der regenerativen Landwirtschaft wird ein Viehbesatz von etwa einer Großvieheinheit (GVE) pro Hektar empfohlen. Verwenden Sie Daten aus *Faustzahlen* 1983, um zu untersuchen, welche Einträge an organischem Material und Stickstoff aus Stallmist mit diesem Besatz möglich sind. Mit welchen mittleren Getreideerträgen können Sie ohne Zufuhr von mineralischem Dünger oder Leguminosenanbau rechnen? Welche Getreideerträge ließen sich bei einem Fruchtwechsel mit Leguminosen erzielen?
3. Entwickeln Sie eigene Fruchtfolge- und Düngepläne und berechnen Sie die erzielbaren Erträge. Begründen Sie Ihre Wahl.

Literaturhinweise

Ruhrstickstoff AG 1983: *Faustzahlen für Landwirtschaft und Gartenbau*. Landwirtschaftsverlag Münster-Hiltrup.
Finck, A. 1982: *Pflanzenernährung in Stichworten*. Hirt, Kiel.
Larcher, W. 1980: *Ökologie der Pflanzen*. UTB/Ulmer, Stuttgart.
Thompson, L.M., Troeh, F.R. 1978: *Soils and Soil Fertility*, 4th ed. McGrawHill, New York.
Scheffer/Schachtschabel 1979: *Lehrbuch der Bodenkunde*, 10. Auflage. Enke, Stuttgart.

Z312 Feldfruchtanbau

Aufgabenstellung

Für den Pflanzenanbau ist weder die Betrachtung der Wasserhaltung allein (wie im Modell Z310 BODENWASSERDYNAMIK), noch die Betrachtung der Stickstoffhaltung allein (wie im Modell Z311 NÄHRSTOFFDYNAMIK) sinnvoll. Diese beiden Modelle waren daher von vornherein für eine Kopplung ausgelegt. Durch Kopplung entsteht das Modell Z312 FELDFRUCHTANBAU, mit dem relativ realistische Untersuchungen des Feldanbaus für verschiedene Nutzpflanzengruppen in Abhängigkeit von Bodeneigenschaften, Witterung, Düngung usw. möglich sind.

Simulationsmodell

Für das Modell Z312 FELDFRUCHTANBAU werden die beiden Modelle Z310 BODENWASSERDYNAMIK und Z311 NÄHRSTOFFDYNAMIK ohne inhaltliche Änderungen übernommen. Für die Kopplung müssen lediglich einige Größen etwas modifiziert oder umbenannt werden (s. die folgenden Modellanweisungen). Das bereits im Modell Z310 vorhandene einfache Modell des Pflanzenwachstums wird durch das entsprechende Modell aus Z311 ersetzt, das geringfügig modifiziert wird.

Der Prozess der Kopplung lässt sich (z.B. mit dem Programmsystem VensimPLE) sehr einfach durchführen, indem auf dem Bildschirm das Simulationsdiagramm von Z310 vollständig markiert, kopiert und dann neben dem Simulationsdiagramm von Z311 eingefügt wird. Die beiden Teile des Gesamtmodells Z312 werden dann entsprechend der in Abb. Z312a und b gezeigten Gesamtstruktur und den unten stehenden modifizierten Modellanweisungen miteinander verkoppelt.

Die Modellteile wurden in den Modellbeschreibungen für Z310 BODENWASSERDYNAMIK und Z311 NÄHRSTOFFDYNAMIK vollständig erläutert.

Vorzunehmende Änderungen:

MAX ERNTE ERTRAG = 6500 [kg/ha]
    (ersetzt 'MAX BIOMASSE' aus Z310)

FeuchteEinfluss = WITH LOOKUP (BodenFeuchte, ([(0,0) -(2, 2)], (0, 0), (0.1, 0.2), (0.3, 0.5), (0.5, 1), (1, 1), (2, 1))) [1]
    (ersetzt 'FeuchteEinfluss' aus Z311)

Biomasse gesamt = rel PflanzenMasse *(MAX ERNTE ERTRAG +STROH und KRAUT MENGE +MAX ERNTE RÜCKSTANDE) [kg/ha]
    (ersetzt 'Biomasse gesamt' aus Z310)

rel WachstumsRate = IF THEN ELSE((Time −INTEGER (Time) < WACHSTUMS PERIODE BEGINN) :OR: (Time −INTEGER (Time) > ERNTE ZEITPUNKT), 0, (25*(20/52) /(ERNTE ZEITPUNKT -WACHSTUMS PERIODE BEGINN)) *rel PflanzenMasse *(1 -rel PflanzenMasse) *FeuchteEinfluss *Stickstoff Effekt) [1/Year] *(ersetzt 'rel Wachstum' aus Z310)*

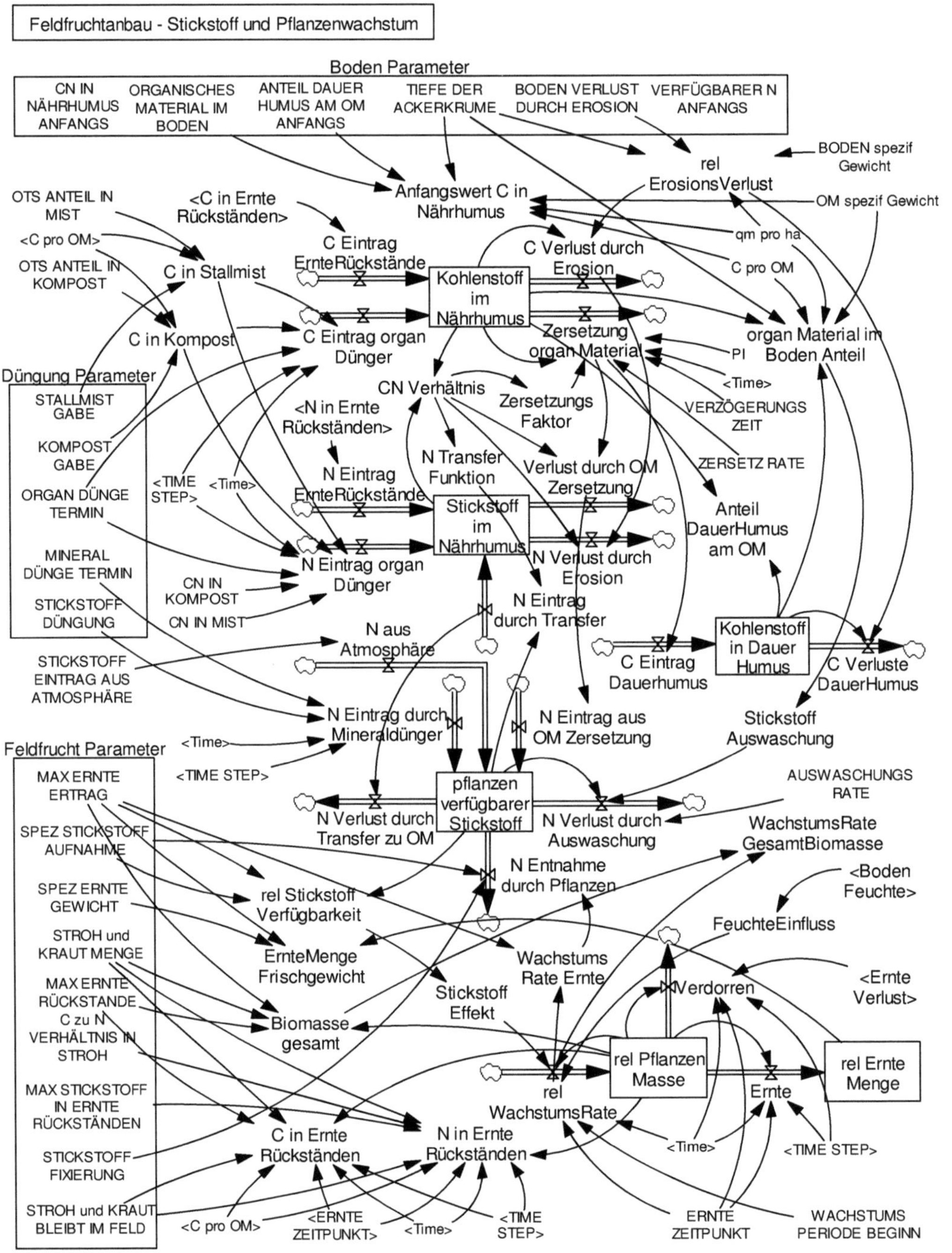

Abb.Z312a: Simulationsdiagramm für Feldfruchtanbau – Teil 1.

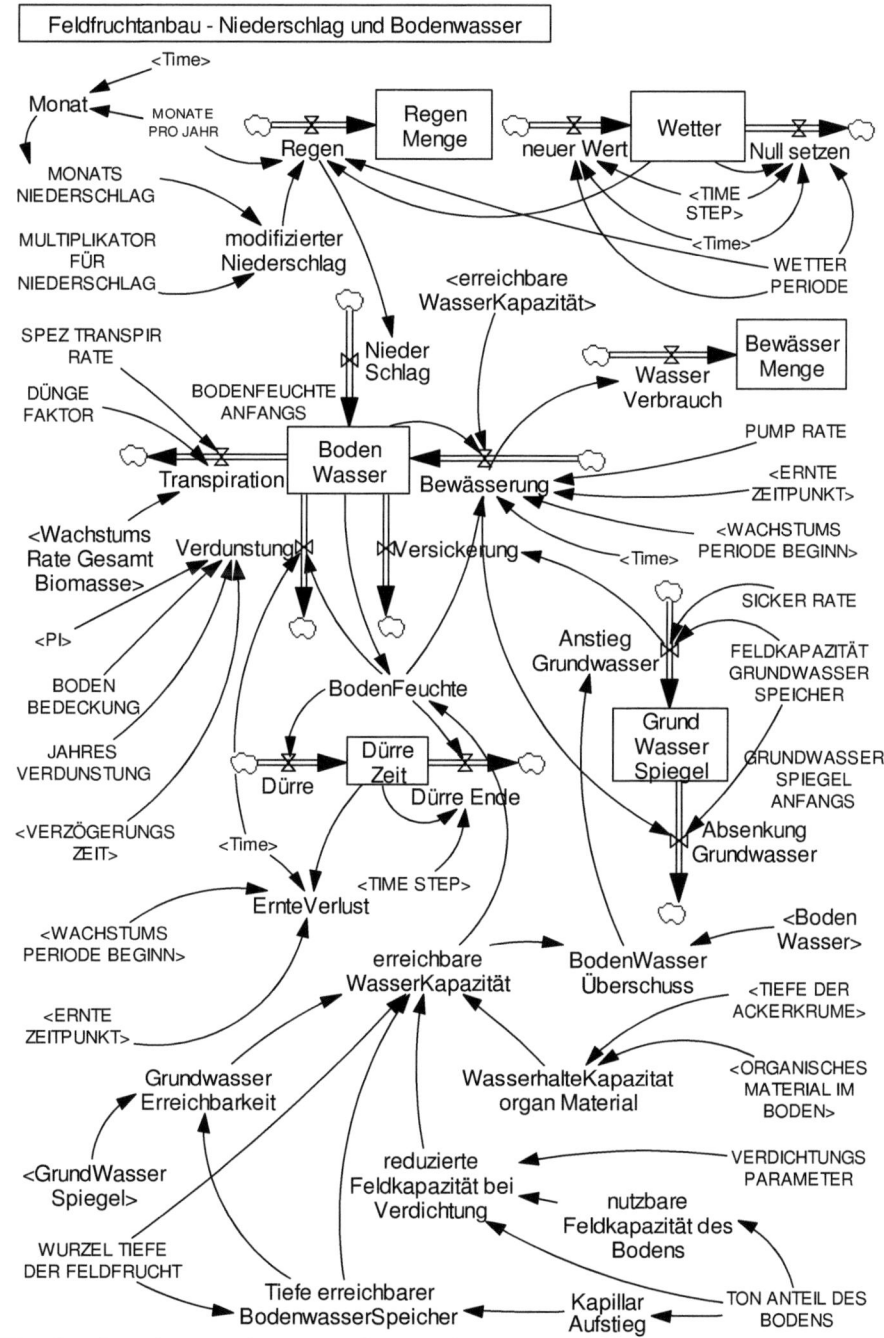

Abb.Z312b: Simulationsdiagramm für Feldfruchtanbau – Teil 2.

WachstumsRate Ernte = rel WachstumsRate *MAX ERNTE ERTRAG [kg/(ha*Year)]
    (ersetzt 'WachstumsRate' aus Z310, bzw. Z311)
WachstumsRate GesamtBiomasse = rel WachstumsRate *Biomasse gesamt
    [kg/(Year*ha)]
    (zusätzlich)
rel PflanzenMasse = INTEG (rel WachstumsRate –Ernte -Verdorren, 0.01) [1]
    (ersetzt 'rel PflanzenMasse' aus Z311)
Transpiration = (1/DÜNGE FAKTOR) *SPEZ TRANSPIR RATE *WachstumsRate Ge-
    samtBiomasse /10000 [m/Year]
    (ersetzt 'Transpiration' aus Z310)

Simulationsergebnisse

Die Abb. Z312c und d zeigen beispielhafte Simulationsergebnisse für günstige und
ungünstige Wachstumsbedingungen. In beiden Fällen wurde mit zufälligen Niederschlägen (wie in Z310) und einer WETTERPERIODE von 10 Tagen gerechnet.

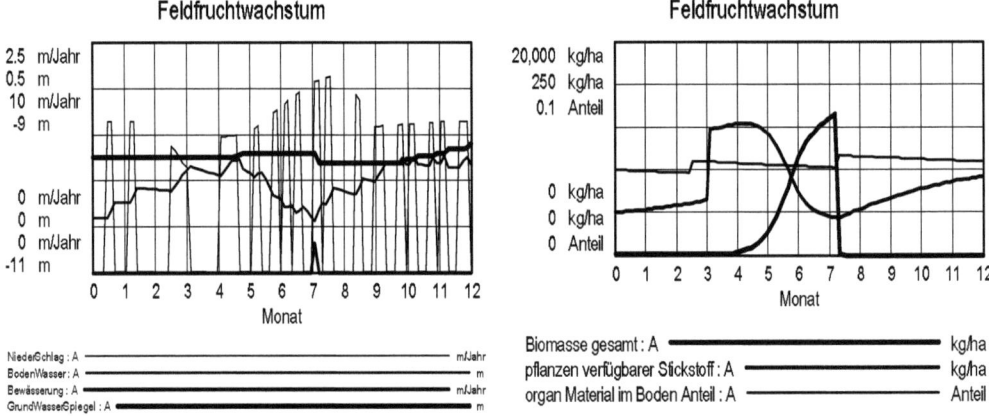

Abb. Z312c: Wachstum unter günstigen Bedingungen. Links: Wasserangebot; rechts:
Pflanzenwachstum, pflanzenverfügbarer Stickstoff und organisches Material.

    Abb. Z312c zeigt die Entwicklung für die Parameter der Voreinstellung (starke
organische und mineralische Düngung wie in Z311: STALLMISTGABE = 15'000 kg/ha
und KOMPOSTGABE = 10'000 kg/ha zur Zeit *Time* = 0.2, mineralische STICKSTOFF-
DÜNGUNG = 80 kg/ha zur Zeit Time = 0.25; humusreiche tiefe Krume mit 4% ORGANI-
SCHEM MATERIAL IM BODEN und TIEFE DER ACKERKRUME = 0.2 m; normaler (mittel-
europäischer) Jahresniederschlag). Diese günstigen Bedingungen sind vergleichbar
mit denen in Abb. Z311c und zeigen ein fast gleiches Ergebnis mit einem hohen Ertrag
und einer Anreicherung des pflanzenverfügbaren Stickstoffs und leichtem Grundwas-
seranstieg im Jahresverlauf.

Abb. Z312d zeigt die Entwicklung bei schlechten Bodenverhältnissen, geringen Niederschlägen und rein mineralischer Stickstoffdüngung (STALLMISTGABE = 0 und KOMPOSTGABE = 0, mineralische STICKSTOFFDÜNGUNG = 80 zur Zeit *Time* = 0.25; humusarme flache Krume mit 2% ORGANISCHEM MATERIAL IM BODEN und TIEFE DER ACKERKRUME = 0.04 m; MULTIPLIKATOR FÜR NIEDERSCHLAG = 0.3). In diesem Fall ist der Ertrag erheblich reduziert. Die notwendige Bewässerung während der Wachstumsperiode lässt den Grundwasserspiegel um etwa 0.6 m sinken.

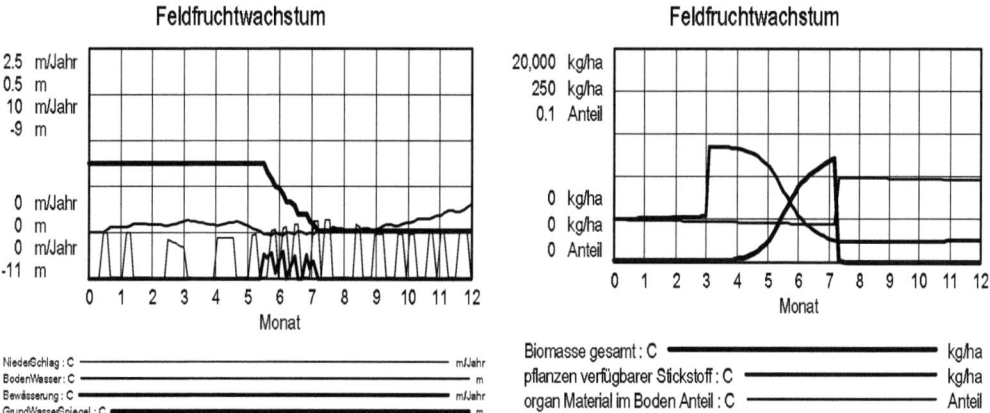

Abb. Z312c: Wachstum unter ungünstigen Bedingungen. Links: Wasserangebot; rechts: Pflanzenwachstum, pflanzenverfügbarer Stickstoff und organisches Material.

Einige Schlussfolgerungen

Mit Simulationsmodellen, die die tatsächlich ablaufenden und verkoppelten Prozesse des Pflanzenwachstums und der Wasser- und Nährstoffdynamik im Boden relativ genau abbilden, lassen sich Aussagen über den Feldfruchtanbau unter unterschiedlichsten Bedingungen gewinnen. Aus den Erfahrungen mit solchen Modellen lassen sich einige Schlussfolgerungen ziehen:

- Die Landwirtschaft wird geprägt von dynamischen Prozessen mit Perioden von Tagen (z.B. Schädlingsbefall), Monaten (z.B. Pflanzenwachstum) und Jahren (z.B. Erosion und Humus-Abbau).
- In diese verknüpften dynamischen Prozesse muss der Landwirt zur rechten Zeit mit dem richtigen Mitteleinsatz regelnd eingreifen.
- Da diese Aufgabe kybernetisches Wissen voraussetzt, kann sie prinzipiell durch Systemmodelle unterstützt werden.
- Systemmodelle in der Landwirtschaft können u.U. bereits durch besseres Verständnis zu besseren Entscheidungen führen.

- Detailliertere Modelle können für konkrete Beratungen vor Ort eingesetzt werden.
- Auf der Betriebsebene ist die Produktion zwar kurzfristig vor allem von der Betriebsstruktur und dem Einsatz der Betriebsmittel abhängig, langfristig hängt sie aber entscheidend von der Erhaltung der Bodenfruchtbarkeit und diese wieder von der organischen Substanz im Boden ab.
- Bei einem ausgewogenen Tierbesatz, Rückführung von tierischen und pflanzlichen Abfällen und Gründüngung lassen sich im ökologischen Landbau auch ohne Zuführung von Kunstdünger Humusgehalte, Stickstoff-Gehalte und Bodenfeuchtewerte erhalten, die dauerhaft zu ähnlichen Erträgen wie in der modernen industrialisierten Landwirtschaft führen.
- Für die Bodenwasserhaltung ist neben den physikalischen Eigenschaften des Bodens vor allem der Gehalt an organischem Material in der Krume entscheidend. Hieran entscheidet sich daher in trockenen Jahren oft das Ernteergebnis.
- Bei der Stickstoffhaltung im Boden spielen die Zersetzungsprozesse und das Angebot an organischen Stoffen (Ernterückstände, Dung, Humus) eine entscheidende Rolle.
- Hohe Stickstoff-Einträge lassen sich durch Gründüngung und durch den Anbau von Stickstoff sammelnden Schmetterlingsblütlern (Klee, Luzerne, Ackerbohnen usw.) erzielen.
- Für eine ausreichende Stickstoffhaltung im Boden zur Erzielung hoher Erträge ist eine geschickt abgestimmte Fruchtfolge entscheidend. Bei der Entwicklung von Fruchtfolgen können Simulationsmodelle Entscheidungshilfen geben.

Arbeitsvorschläge

1. Verkoppeln Sie die Teilmodelle Z310 und Z311 wie beschrieben und stellen Sie sicher, dass das Modell Z312 FELDFRUCHTANBAU korrekt arbeitet und die gezeigten Ergebnisse reproduziert.
2. Simulieren Sie den Anbau verschiedener Pflanzen (s. Datentabelle in Z311 NÄHRSTOFFDYNAMIK) für unterschiedliche Düngung, Boden- und Niederschlagsverhältnisse und versuchen Sie, die dynamische Entwicklung der Schlüsselgrößen (vor allem der Zustandsgrößen) nachzuvollziehen, zu verstehen und ein 'Gefühl' für das System zu entwickeln. (*Tipp*: Überlegen Sie sich vorher, welche Entwicklung zu erwarten ist, und vergleichen Sie ihre Erwartungen mit dem Simulationsergebnis).
3. Im ökologischen Landbau (wo Stickstoff-Mineraldünger nicht verwendet wird) sind ausgeklügelte Fruchtfolgen extrem wichtig für ausreichende Wasser- und Nährstoffversorgung während des Pflanzenwachstums. Versuchen Sie, mit Hilfe des Modells vorteilhafte Fruchtfolgen zu entwickeln. Hierzu müssen Sie das Modell so verwenden bzw. ergänzen, dass die Zustandswerte am Ende eines Jahres als Anfangsbedingungen für das nächste Jahr verwendet werden. Verwenden Sie als Anfangswerte des ersten

Jahres die der Voreinstellung. Simulieren Sie auf diese Weise die folgende, für ökologischen Landbau typische siebenjährige Fruchtfolge (STICKSTOFFDÜNGUNG = 0, BODENBEDECKUNG = 1, Fruchtdaten aus Tabelle in Z311). Achten Sie dabei besonders auf den zeitlichen Verlauf des *pflanzenverfügbaren Stickstoffs*. Kommen die Ernteerträge dem MAX ERNTEERTRAG der jeweiligen Frucht nahe?

Jahr	1	2	3	4	5	6	7
Fruchtwahl	Klee	Klee	Kartoffeln	Weizen	Bohnen	Weizen	Gerste
Stallmist (t/ha):	17	17	44	13.3	6.7	6.7	6.7
Stroh bleibt im Feld:	0	0	1	0	1	0	0

4. Welche Einschränkungen der Niederschlagsmenge (MULTIPLIKATOR FÜR NIEDERSCHLAG) kann dieses Anbausystem auch ohne Bewässerung (PUMPRATE = 0) noch ohne dramatische Ertragseinbrüche verkraften?
5. Simulieren Sie die langjährige Entwicklung (ebenfalls 7 Jahre) einer Getreide-Monokultur, die lediglich mit N-Mineraldünger gedüngt wird. Wie entwickeln sich hier die Kenngrößen der Bodenqualität (*organisches Material im Boden Anteil, Kohlenstoff im Dauerhumus, erreichbare Wasserkapazität* u.a.)? Welche Mineraldüngergaben sind notwendig, und welche Grundwasserabsenkung ergibt sich durch Bewässerung bei Einschränkung der Niederschlagsmenge wie in Aufgabe 4, um ein hohes Ertragsniveau zu erhalten?

Literaturhinweise

s. Modelle Z310 BODENWASSERDYNAMIK und Z311 NÄHRSTOFFDYNAMIK sowie
Bossel, H. 1985: *Umweltdynamik – 30 Programme für kybernetische Umwelterfahrungen*. TeWi Verlag, München (S. 275-315).
Bossel, H. (Projektleiter) u.a. 1988: *Dokumentation zum Fruchtfolgeberatungssystem FELDSIM*. Gesamthochschule Kassel, Wiss. Zentrum Mensch, Umwelt, Technik, AG Ressourcen- und Systemforschung, RSF 88-3.
France, J., Thornley, J. H. M. 1984: *Mathematical Models in Agriculture*. Butterworths, London.
Penning de Vries, F. W. T., van Laar, H. H. 1982: *Simulation of plant growth and crop production*. Pudoc, Wageningen.
Penning de Vries, F. W. T. et al. 1989: *Simulation of ecophysiological processes of growth in several annual crops*. Pudoc, Wageningen.
Richter, O. 1985: *Simulation des Verhaltens ökologischer Systeme*. VCH, Weinheim.

Z313 Nahrungsversorgung

Aufgabenstellung

Eine normale Ernährung setzt eine Energieaufnahme von etwa 10000 Kilojoule (kJ) pro Tag für einen Erwachsenen voraus. In dieser Nahrungsaufnahme sollten mindestens 40 g Eiweiß enthalten sein, das aus tierischen und/oder pflanzlichen Quellen stammen kann. Selbst wenn dieser Eiweißbedarf voll aus tierischem Eiweiß gedeckt würde, würde sich der tierische Anteil an der Nahrung nur auf etwa 10% der organischen Trockensubstanz belaufen. In den Industrieländern ist dieser Anteil heute allerdings wesentlich höher; er beläuft sich in Deutschland auf etwa 40%.

Da Nahrung aus tierischen Quellen aus einer Trophieebene der Nahrungskette stammt, die mindestens eine Stufe höher angesiedelt ist als die der pflanzlichen Nahrung, so bedeutet dies, dass der Aufwand an pflanzlicher Nettoproduktion, d.h. an Produktionsfläche, bei tierischer Nahrung mindestens um einen Faktor 10 größer ist als bei pflanzlicher Nahrung. Anders ausgedrückt: Von der gleichen landwirtschaftlichen Fläche können bei rein pflanzlicher Ernährung etwa 10 mal mehr Menschen ernährt werden als bei rein tierischer Ernährung. Je größer der Anteil tierischer Produkte in der Nahrung, desto höher der erforderliche Flächenaufwand zur Produktion dieser Nahrung. Diese einfache Tatsache hat für die Welternährung offensichtlich erhebliche Bedeutung.

Verschiebt sich in den nationalen Essgewohnheiten das Verhältnis von pflanzlichen zu tierischen Nahrungsmitteln oder umgekehrt, so muss das erheblichen Einfluss auf die Struktur der Landwirtschaft, auf den Viehbestand, auf das Verhältnis von Futtermittel- zur Brotgetreide-Erzeugung, auf Importe und Exporte usw. haben. Das Modell soll diese Zusammenhänge und insbesondere die dynamischen Veränderungen bei Änderung der Nahrungszusammensetzung in der einen oder anderen Richtung verdeutlichen.

Simulationsmodell

Das Modell berechnet (mittels eines einfachen Bevölkerungsmodells) die Bevölkerungszahl und den Nahrungsbedarf je aus tierischen und pflanzlichen Nahrungsmitteln. Ob der Bedarf in der gewünschten Zusammensetzung tierisch/pflanzlich gedeckt werden kann, ergibt sich aus dem Viehbestand (hier: Fleisch-, Milch- und Eierproduktion). Stimmen Verbrauchswunsch und Produktion nicht überein, so wird der Viehbestand durch Veränderung der Futtermenge allmählich verändert. Als Futtermittel werden 1. die Rauhfuttermenge einer (festen) Grünlandfläche und 2. die (nach Deckung der menschlichen Ernährung) verfügbare Kraftfuttermenge eingesetzt. Fehlmengen können u.U. importiert (bzw. Überschüsse exportiert) oder durch Ausweitung der Ackerfläche (soweit möglich) gedeckt werden.

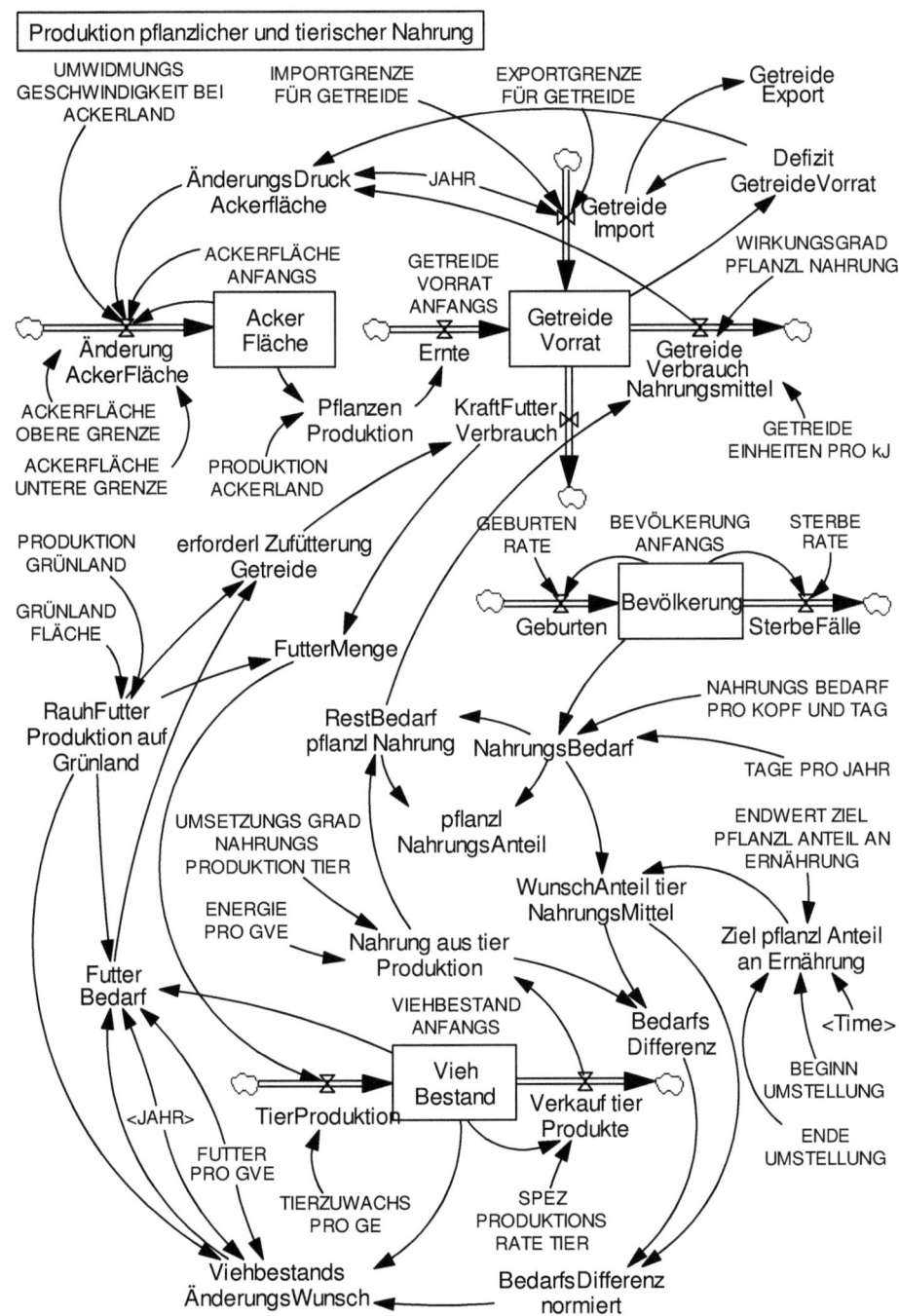

Abb. Z313a: Simulationsdiagramm der Nahrungsversorgung.

Das Simulationsdiagramm des Modells ist in Abb. Z313a gezeigt. Es enthält vier Zustandsgrößen: die *Bevölkerung*, die jeweilig bewirtschaftete *Ackerfläche*, den *Viehbestand* und den *Getreidevorrat*, der für Futtermittel und die menschliche Ernährung verwendet wird (und auch andere pflanzliche Futter- und Nahrungsquellen wie Soja, Maniok, Raps usw. einschließt). Die Modellgleichungen sind im Folgenden vollständig aufgeführt.

Die jeweilige *Bevölkerung* wird über ein einfaches Bevölkerungsmodell aus vorgegebener GEBURTENRATE und STERBERATE und den entsprechenden *Geburten* und *Sterbefällen* berechnet. Multipliziert mit dem NAHRUNGSBEDARF PRO KOPF UND TAG ergibt die Bevölkerungszahl den *Nahrungsbedarf* (als Energiemenge). Ein Teil dieses Bedarfs wird durch *Nahrung aus Tierproduktion* gedeckt, deren Menge dem *Verkauf Tierprodukte* und dem *Viehbestand* entspricht. Die *Tierproduktion* entspricht der zugeführten *Futtermenge*. Zwischen dem *Wunschanteil tierischer Nahrungsmittel* und der tatsächlichen *Nahrung aus Tierproduktion* ergibt sich eine *Bedarfsdifferenz*, die zu einem *Viehbestands-Änderungswunsch* führt. Entsprechend ändert sich der *Futterbedarf*. Ein Teil des *Futterbedarfs* wird durch die *Rauhfutterproduktion auf Grünland* (Weide, Heu, Silage) abgedeckt. Der verbleibende Zufütterungsbedarf (*erforderliche Zufütterung Getreide* und *Kraftfutterverbrauch*) muss aus Viehfutter aus dem *Getreidevorrat* gedeckt werden und tritt damit in Konkurrenz zur menschlichen Ernährung.

Der *Getreidevorrat* muss vor allem über die *Ernte* aus der *Pflanzenproduktion* aufgefüllt werden. Diese entspricht der zur Zeit genutzten *Ackerfläche* und ihrer Produktivität PRODUKTION ACKERLAND. Aus Überschuss oder *Defizit Getreidevorrat* folgen entsprechende *Getreideimporte* bzw. -exporte in vorgegebenen IMPORT- UND EXPORTGRENZEN FÜR GETREIDE. Falls damit das Defizit Getreidevorrat nicht ausgeglichen werden kann, ergeben sich ein *Änderungsdruck Ackerfläche* und eine entsprechende *Änderung Ackerfläche* durch Stilllegung oder Kultivierung.

Die im Modell verwendeten Zahlenwerte entsprechen den statistischen Daten bzw. sind Umrechnungsfaktoren zwischen verschiedenen in der Statistik verwendeten Energieeinheiten. Die verschiedenen Variablen, ihre Bedeutung und ihre Dimensionen sind im Folgenden aufgeführt.

Verwendete Umrechnungsbeziehungen:
(z.T. indirekt aus *Faustzahlen* 1983 und *Stat. Jahrbuch* 1982 abgeleitet)
GE = Getreideeinheit, GVE = Großvieheinheit
spezif. Futterbedarf pro Großvieheinheit = 3.97 tGE/GVE (pro Jahr)
spezif. tierischer Nettozuwachs pro Getreideeinheit =
    = 3.2 GVE/tGE * Wirkungsgrad der tier. Nahrungsproduktion
    = 3.2 * 0.27 = 0.89 GVE/tGE
Wirkungsgrad der tierischen Nahrungsproduktion = 0.27
    = Jahresproduktion / Jahresfutterinput *(Fleisch, Milch, Eier gewichtet)*

spezif. tierische Nahrungsproduktion = 3.48 (GVE/a)/GVE *(Fleisch, Milch, Eier gewich-tet)*
Umsetzungsgrad der tierischen Nahrungsproduktion =
= zum Verbrauch gelangende Menge / erzeugte Menge = 0.68
Umrechnung von GVE auf Energiemenge: $3.5 * 10^6$ kJ/GVE
Umrechnung von kJ auf Getreideeinheiten: $0.087 * 10^6$ GE/kJ
Wirkungsgrad der Verwendung pflanzlicher Nahrung =
= Nahrungsbedarf (pflanzlich) / verwendete Menge = 0.92
Mittlere Produktion von Ackerland: 5.97 tGE/ha
Mittlere Produktion von Grünland: 3.2 tGE/ha

Parameter, Konstanten, Anfangswerte und Umrechnungen
BEVÖLKERUNG ANFANGS = 8e+007 [Person]
GEBURTEN RATE = 0.009 [1/Year]
STERBE RATE = 0.012 [1/Year]
GRÜNLAND FLÄCHE = 7.2 [Mha]
PRODUKTION GRÜNLAND = 3.2 [MtGE/(Mha *Year)]
ACKERFLÄCHE ANFANGS = 10.9 [Mha]
ACKERFLÄCHE OBERE GRENZE = 1 [1] *Angabe als Anteil der Ackerfläche anfangs*
ACKERFLÄCHE UNTERE GRENZE = 0.8 [1] *Angabe als Anteil der Ackerfläche an-fangs*
PRODUKTION ACKERLAND = 5.97 [MtGE/(Mha*Year)]
UMWIDMUNGS GESCHWINDIGKEIT BEI ACKERLAND = 1 [Mha/Year]
ENDWERT ZIEL PFLANZL ANTEIL AN ERNÄHRUNG = 0.9 [1] *Anteil pflanzl Nahrung an Gesamtnahrung*
BEGINN UMSTELLUNG = 2005 [Year]
ENDE UMSTELLUNG = 2015 [Year]
GETREIDE VORRAT ANFANGS = -10 [MtGE]
IMPORTGRENZE FÜR GETREIDE = 15 [MtGE/Year]
EXPORTGRENZE FÜR GETREIDE = 20 [MtGE/Year]
NAHRUNGS BEDARF PRO KOPF UND TAG = 12500 [kJ/(Person*Day)]
GETREIDE EINHEITEN PRO kJ = 8.7e-014 [MtGE/kJ]
WIRKUNGSGRAD PFLANZL NAHRUNG = 0.92 [1]
VIEHBESTAND ANFANGS = 17.5 [MGVE]
UMSETZUNGS GRAD NAHRUNGS PRODUKTION TIER = 0.68 [1]
SPEZ PRODUKTIONS RATE TIER = 3.48 [1/Year]
TIERZUWACHS PRO GE = 0.89 [MGVE/MtGE]
ENERGIE PRO GVE = 3.5e+012 [kJ/MGVE]
FUTTER PRO GVE = 3.97 [MtGE/(MGVE*Year)]
JAHR = 1 [Year]
TAGE PRO JAHR = 365 [Day/Year]

Dynamik
Geburten = GEBURTEN RATE *Bevölkerung [Person/Year]
SterbeFälle = STERBE RATE *Bevölkerung [Person/Year]

Bevölkerung = INTEG (Geburten -SterbeFälle, BEVÖLKERUNG ANFANGS) [Person]

NahrungsBedarf = TAGE PRO JAHR *NAHRUNGS BEDARF PRO KOPF UND TAG
    *Bevölkerung [kJ/Year]

Ziel pflanzl Anteil an Ernährung = IF THEN ELSE (Time <= BEGINN UMSTELLUNG,
    0.6, IF THEN ELSE (Time >= ENDE UMSTELLUNG, ENDWERT ZIEL
    PFLANZL ANTEIL AN ERNÄHRUNG, (0.6 +(Time -BEGINN UMSTELLUNG)
    *(ENDWERT ZIEL PFLANZL ANTEIL AN ERNÄHRUNG -0.6) /(ENDE UM-
    STELLUNG -BEGINN UMSTELLUNG)))) [1]

WunschAnteil tier NahrungsMittel = (1 -Ziel pflanzl Anteil an Ernährung)
    *NahrungsBedarf [kJ/Year]

RestBedarf pflanzl Nahrung = NahrungsBedarf -Nahrung aus tier Produktion [kJ/Year]

pflanzl NahrungsAnteil = RestBedarf pflanzl Nahrung /NahrungsBedarf [1]

GetreideVerbrauch Nahrungsmittel = GETREIDE EINHEITEN PRO kJ
    /WIRKUNGSGRAD PFLANZL NAHRUNG *RestBedarf pflanzl Nahrung
    [MtGE/Year]

GetreideImport = IF THEN ELSE (Defizit GetreideVorrat /JAHR > IMPORTGRENZE
    FÜR GETREIDE, IMPORTGRENZE FÜR GETREIDE, IF THEN ELSE(-Defizit
    GetreideVorrat /JAHR > (EXPORTGRENZE FÜR GETREIDE), (-
    EXPORTGRENZE FÜR GETREIDE), Defizit GetreideVorrat/JAHR))
    [MtGE/Year]

GetreideExport = -GetreideImport [MtGE/Year]

GetreideVorrat = INTEG (Ernte +GetreideImport -KraftFutterVerbrauch -
    GetreideVerbrauch Nahrungsmittel, GETREIDE VORRAT ANFANGS) [MtGE]

Defizit GetreideVorrat = -GetreideVorrat [MtGE]

ÄnderungsDruck Ackerfläche = (Defizit GetreideVorrat /JAHR) /GetreideVerbrauch
    Nahrungsmittel [1]

Änderung AckerFläche = IF THEN ELSE (((ÄnderungsDruck Ackerfläche > 0) :AND:
    (AckerFläche >= ACKERFLÄCHE OBERE GRENZE *ACKERFLÄCHE AN-
    FANGS)) :OR: ((ÄnderungsDruck Ackerfläche < 0) :AND: (AckerFläche <= A-
    CKERFLÄCHE UNTERE GRENZE *ACKERFLÄCHE ANFANGS)), 0, UMWID-
    MUNGS GESCHWINDIGKEIT BEI ACKERLAND *ÄnderungsDruck Ackerflä-
    che) [Mha /Year]

AckerFläche = INTEG (Änderung AckerFläche, ACKERFLÄCHE ANFANGS) [Mha]

PflanzenProduktion = PRODUKTION ACKERLAND *AckerFläche [MtGE/Year]

Ernte = PflanzenProduktion [MtGE/Year]

RauhFutterProduktion auf Grünland = PRODUKTION GRÜNLAND *GRÜNLAND
    FLÄCHE [MtGE/Year]

FutterBedarf = IF THEN ELSE (RauhFutterProduktion auf Grünland <= FUTTER PRO
    GVE *(ViehBestand +Viehbestands ÄnderungsWunsch *JAHR), FUTTER PRO
    GVE *(ViehBestand +Viehbestands ÄnderungsWunsch *JAHR), RauhFutterPro-
    duktion auf Grünland) [MtGE/Year]

erforderl Zufütterung Getreide = FutterBedarf -RauhFutterProduktion auf Grünland
    [MtGE/Year]

KraftFutterVerbrauch = IF THEN ELSE (erforderl Zufütterung Getreide <= 0, 0, erfor-
    derl Zufütterung Getreide) [MtGE/Year]

FutterMenge = KraftFutterVerbrauch +RauhFutterProduktion auf Grünland
[MtGE/Year]
TierProduktion = TIERZUWACHS PRO GE *FutterMenge [MGVE/Year]
ViehBestand = INTEG (TierProduktion -Verkauf tier Produkte, VIEHBESTAND AN-
FANGS) [MGVE]
Verkauf tier Produkte = SPEZ PRODUKTIONS RATE TIER *ViehBestand
[MGVE/Year]
Nahrung aus tier Produktion = UMSETZUNGS GRAD NAHRUNGS PRODUKTION
TIER *ENERGIE PRO GVE *Verkauf tier Produkte [kJ/Year]
BedarfsDifferenz = WunschAnteil tier NahrungsMittel -Nahrung aus tier Produktion
[kJ/Year]
BedarfsDifferenz normiert = BedarfsDifferenz /WunschAnteil tier NahrungsMittel [1]
Viehbestands ÄnderungsWunsch = BedarfsDifferenz normiert *(ViehBestand /JAHR)
*((ViehBestand *FUTTER PRO GVE /RauhFutterProduktion auf Grünland) -1)
[MGVE/Year]

Simulationszeitparameter
INITIAL TIME = 2000 [Year]
FINAL TIME = 2025 [Year]
TIME STEP = 0.125 [Year]

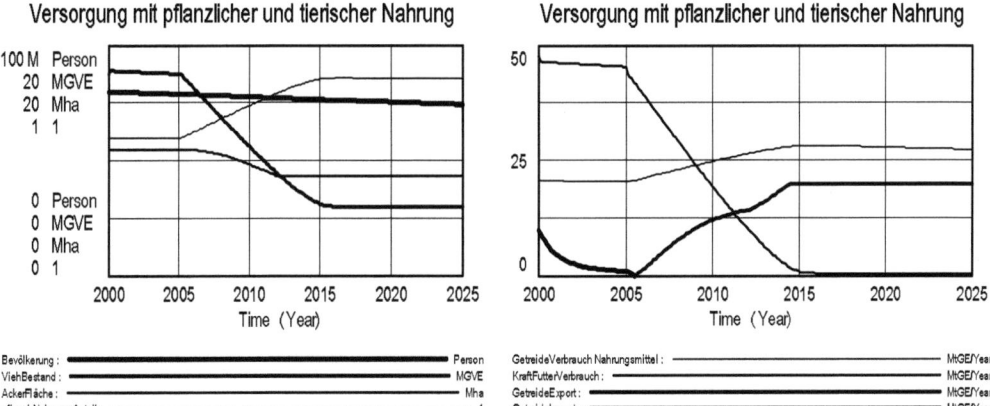

Abb. Z313b: Ergebnisse für ein Szenario, bei dem der PFLANZLICHE ANTEIL AN ERNÄH-
RUNG stark ansteigt. Der Viehbestand geht stark zurück, Getreide kann exportiert werden.

Simulationsergebnisse

In Abb. Z313b sind Simulationsergebnisse gezeigt für ein Szenario (Parameter der
Voreinstellung), bei dem sich in relativ kurzer Zeit (von 2005 bis 2015) der PFLANZLI-

CHE ANTEIL AN ERNÄHRUNG in Deutschland von anfangs 60% auf schließlich 90% erhöht. Für *Getreideimport* bzw. *Getreideexport* wurden Grenzen bei 15 bzw. 20 Millionen Tonnen Getreide-Einheiten gesetzt. Die *Ackerfläche* sei nicht erweiterbar, aber auf 80% des heutigen Werts verringerbar. Die Simulation ergibt einen Rückgang des *Viehbestands* auf etwa ein Drittel des heutigen Wertes. Der Anbau von Getreide für Viehfutter entfällt dann weitgehend, da der Futterbedarf durch Rauhfutter der GRÜN-LANDFLÄCHE gedeckt werden kann. Obwohl der Verbrauch pflanzlicher Nahrungsmittel steigt, wird der *Getreideimport* jedoch rasch rückläufig, so dass schließlich große Mengen von Getreide ausgeführt werden können, obwohl die *Ackerfläche* gleichzeitig um 20% reduziert wird. In den Ergebnissen zeigt sich deutlich der enorme Einfluss der Essgewohnheiten auf die Struktur der landwirtschaftlichen Produktion einer Nation.

Arbeitsvorschläge

1. Untersuchen Sie die Konsequenzen des Übergangs auf (a) mehr und (b) weniger fleischhaltige Nahrung bei verschiedenen Annahmen zum Außenhandel und zur Veränderung der Ackerfläche.
2. Untersuchen und diskutieren Sie den Einfluss des Parameters UMWIDMUNGSGE-SCHWINDIGKEIT BEI ACKERLAND auf die Entwicklung der Ackerfläche. Wie sieht der Umwidmungsprozess in der Realität aus? Wie realistisch ist die Simulation?
3. Quantifizieren Sie das Modell mit einem weniger skurrilen Datensatz (durchweg die Energieeinheit PJ = Peta Joule verwenden). (Siehe Hampicke 1983, Kellner/Becker 1971, Kirchgessner 1978).
4. Verwenden Sie Daten für (a) ein Entwicklungsland und (b) für die Welt als Ganzes (Bevölkerungsanstieg durch Geburtenüberschuss!) und untersuchen Sie verschiedene Strategien zur Bekämpfung des Hungers durch Veränderung der Nahrungszusammensetzung und die (begrenzte) Ausweitung von Ackerflächen.

Literaturhinweise

Ruhrstickstoff AG 1983: *Faustzahlen für Landwirtschaft und Gartenbau*. Landwirtschaftsverlag Münster-Hiltrup, 10. Auflage.
Bundesministerium für Ernährung, Landwirtschaft und Forsten 1982: *Statistisches Jahrbuch über Ernährung, Landwirtschaft und Forsten*. Landwirtschaftsverlag Münster-Hiltrup 1982.
Hampicke, U. 1983: Die voraussichtlichen Kosten einer naturgerechten Landwirtschaft. *Landschaft und Stadt*, Vol. 15 (4), S. 171-183.
Kellner, 0., Becker, M. 1971: *Grundzüge der Fütterungslehre*. 15. Auflage, Hamburg und Berlin.
Kirchgessner, M. 1978: *Tierernährung*. 3. Auflage, Frankfurt/M.

Z314 Landwirtschaft und Höfesterben

Aufgabenstellung

Wo Menschen siedeln, werden Natur und Landschaft von der Landwirtschaft geprägt. Welche Form der Landwirtschaft in einer Region dominiert, hängt teilweise von den natürlichen Bedingungen, ganz entscheidend aber auch von den wirtschaftlichen Bedingungen ab, vor allem dem Markt für Produkte und den erzielbaren Preisen, wie auch von den Kosten der landwirtschaftlichen Produktion. Die Form der Landwirtschaft reicht von extensiver Beweidung und Waldlandwirtschaft bis zur intensiven Bewirtschaftung großer Monokulturen mit hohem Einsatz von Maschinen und Chemie. Offensichtlich hat die Form der Bewirtschaftung erhebliche Konsequenzen für das ökologische System. Wegen der Komplexität der ökonomischen, ökologischen und sozialen Zusammenhänge ist die Entwicklung entsprechender Systemmodelle angebracht, die das Verständnis erleichtern und in Simulationen auch Hinweise auf mögliche dynamische Entwicklungen geben können.

Im Bereich der Europäischen Union führt stark erhöhte landwirtschaftliche Produktivität zu einer Überproduktion – immer weniger Landwirte reichen aus, um den Nahrungsbedarf zu befriedigen. Die Preise bleiben niedrig, während die Kosten für die Landwirte steigen, so dass die ökonomischen Bedingungen viele Landwirte zur Betriebsaufgabe zwingen. Die Siedlungs- und Sozialstrukturen ganzer Regionen verändern sich. Mit Preisstützung, Einkommenssubventionen, Produktionsquoten, Flächenstilllegungen und anderen Maßnahmen wird versucht, gewachsene ländliche Siedungs- und Sozialstrukturen wenigstens so weit zu erhalten, dass die Grundversorgung mit billigen Nahrungsmitteln und Beschäftigung in der Landwirtschaft längerfristig gesichert bleiben. Trotz hohem Einsatz an Finanzmitteln aber bleiben die Erfolge der EU-Agrarpolitik bescheiden. Ein Simulationsmodell kann helfen, die Vorgänge besser zu verstehen und nach angepassten Lösungen zu suchen.

Simulationsmodell

Das Simulationsdiagramm ist in Abb. Z314a wiedergegeben. Die entsprechenden Modellgleichungen sind im Folgenden aufgelistet.

Die Gesamtproduktion (eines bestimmten landwirtschaftlichen Produkts, z.B. Weizen) ergibt sich aus der Zahl der *Betriebe*, der (durchschnittlichen) *Betriebsgröße* und der (durchschnittlichen) *Produktivität* pro Hektar und Jahr. Der *Produktion* steht ein *Getreidebedarf* gegenüber der hier (wegen etwa konstanter Bevölkerungszahl) als konstante Vorgabegröße NORMALER GETREIDEBEDARF betrachtet wird.

Bei durch das *relative Angebot* signalisierter Knappheit steigt der *relative Preis*, bei Überangebot sinkt der Preis je Produkteinheit gegenüber dem NORMALPREIS – es sei denn, er wird durch STAATLICHE PREISSTÜTZUNG gezielt stabilisiert (oder auch

verändert). So könnte etwa bei zu geringem Durchschnittseinkommen der Landwirte
der Preis auf höherem Niveau festgesetzt werden.

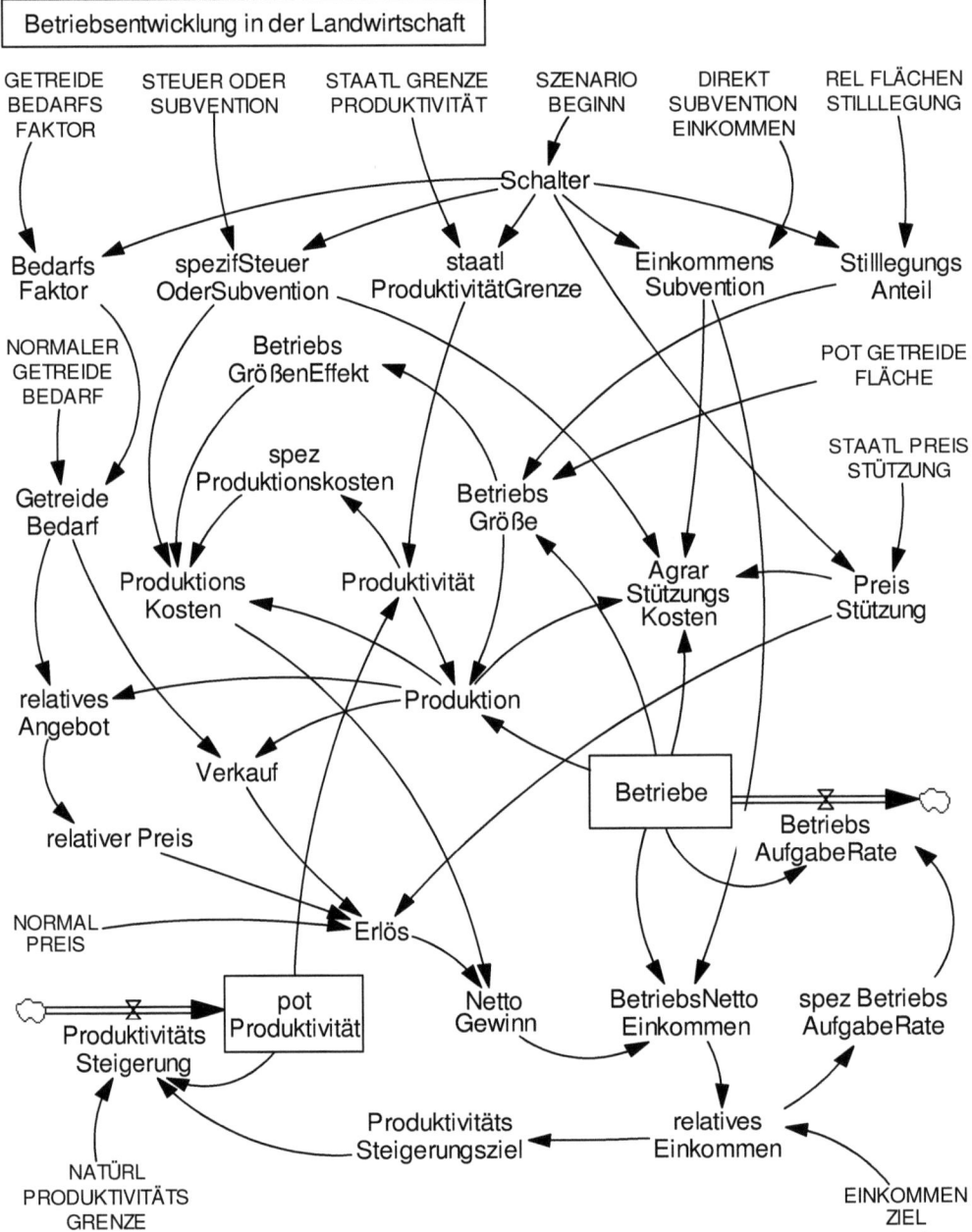

Abb. Z314a: Simulationsdiagramm zur Betriebsentwicklung in der Landwirtschaft.

Der *Verkauf* entspricht – je nach Überschuss oder Defizit – dem *Getreidebedarf* oder der *Produktion*. Der erzielte *Erlös* führt nach Abzug der *Produktionskosten* und Berücksichtigung etwaiger *Einkommens-Subvention* (DIREKTSUBVENTION EINKOMMEN) zum *Betriebs-Nettoeinkommen*.

Die *Produktionskosten* folgen aus der *Produktion* und den *spezifischen Produktionskosten*. Sie können durch staatlich reglementierte mengenspezifische Belastungen (Nitratsteuer, Treibstoffsteuer) oder Subventionen (Milch usw.) verändert werden (STEUER ODER SUBVENTION).

Der Betriebsleiter orientiert seine Entscheidungen an seinem wirtschaftlichen Erfolg im Verhältnis zu einem EINKOMMENSZIEL: Ist das *Betriebs-Nettoeinkommen* geringer als das EINKOMMENSZIEL, wird er eine *Produktivitätssteigerung* anstreben. Ist es sehr viel kleiner, so wächst die Wahrscheinlichkeit der Betriebsaufgabe, d.h. die *Betriebsaufgaberate*. Entsprechend verringert sich die Zahl der *Betriebe*. Die Produktion lässt sich nur in Grenzen steigern, die durch die NATÜRLICHE PRODUKTIVITÄTS-GRENZE oder aber auch eine STAATLICHE GRENZE PRODUKTIVITÄT (Produktionsquoten) vorgegeben sein können.

Das Modell verwendet mehrere Tabellenfunktionen, die das dynamische Verhalten z.T. stark bestimmen (*relativer Preis, spezif. Betriebsaufgaberate, Betriebsgrößeneffekt, Produktivitäts-Steigerungsziel, spezif. Produktionskosten*). In diesen Tabellenfunktionen ist vermutetes 'durchschnittliches' Entscheidungsverhalten abgebildet. Da Entscheidungen aber weitgehend von freiem Willen geprägt sind, besteht hier eine prinzipielle Unsicherheit. Der Modellbenutzer ist aufgefordert, diese Tabellenfunktionen kritisch zu prüfen und eventuell seine eigenen begründeten Vorstellungen einzusetzen.

Szenarioparameter

NORMAL PREIS = 160 [€/t]
NORMALER GETREIDE BEDARF = 2.5e +007 [t/Year]
SZENARIO BEGINN = 2010 [Year]
GETREIDE BEDARFS FAKTOR = 1 [1]
STEUER ODER SUBVENTION = 0 [€ /t] *Steuern: positives, Subventionen: negatives Vorzeichen!*
STAATL GRENZE PRODUKTIVITÄT = 10 [t /(Year *ha)]
DIREKT SUBVENTION EINKOMMEN = 0 [€ /(Hof*Year)]
REL FLÄCHEN STILLLEGUNG = 0 [1]
STAATL PREIS STÜTZUNG = 0 [€/t]
EINKOMMEN ZIEL = 30000 [€ /(Hof*Year)]
NATÜRL PRODUKTIVITÄTS GRENZE = 10 [t/(Year *ha)]
POT GETREIDE FLÄCHE = 5e+006 [ha]

Dynamik

Schalter = STEP(1, SZENARIO BEGINN) [1]

BedarfsFaktor = 1 +Schalter *(GETREIDE BEDARFS FAKTOR -1) [1]
spezifSteuerOderSubvention = Schalter *STEUER ODER SUBVENTION [€/t]
staatl ProduktivitätGrenze = 10 +Schalter *(STAATL GRENZE PRODUKTIVITÄT -10)
     [t/(Year*ha)]
EinkommensSubvention = Schalter *DIREKT SUBVENTION EINKOMMEN
     [€/(Year*Hof)]
StilllegungsAnteil = Schalter *REL FLÄCHEN STILLLEGUNG [1]
PreisStützung = Schalter *STAATL PREIS STÜTZUNG [€/t]
GetreideBedarf = NORMALER GETREIDE BEDARF *BedarfsFaktor [t/Year]
Verkauf = IF THEN ELSE(GetreideBedarf<Produktion, GetreideBedarf, Produktion) [t
     /Year]
relatives Angebot = Produktion /GetreideBedarf [1]
relativer Preis = WITH LOOKUP (relatives Angebot, ([(0, 0) -(5, 20)], (0.2, 15), (0.5, 5),
     (0.8, 2), (1, 1), (1.2, 0.8), (1.5, 0.5), (2, 0.3), (5, 0.3))) [1]
Erlös = (relativer Preis *NORMAL PREIS +PreisStützung) *Verkauf [€/Year]
NettoGewinn = Erlös -ProduktionsKosten [€/Year]
BetriebsNettoEinkommen = (NettoGewinn /Betriebe) +EinkommensSubvention
     [€/(Year*Hof)]
relatives Einkommen = BetriebsNettoEinkommen /EINKOMMEN ZIEL [1]
spez BetriebsAufgabeRate = WITH LOOKUP (relatives Einkommen, ([(0, 0) -(2, 0.5)],
     (0, 0.4), (0.3, 0.15), (0.5, 0.08), (0.8, 0.02), (0.9, 0.01), (1, 0), (2, 0), (5, 0))) [1
     /Year]
BetriebsAufgabeRate = -spez BetriebsAufgabeRate *Betriebe [Hof/Year]
Betriebe = INTEG (BetriebsAufgabeRate, 100000) [Hof]
BetriebsGröße = (1 -StilllegungsAnteil) *POT GETREIDE FLÄCHE /Betriebe [ha/Hof]
BetriebsGrößenEffekt = WITH LOOKUP (BetriebsGröße, ([(0, 0) -(500, 2)], (0, 1.2),
     (25, 1.1), (50, 1), (100, 0.9), (1000, 0.8), (2000, 0.8))) [1]
ProduktivitätsSteigerungsziel = WITH LOOKUP (relatives Einkommen, ([(0, -0.1) -(2,
     0.3)], (0, -0.1), (0.2, -0.1), (0.4, -0.075), (0.5, 0), (0.6, 0.15), (0.7, 0.2), (0.8, 0.2),
     (0.9, 0.1), (1, 0.05), (1.5, 0.02), (2, 0), (5, 0))) [1/Year]
ProduktivitätsSteigerung = ProduktivitätsSteigerungsziel *pot Produktivität *(1 -(pot
     Produktivität /NATÜRL PRODUKTIVITÄTS GRENZE) [t/(Year*Year*ha)]
pot Produktivität = INTEG (ProduktivitätsSteigerung, 5) [t/(ha*Year)]
Produktivität = IF THEN ELSE (pot Produktivität > staatl ProduktivitätGrenze, staatl
     ProduktivitätGrenze, pot Produktivität) [t/(Year*ha)]
Produktion = Betriebe *BetriebsGröße *Produktivität [t/Year]
spez Produktionskosten = WITH LOOKUP (Produktivität, ([(0, 0) -(40, 1000)], (0, 50),
     (2.5, 60), (5, 90), (7.5, 130), (10, 180), (15, 270), (25, 350), (40, 400))) [€ /t]
ProduktionsKosten = (spez Produktionskosten *BetriebsGrößenEffekt
     +spezifSteuerOderSubvention) *Produktion [€/Year]
AgrarStützungsKosten = EinkommensSubvention *Betriebe +(PreisStützung -
     spezifSteuerOderSubvention) *Produktion [€/Year]

Simulationszeitparameter
INITIAL TIME = 2005 [Year]

FINAL TIME = 2025 [Year]
TIME STEP = 0.0625 [Year]

Simulationsergebnisse

Bei den folgenden Simulationen mit dem Modell Z314 muss im Auge behalten werden, dass dieses einfache Modell nur Hinweise auf Entwicklungstendenzen der verschiedenen untersuchten Szenarien geben kann. Die folgenden Aussagen gelten daher nur für dieses Modell und stellen keine Tatsachenbehauptungen für reale Entwicklungen dar.

Abb. Z314b zeigt Simulationsergebnisse für die Parameterwerte der Voreinstellung. In diesem Fall sind keinerlei Eingriffe in die Agrarproduktion vorgesehen. Wegen der relativ ungünstigen *Betriebs-Nettoeinkommen* kommt es erstens zu Betriebsaufgaben und damit einer ständigen Verringerung der Zahl der *Betriebe*. Zweitens wird aber auch versucht, durch *Produktivitätssteigerung* das *Betriebs-Nettoeinkommen* zu verbessern. Zwar gelingt es so, die Betriebs-Nettoeinkommen etwa konstant zu halten, aber nur, weil sich die Zahl der *Betriebe* verringert und damit die durchschnittliche *Betriebsgröße* vergrößert.

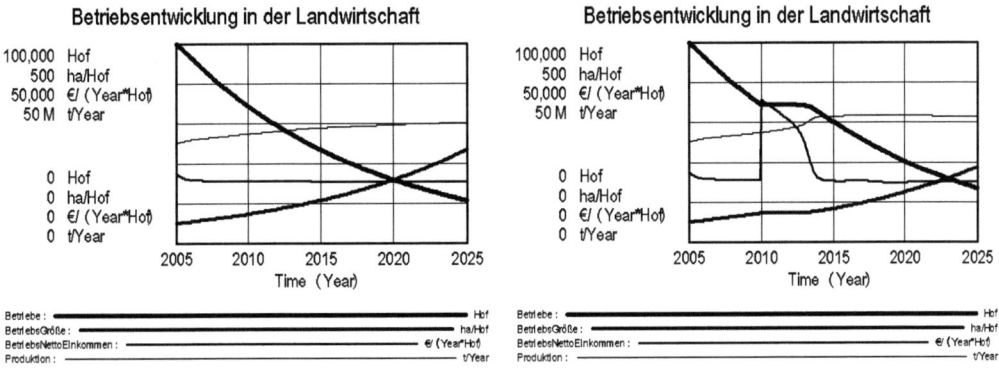

Abb. Z314b: Betriebsentwicklung ohne Eingriffe.
Abb. Z314c: Entwicklung bei Direktsubventionen der Betriebe.

Abb. Z314c zeigt Ergebnisse für ein Szenario, bei dem ab dem Jahr 2010 die landwirtschaftlichen Betriebe DIREKTSUBVENTIONEN EINKOMMEN von 20'000 € pro Jahr erhalten. Hier gelingt es zwar zunächst, das Höfesterben aufzuhalten und den Betrieben ein gutes *Betriebs-Nettoeinkommen* zu sichern. Dann aber verschlechtern sich die betriebswirtschaftlichen Bedingungen wieder, weil der *relative Preis* wegen des zu hohen *relativen Angebots* sinkt und trotz der Einkommens-Subvention das Betriebs-Nettoeinkommen wieder auf den ursprünglichen Wert zurück fällt. Das Höfesterben kann langfristig mit den Direktsubventionen nicht aufgehalten werden.

Abb. Z314d zeigt Ergebnisse für ein Szenario, bei dem ab dem Jahr 2010 der Getreidepreis mit einer staatlichen Preisstützung von 80 €/t gefördert wird. Auch hiermit lässt sich das Höfesterben nur zeitweise aufhalten. Nach einigen Jahren kommt es wieder zu Betriebsaufgaben und einem entsprechenden Anwachsen der durchschnittlichen *Betriebsgröße*.

Neben diesen beiden Maßnahmen, die erhebliche *Agrarstützungskosten* in Anspruch nehmen, sind auch weitere Maßnahmen denkbar, die ohne Subventionen auskommen.

Abb. Z314e zeigt Ergebnisse für ein Szenario, bei dem ab dem Jahr 2010 ein Teil der Anbaufläche für Getreide stillgelegt wird (20%). Der entsprechende Produktionsausfall und die Verringerung des *relativen Angebots* führen zu höherem *relativen Preis* und verbessern damit die betriebswirtschaftlichen Bedingungen, so dass die *Betriebs-Nettoeinkommen* erheblich steigen. Aber auch diese Lösung ist nicht von Dauer. Nach einigen Jahren stellt sich der alte Zustand wieder ein und es kommt wieder zu fortschreitenden Betriebsaufgaben.

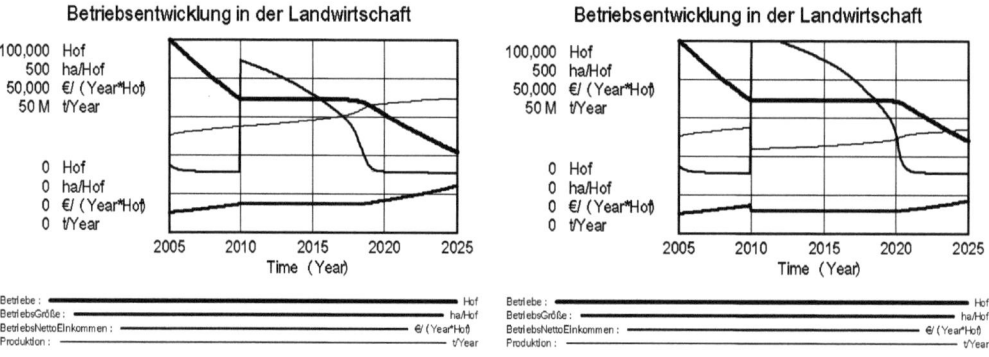

Abb. Z314d: Entwicklung bei Stützung des Getreidepreises.
Abb. Z314e: Entwicklung bei Flächenstilllegung.

Abb. Z314f zeigt Ergebnisse für ein Szenario, bei dem ab dem Jahr 2010 der GETREIDE-BEDARFSFAKTOR auf 1.2 gesetzt wurde. (Etwa wegen eines höheren Exportbedarfs oder der Verwendung von Getreide als Biobrennstoff.) Auch diese Maßnahme führt nicht zu einer dauerhaften Stabilisierung der Betriebszahlen, sondern ergibt eine ähnliche Entwicklung wie die anderen Szenarien.

Abb. Z314g zeigt Ergebnisse für ein Szenario, bei dem ab dem Jahr 2010 die weitere Intensivierung der Landwirtschaft nicht zugelassen und die Hektar-Produktivität durch STAATLICHE GRENZE PRODUKTIVITÄT auf 5 t/ha begrenzt wird. (Praktisch ließe sich das durch konsequente Extensivierung bzw. Einführung des ökologischen Landbaus erreichen, der z.B. keinen Stickstoff-Mineraldünger verwendet.) Hieraus ergibt sich eine (leichte) Einschränkung der *Produktion*, die aber entsprechende Preissteigerung und Verbesserung der *Betriebs-Nettoeinkommen* zur Folge hat. Der Druck zur Betriebsaufgabe besteht so nicht mehr. Da auch die Produktivitätssteigerung begrenzt ist, bleibt als Folge der (dem *Getreidebedarf* angepassten) *Produktion* der *relative Preis* hoch genug, um den Betrieben ein günstiges *Betriebsnettoeinkommen* zu sichern und Betriebsaufgaben aus wirtschaftlichen Gründen weitgehend zu verhindern. Damit bleibt auch die durchschnittliche *Betriebsgröße* etwa konstant.

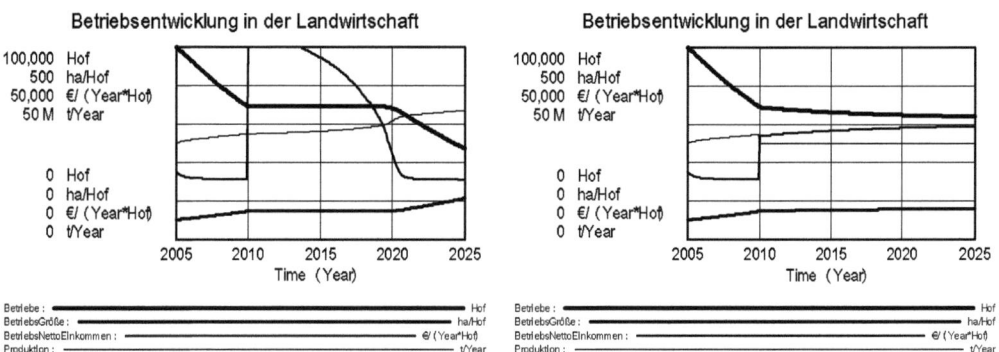

Abb. Z314f: Entwicklung bei Zunahme des Getreidebedarfs.
Abb. Z314g: Entwicklung bei Begrenzung der Hektarproduktivität (Extensivierung).

Arbeitsvorschläge

1. Untersuchen Sie einzeln die Konsequenzen der verschiedenen im Modell vorgesehenen Maßnahmen, besonders auch in Abhängigkeit von ihrer Stärke. Verfolgen Sie die Wirkungskette im Modell, und finden Sie die Ursache dafür, dass die in Abb. Z314c bis f untersuchten Maßnahmen keinen dauerhaften Erfolg haben.

2. Untersuchen Sie ein Szenario 'Subventionen'. Finden Sie hierfür eine möglichst gut abgestimmte Agrarpolitik unter Verwendung der Parameter STEUER ODER SUBVENTION, DIREKTSUBVENTION EINKOMMEN, STAATLICHE PREISSTÜTZUNG. Das EINKOMMENZIEL sollte sich dabei an normalen Arbeitseinkommen orientieren. Können Sie eine Lösung finden, die Landwirten dauerhaft ein gutes Einkommen garantiert und dabei bäuerliche und dörfliche Strukturen erhält (mittelgroße Betriebe)? Was kostet das die Steuerzahler (*Agrarstützungskosten*)?

3. Untersuchen Sie ein Szenario 'Produktionsbeschränkung'. Finden Sie hierfür eine möglichst gut abgestimmte Agrarpolitik unter Verwendung der Parameter GETREIDEBEDARFSFAKTOR, STAATLICHE GRENZE PRODUKTIVITÄT, RELATIVE FLÄCHENSTILLLEGUNG, wieder bei gutem Einkommen und Erhaltung mittelgroßer Betriebe. Können Sie eine dauerhafte vertretbare Lösung finden, um Überangebot, Preisverfall und Höfesterben zu verhindern?

4
Ökosysteme und Ressourcen

Überblick

Für Organismen, Populationen und Ressourcen gelten keine Erhaltungssätze: sie können sterben, ausgelöscht oder verbraucht werden. Die Erhaltungssätze für Energie und Materie, die das 'Gerüst' für die Simulationsmodelle im Kap. 3 abgaben, lassen sich bei Organismen, Populationen und Ressourcen nur auf Stoffwechsel- und Umwandlungsprozesse anwenden.

Zur Lebenserhaltung brauchen alle Organismen und Populationen artenspezifische Ressourcen, die ihnen Energie und Nährstoffe, Bau- und Betriebsstoffe liefern. Ressourcen können nicht-erneuerbare Stoffe und Energien wie Mineralien oder fossile Brennstoffe sein – der Mensch macht reichlich Gebrauch von dieser Art Ressourcen. Es können aber auch erneuerbare Stoffe und Energien wie sauberes Wasser, Holz und Fasern, Wind- und Sonnenenergie und vor allem auch andere Organismen sein – Tiere und Pflanzen, die die Nahrungsquelle für andere Organismen sind. In Ökosystemen ernähren sich unzählige 'Räuber'Populationen von artspezifischen 'Beute'Populationen. Die Prozesse vom 'Fressen und Gefressenwerden' laufen meist über mehrere Stufen der Nahrungskette – insgesamt unter Energieverlusten, die aber den Erhalt der Populationen gewährleisten können, solange keine Übernutzung der lebenserhaltenden Ressource auftritt. Meist haben sich im Laufe der Evolution relativ stabile Gleichgewichte eingestellt, die ganze Ökosysteme langfristig stabilisieren. Werden sie gestört, z.B. durch Eingriffe des Menschen, so können selbst 'kleine' Störungen zum dauerhaften Zusammenbruch ganzer Ökosysteme führen. Auch Schwingungen sind in Ökosystemen möglich; oft gehören sie sogar zum 'natürlichen' Verhalten.

In diesem Kapitel werden 18 Simulationsmodelle vorgestellt, die sich mit der Prozessen und der Dynamik von Räuber-Beute-Verhältnissen, Nahrungsketten in Ökosystemen und der Nutzung erneuerbarer und nicht-erneuerbarer Ressourcen befassen. Modelle dieser Art, und vor allem die Einsichten, die sich aus der genauen Erfassung der Zusammenhänge und Abhängigkeiten in komplexen Ökosystemen und der Dynamik von Nutzungs- und Ausbeutungsprozessen ergeben, haben erhebliche Bedeutung für den Schutz von Arten und natürlichen Ressourcen und für den nachhaltigen Umgang mit den Ressourcen, denen der Mensch seine Existenz auf der Erde verdankt.

Z401 Räuber und Beute unbegrenzt. Je mehr Räuber ('Beutegreifer') es gibt, umso mehr Beute machen sie, umso schneller kann – wegen des guten Nahrungsangebots – die Räuberpopulation wachsen. Gleichzeitig verringert sich aber auch die Beutepopulation, die Nahrung wird zunehmend knapper für die jetzt starke Räuberpopulation, ihr Zuwachs nimmt ab. Schließlich geht sie wieder zurück, die Beutepopulation bleibt jetzt relativ unbehelligt und kann wieder anwachsen. Das lässt auch die Räuberpopulation wieder zunehmen; das Spiel wiederholt sich – die beiden Populationsstärken schwingen jetzt phasenverschoben, aber mit der gleichen Periode. Das Modell untersucht die Dynamik, wenn die Beute (z.B. wegen unbegrenztem Nahrungsangebot) unbegrenzt wachsen kann. In diesem Fall ergeben sich ungedämpfte Schwingungen, die sich mit gleichen Ausschlägen ständig wiederholen. Beide Populationen können nicht aussterben, da die Räuber auf die Beutepopulation als einzige Nahrungsquelle angewiesen sind.

Z402 Räuber und Beute begrenzt. Das Verhalten des Räuber-Beute-Systems ändert sich grundsätzlich, wenn die Beutepopulation nicht unbegrenzt wachsen kann, weil z.B. die Weidekapazität im betrachteten Gebiet begrenzt ist. Auch hier kommt es noch zu Schwingungen, die aber gedämpft sind und sich nach einer Weile auf ein Gleichgewichtsniveau einschwingen. Wird die Weidekapazität unter eine bestimmte Grenze abgesenkt, so bricht in diesem System die Räuberpopulation zusammen und verschwindet gänzlich. Veränderungen auf unteren Ebenen einer Nahrungskette können also dramatische Folgen für höhere Ebenen haben, obwohl deren Nahrungsangebot gar nicht direkt betroffen ist!

Z403 Räuber und zwei Beuten. Stehen einem Räuber zwei und mehr Beutepopulationen als Nahrungsquelle zur Verfügung, so erscheint es zunächst einmal logisch, wegen der höheren Nahrungsvielfalt von einem stabileren System auszugehen. Tatsächlich sind aber alle Beutepopulationen bis auf die robusteste von der Ausrottung bedroht, da in diesem System die Räuberpopulation auf die jeweils 'vorletzte' Beutepopulation nicht angewiesen ist und ihr Verschwinden keine Konsequenzen für den Räuber hat. Auch dieses System schwingt. Am Ende bleibt wieder nur ein einfaches Räuber-Beute-Verhältnis zwischen Räuber und der verbleibenden Beuteart.

Z404 Beute und zwei Räuber. Sind zwei Räuberpopulationen auf die gleiche Beutepopulation angewiesen, so würde der Rückgang der Beute auch den Rückgang beider Räuberpopulationen bedeuten – die Beutepopulation bleibt also erhalten. Allerdings verschwindet – wieder unter Schwingungen – bei diesem System langfristig der benachteiligte Räuber (der z.B. relativ höheren Nahrungsverbrauch hat). Seine Population kann sich gegen den effizienteren Konkurrenten auf Dauer nicht halten. Wieder ergibt sich schlussendlich ein einfaches Räuber-Beute-System. Natürlich herrschen in realen Ökosystemen meist komplexere Fressbeziehungen – die hier betrachteten Idealsysteme geben aber nützliche Hinweise auf mögliche dynamische Entwicklungen.

Z405 Zusammenbruch eines Ökosystems. Einfaches Ursache-Wirkungs-Denken führt bei komplexen Systemen wie Ökosystemen leicht in die Irre. Logisch erscheinende Eingriffe können dramatische Folgen haben. Das Modell simuliert ein historisches

Ereignis: Um Rinderherden auf dem Kaibab-Plateau in Arizona zu schützen, wurden Raubtiere (Pumas, Kojoten, Wölfe) gezielt abgeschossen. Die Konsequenz war ein gewaltiges Anwachsen der vorher relativ unbedeutenden Hirschpopulation, die die Vegetation des Gebiets (und damit auch die Weidemöglichkeiten der Rinder) dauerhaft zerstörte, bevor sie sich in einer kleinen Restpopulation stabilisierte.

Z406 Vögel, Insekten, Wald und Grasland. Auch dieses Modell simuliert (vereinfacht) eine reale ökologische Episode (aus einer Region in Australien). Hier nahmen bei zunehmender Umwandlung von Wäldern in Weideland die Populationen von Schadinsekten so stark zu, dass auch der restliche Wald von ihnen rasch vernichtet wurde. Auch hier hatte der Mensch aus Unkenntnis ein komplexes System verändert und dadurch aus dem eingespielten Gleichgewicht gebracht. Erst spät erkannte man die Zusammenhänge: Insekten brauchen den Wald als Futterquelle und Grasland für das Aufwachsen der Larven. Vögel wiederum ernähren sich von den Insekten, brauchen aber den Wald für ihre Nistplätze. Wird der Wald zunehmend zerstört, so verschlechtern sich die Bedingungen für die Vögel und verbessern sich für die Insekten. Die Insekten verlieren schließlich weitgehend ihre Fressfeinde, nehmen überhand und vernichten den restlichen Wald.

Z407 Pflanzenkonkurrenz. Konkurrierende Pflanzenpopulationen sind auf den gleichen Nährstoffvorrat im Boden angewiesen, den sie teilweise aufnehmen, in ihrer Biomasse speichern und später über abgeworfenes Laub und tote Biomasse und deren Zersetzung und Mineralisierung wieder in den Boden zurückführen. In der Konkurrenz der Pflanzenbestände um den gleichen Nährstoffvorrat spielt die Effizienz der Nährstoffspeicherung eine wichtige Rolle. Auf Dauer dominiert die Pflanzenpopulation, die mehr speichert und weniger Bestandsabfall abgibt. Pionierarten (kurzlebige, raschwüchsige r-Strategen) sind zwar anfangs im Vorteil; letztlich aber gewinnen Klimaxarten (langlebige k-Strategen wie Bäume) die Oberhand.

Z408 Fischteich. In der südchinesischen Teichlandwirtschaft werden seit Jahrtausenden mehrere ökologische Prozesse geschickt verkoppelt, um ein Maximum an Nahrungsmitteln in einem geschlossenen Nährstoffkreislauf zu erzeugen. Abfälle von Mensch und Tier fördern in künstlichen Teichen das Wachstum von Algen, von denen sich Fische ernähren und von Wasserhyazinthen, die als Schweinefutter dienen. Wasser und Schlamm – beide nährstoffreich – werden zur Bewässerung und Düngung in Feldern und Gärten verwendet. Die Nährstoffe in der Nahrung und im Viehfutter fließen über die Abfälle wieder ins System zurück. Das Modell berechnet die Dynamik dieser Fischteiche und ihren Fischertrag im Jahresverlauf und in Abhängigkeit von organischer und mineralischer Düngung. Bei Eutrophierung (Überdüngung) kann es zu Algenblüten und Algensterben kommen.

Z409 Fischfang. Die Größe der Fischpopulation in einem Gewässer hängt über eine meist längere Nahrungskette von der Sonneneinstrahlung und dem Nährstoffangebot ab, d.h. dem Angebot an Phytoplankton. Sie ist daher begrenzt, aber nachhaltig nutzbar, wenn dafür gesorgt wird, dass der Fischbestand nicht überfischt wird. Für Fischer stellt sich die Frage, ihren Ertrag zu maximieren, ohne große Schwankungen oder sogar den Zusammenbruch des Fischbestandes zu verursachen, und ohne hohe ökonomische Verluste (z.B. durch eine zu große Fangflotte) zu riskieren. Die verkoppelte Dynamik von Fischbestand und Bootsbestand erweist sich bei genauerer Betrachtung als identisch mit dem klassischen Räuber-Beute-Problem. Solange der Fangerfolg lediglich von der Fischdichte abhängt, ist der Fischbestand immanent vor der Ausrottung geschützt. Gelingt es den Fischern allerdings, mit moderner Ortungstechnik (Sonar) auch noch die letzten versteckten Bestände aufzuspüren, so wird diese schützende Systemstruktur grundlegend verändert. Um den Fischbestand vor der Vernichtung zu bewahren, müssen dann strikte Fanggrenzen eingeführt werden.

Z410 Fischfang mit Optimierung. Der Erlös aus dem Verkauf des Fischfangs muss teilweise die Unkosten für Beschaffung, Unterhalt und Betrieb der Fischerboote und die Löhne der Bootsbesatzungen decken. Ein Fischereiunternehmen steht also vor dem Problem, die Zahl seiner Boote und Besatzungen so zu wählen, dass der vorhandene Fischbestand ökonomisch optimal und nachhaltig genutzt werden kann. Bei einem zu niedrigen Bootsbestand könnte die Ressource nur teilweise genutzt werden; bei einem zu hohen Bestand würde die Gewinnspanne zu gering oder negativ werden. Wie bei vielen anderen Entscheidungen dieser Art stellt sich aber auch hier die Frage, nach welchen Gesichtspunkten optimiert werden soll: Geht es nur um Profitmaximierung? Oder soll ein Maximum an Nahrung für eine hungernde Bevölkerung beschafft werden? Oder sollen möglichst viele Arbeitsplätze gesichert werden? Oder sollen verschiedene Gesichtspunkte mit unterschiedlichen Gewichtungen gleichzeitig berücksichtigt werden? Die angelegten Optimierungskriterien bestimmen entscheidend das Ergebnis.

Z411 Tourismus und Umwelt. Regionen, die sich durch Naturschönheiten oder Kulturdenkmäler auszeichnen, werden zum Ziel von Touristen. Aber Touristen benötigen Infrastruktur: Hotels, Ver- und Entsorgung, Straßen, Flugplätze. Je mehr Touristen, umso mehr Infrastruktur wird benötigt, umso mehr verliert die Region von ihrer ursprünglichen Attraktivität. Werbung kann Verluste teilweise auffangen. Da sich aber natürliche und kulturelle Angebote nicht beliebig vermehren lassen, sind jeder touristischen Entwicklung Grenzen gesetzt. Im günstigsten Fall gelingt es einer Region, ihre Vorteile durch vorsichtige und maßvolle Entwicklung dauerhaft zu sichern. Bei unvorsichtiger Entwicklung wird die Basis für einen einträglichen Tourismus dauerhaft zerstört.

Z412 Tourismusdynamik. Systeme aus Physik und Technik (wie etwa Fahrzeugfederung, Flugdynamik oder elektronischer Schaltkreis) lassen sich (fast immer) in mathematischen Modellen abbilden, die eindeutig 'richtig' oder 'falsch' sind. Bei 'richtigen' Modellen sind Prozesse und Zusammenhänge mit gültigen Verfahren beschrieben und in eindeutig überprüfbarer Weise verkoppelt worden. Fehler werden durch vielfache kritische Überprüfung gefunden und korrigiert. Bei der Modellentwicklung in anderen Disziplinen ist eine solche eindeutige Zuordnung selten möglich, oft allein bereits deshalb, weil wegen der Komplexität des modellierten Systems viele Vereinfachungen getroffen werden müssen, über deren Zulässigkeit sich trefflich streiten lässt, da sie vielfach gar nicht klar entscheidbar ist. In solchen Fällen verschafft die konkurrierende Modellentwicklung durch Arbeitsgruppen mit durchaus unterschiedlichen Ansichten und Erfahrungen oft erst den umfassenden Blick über einen Problembereich. Wenn trotz unterschiedlicher Ausgangspositionen verschiedene Systemuntersuchungen zu vergleichbaren Aussagen und vielleicht sogar zu sehr ähnlichen mathematischen Modellen führen, so müssen diese Ergebnisse ernst genommen werden. Es werden hier drei verschiedene Simulationsmodelle der Tourismusdynamik vorgestellt, die von drei Arbeitsgruppen unabhängig voneinander bei identischer Aufgabenstellung entwickelt wurden. Obwohl die Modelle verschieden sind, führen sie doch zur gleichen Aussage über die Entwicklungsdynamik.

Z413 Waldrodung. Ackerbau und Weidewirtschaft entziehen dem Boden Nährstoffe mit den pflanzlichen und tierischen Nahrungsmitteln, die dort produziert werden. Sind die Böden ursprünglich nährstoffarm – wie die meisten Böden der Tropen – so verlieren die Böden mit dem Nährstoffentzug früher oder später ihre Fruchtbarkeit. Eine Bevölkerung, die dank der anfänglich guten Nahrungsversorgung rasch angewachsen ist, steht dann vor Ernährungsproblemen, muss verhungern oder das Gebiet verlassen. Aus diesen Zwängen hat sich in vielen Gebieten der Erde der Wanderfeldbau entwickelt. Wald wird gerodet; das Land wird für einige Jahre landwirtschaftlich genutzt. Lässt die Fruchtbarkeit nach, wird das Land aufgegeben und der natürlichen Sukzession überlassen. Dabei stellt sich der ursprüngliche Waldbewuchs wieder ein, über Jahrzehnte akkumulieren wieder Nährstoffe. Nach erneuter Rodung kann das Gebiet wieder für einige Jahre landwirtschaftlich genutzt werden.

Z414 Entdeckung von Rohstoffen. Die Entdeckung und Ausbeutung von Rohstoffen wie Metallen oder fossilen Brennstoffen folgt einer charakteristischen Dynamik, obwohl durch Zufälligkeiten und Wahrscheinlichkeiten einzelne Funde mit hohen Unsicherheiten behaftet sind. Besteht ein Verwertungsinteresse und sind noch große Rohstoffmengen unentdeckt, so ist die Suche nach neuen Quellen anfangs sehr erfolgreich. Die Menge der entdeckten Rohstoffvorräte wächst rasch an. Je mehr Vorräte aber bereits entdeckt worden sind, um so geringer wird die Menge der noch unentdeckten Vorräte, und um so seltener werden neue Vorkommen gefunden. Der Rohstoffverbrauch wächst zunächst mit der zunehmenden Verfügbarkeit, sinkt dann aber wieder mit der endgültigen Erschöpfung der Rohstoffvorräte.

Z415 Rohstoffnutzung mit Rezyklierung. Der Rohstoffabbau wird bestimmt durch die Nachfrage wie auch durch den noch vorhandenen Vorrat. Die Erzeugung von Produkten aus diesem Rohstoff hängt aber nicht von der Abbaumenge, sondern von der Menge des am Markt angebotenen Rohstoffes ab, der zum großen Teil auch aus der Rezyklierung stammen kann (vor allem: Metallschrott). Die Menge des rezyklierten Rohstoffs ergibt sich aus der Rückführungsrate und der jährlichen Verschrottungsmenge – diese bestimmt sich wiederum direkt aus der Lebensdauer der Produkte. Mit dem Modell lassen sich u.a. die Einflüsse der Rückführungsrate und der Produktlebensdauer auf das langfristige Rohstoffangebot untersuchen. Durch Verbesserung dieser Faktoren lässt sich eine bedrohliche Rohstoffverknappung weit in die Zukunft verschieben.

Z416 Übernutzung und Zusammenbruch. Bei erneuerbaren Ressourcen (wie Wasser, Böden, Nahrungsmittel, Holz, erneuerbare Energien) müssen andere Bedingungen beachtet werden als bei nicht-erneuerbaren Rohstoffen. Erneuerbare Ressourcen sind prinzipiell auf Dauer verfügbar – aber nur, wenn ihre Nutzung kritische Grenzen nicht überschreitet und die Ressourcen sich regenerieren können. Die Dynamik wird daher vor allem durch zwei Entwicklungen bestimmt: die Erneuerung der Ressource und die Art ihrer Nutzung. Dabei hängt die Erneuerung wesentlich von der noch vorhandenen Ressourcenmenge ab, während die Nutzung von der Höhe der nutzenden Population (z.B. Weidetiere) und ihrem spezifischen Verbrauch bestimmt ist. Für unterschiedliche Parameterkombinationen ergeben sich qualitativ verschiedene Verhaltensweisen: Gleichgewichtszustände, Schwingungen, Grenzzyklus oder völlige Zerstörung der Ressourcenbasis und Zusammenbruch der Nutzerpopulation.

Z417 Tragödie der Allmende. Ist eine erneuerbare Ressource im Allgemeinbesitz (z.B. gemeinschaftliche Fischgründe oder Viehweide = Allmende), so ist die Versuchung für den einzelnen Nutzer groß, durch eine zusätzliche Investition (z.B. ein größeres Boot oder ein weiteres Rind) seinen persönlichen Vorteil zu vergrößern. Der Prozess kann sich selbst verstärken, wenn dadurch weitere Mittel erwirtschaftet werden, mit denen weitere Investitionen zur Nutzung der Ressource möglich werden. Schließlich führt die Entwicklung zur Zerstörung der Ressource – mit dem Schaden für alle. Eine nachhaltige Nutzung kann es nur bei Einhaltung strikter Regeln geben.

Z418 Nachhaltige Nutzung. Auch bei gemeinschaftlicher Nutzung einer erneuerbaren Ressource ist eine profitable Nutzung auf Dauer möglich, wenn nicht das persönliche Profitinteresse sondern die Erhaltung des Ressourcenbestands die Nutzung bestimmt. An diesem Prinzip der Nachhaltigkeit orientiert sich die Forstwirtschaft vieler Länder bereits seit mehreren hundert Jahren.

Z401 Räuber und Beute bei unbegrenzter Weidekapazität

Aufgabenstellung

In den seit 1845 über mehr als neun Jahrzehnte geführten Aufzeichnungen der Hudson-Bay-Company (Canada) über den Eingang von Fellen von Luchsen und Schneehasen finden sich starke und regelmäßige Schwankungen mit einer Periode von etwa 9.6 Jahren (Kormondy 1976). Auf ähnliche periodische Schwankungen von Fischbeständen in der Adria hingewiesen, formulierte Vito Volterra 1931 ein mathematisches Modell, das die Dynamik von Räuber-Beute-Systemen beschreibt. Unabhängig von ihm entwickelte Alfred Lotka den gleichen Ansatz. Ihre Arbeit ist unter dem Begriff 'Lotka-Volterra-Systeme' bekannt geworden.

Betrachtet man die Populationen von Beute und Räuber jeweils getrennt, so gilt für jede das lineare Wachstums- bzw. Zerfallsmodell, wie es z.B. in Z103 EXPONENTIELLES WACHSTUM UND ZERFALL (Bossel Zool 2004) formuliert wurde. Die Veränderung der Population ist dann proportional zu ihrer jeweiligen Größe und der spezifischen Netto-Wachstumsrate. Unbegrenzte Weidekapazität vorausgesetzt, vermehrt sich der Beutebestand ohne Räuber exponentiell mit der Wachstumsrate a, während der Räuberbestand ohne Beute durch Verhungern ebenfalls exponentiell mit der Schwundrate d abnimmt. Die Differentialgleichungen für die Veränderungsraten der Beutepopulation x und der Räuberpopulation y lauten:

$$dx/dt = a\,x$$

$$dy/dt = -\,d\,y$$

Die besonderen dynamischen Eigenschaften eines Räuber-Beute-Systems beruhen nun darauf, dass die beiden Populationen nichtlinear miteinander verkoppelt sind. Die Verluste der Beutepopulation durch Gefressenwerden und die entsprechenden Gewinne der Räuberpopulation durch das Fressen werden nämlich von der Häufigkeit der Begegnungen zwischen Räuber und Beute abhängen, und damit von dem Produkt beider Populationen (xy): Die Chance, dass Räuber und Beute aufeinander treffen, nimmt mit der Größe beider Bestände zu. Bei einem Teil dieser Begegnungen wird Beute von Räubern gefressen. Entsprechend verringert sich der Beutebestand (Faktor b), während der (Biomasse) Bestand der Räuber (durch den Energiegewinn) zunimmt (Faktor c). Die Differentialgleichungen des Lotka-Volterra-Systems lauten daher:

$$dx/dt = a\,x - b\,xy$$

$$dy/dt = c\,xy - d\,y$$

Dieses einfache Grundmodell lässt sich durch Hinzufügen weiterer Glieder ausbauen, mit denen die Wirkungen u.a. von begrenzter Weidekapazität, von Konkurrenz unter den Räubern, von Beuteüberangebot, von Zeitverzögerungen und Zufallseffekten berücksichtigt werden können (siehe hierzu z. B. Smith 1975, Bazykin 1976 und die folgenden Modelle Z402-Z404). Die nichtlineare Kopplung zwischen Populationen führt zu Erscheinungen, wie sie an linearen Systemen nicht beobachtet werden können.

Seine Erkenntnisse über das Verhalten eines Räuber-Beute-Systems in der einfachen Formulierung hat Volterra in drei Gesetzen zusammengefasst (D'Ancona 1939):

Gesetz des periodischen Zyklus: Die Fluktuationen zweier Arten, deren eine sich auf Kosten der anderen ernährt, sind periodisch, und die Periode hängt nur von den Koeffizienten des Wachstums und der Abnahme (a und d) und den Anfangsbedingungen (x_0, y_0) ab.

Gesetz der Erhaltung der Mittelwerte: Die Mittelwerte der Individuenzahlen der beiden Arten sind konstant, unabhängig von den Anfangszahlen der Individuen der Arten, wenn nur die Koeffizienten des Wachstums und der Abnahme sowie die Bedingungen der Verluste der Beute und der Gewinne der Räuber (also die vier Größen a, d, b, c) konstant bleiben.

Gesetz der Störung der Mittelwerte: Werden Individuen der beiden Arten gleichmäßig und proportional zu ihren Gesamtzahlen vertilgt, so erhält man eine Vermehrung des Mittelwerts der verzehrten Art, dagegen eine Verminderung des Mittelwerts der fressenden Art. Umgekehrt lässt vermehrter Schutz der verzehrten Art beide Arten zunehmen.

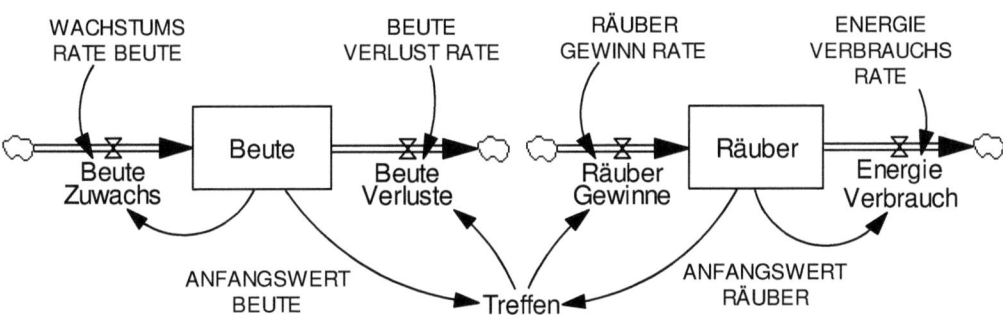

Abb. Z401a: Simulationsdiagramm Räuber-Beute-System mit unbegrenzter Weide.

Simulationsmodell

Das in Abb. Z401a gezeigte Simulationsdiagramm entspricht dem erwähnten einfachen Lotka-Volterra-System. Die entsprechenden Modellgleichungen sind im Folgenden aufgeführt. Parameter und Zustandsgrößen sind auf '1' normiert. In dieser Form lässt sich die Systemdynamik gut untersuchen, aber für konkrete Anwendungen müssten

Parameter und Anfangsbedingungen durch reale Größen ersetzt werden (s. hierzu das Modell M402B).

Der Bestand der *Beute* vergrößert sich durch seinen (Netto) *Beutezuwachs*, der von der WACHSTUMSRATE BEUTE und der *Beute* abhängt. Die *Beute* vermindert sich durch die *Beuteverluste*, die der Häufigkeit der *Treffen* zwischen Beute und Räuber und der BEUTEVERLUSTRATE jeden Treffens entsprechen. Aus dem Beutemachen zieht der Räuber *Räubergewinne* (als Energiegewinn), die das Wachstum seines (Biomasse-) Bestandes *Räuber* fördern und seinen *Energieverbrauch* kompensieren. Dieser hängt vom Bestand der *Räuber* und ihrer ENERGIEVERBRAUCHSRATE ab.

Parameter und Anfangszustände
ANFANGSWERT BEUTE = 0.1 [BeuteBiomasse]
ANFANGSWERT RÄUBER = 0.1 [RäuberBiomasse]
WACHSTUMS RATE BEUTE = 1 [1/Month]
BEUTE VERLUST RATE = 1 [1/(RäuberBiomasse*Month)]
RÄUBER GEWINN RATE = 1 [1/(BeuteBiomasse*Month)]
ENERGIE VERBRAUCHS RATE = 1 [1/Month]

Dynamik
Treffen = Räuber *Beute [BeuteBiomasse *RäuberBiomasse]
BeuteVerluste = BEUTE VERLUST RATE *Treffen [BeuteBiomasse/Month]
BeuteZuwachs = WACHSTUMS RATE BEUTE *Beute [BeuteBiomasse/Month]
Beute = INTEG (+BeuteZuwachs -BeuteVerluste, ANFANGSWERT BEUTE) [Beute-
   Biomasse]
EnergieVerbrauch = ENERGIE VERBRAUCHS RATE *Räuber [RäuberBiomas-
   se/Month]
RäuberGewinne = RÄUBER GEWINN RATE *Treffen [RäuberBiomasse/Month]
Räuber = INTEG (+RäuberGewinne -EnergieVerbrauch, ANFANGSWERT RÄUBER)
   [RäuberBiomasse]

Simulationszeitparameter
INITIAL TIME = 0 [Month]
FINAL TIME = 20 [Month]
TIME STEP = 0.02 [Month]

Simulationsergebnisse

Abb. Z401b zeigt den Zeitverlauf für die Parameterwerte der Voreinstellung. Wenn das System – wie in diesem Fall – mit niedrigen Anfangswerten für Räuber- und Beutepopulationen startet, so ergibt sich zunächst ein Anwachsen der Beutepopulation mit exponentiellem Verlauf. Mit dem rasch wachsenden Beuteangebot folgt auch ein entsprechendes Anwachsen der Räuberpopulation und der Fänge, was zu einem Rückgang der Beutepopulation führt. Dadurch reduziert sich verzögert auch wiederum der Räu-

berbestand. Es kommt zu (ungedämpften) Schwingungen um einen Gleichgewichtswert des Systems mit einer Schwingungsperiode von etwa 10 Zeiteinheiten. Ein völli-
ges Verschwinden der Beute ist in diesem System nicht möglich, da der Räuber keine
Ausweichmöglichkeit auf eine andere Beute hat und seine Population entsprechend der
abnehmenden Beutepopulation zurückgeht. In diesem System totaler Abhängigkeit ist
also die Beutepopulation vor völliger Ausrottung geschützt.

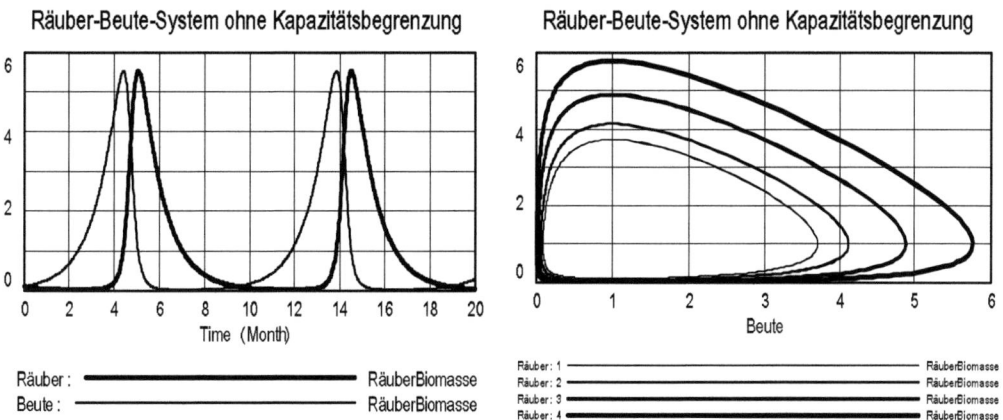

Abb. Z401b: Bei unbegrenzter Tragfähigkeit für die Beute schwingt das System un-
gedämpft.
Abb. Z401c: Im Zustandsbild ergibt das geschlossene, von den Anfangsbedingungen
abhängige Zyklen.

Abb. Z401c (Zustandsbild) zeigt die Entwicklung der Räuberpopulation in Abhängigkeit von der Beutepopulation für verschiedene ANFANGSWERTE RÄUBER (1, 2, 3
und 4; andere Parameter wie Voreinstellung). Die Entwicklung verläuft auf geschlossenen, sich ständig wiederholenden Zyklen, deren 'Weite' ausschließlich durch den
Anfangszustand bestimmt ist. Der Zustandspfad führt ständig um einen Gleichgewichtspunkt des Systems herum. Das System kann nur dort verharren, wenn der Anfangszustand genau diesem Gleichgewichtszustand entspricht (s. hierzu die Arbeitsvorschläge).

Arbeitsvorschläge

1. Diskutieren Sie das Verhalten im Zeitdiagramm wie auch im Zustandsbild. Ermitteln Sie die Bewegungsrichtung im Zustandsbild und kennzeichen Sie die Richtung
mit einem Pfeil in Abb. Z401c.
2. Untersuchen Sie den Einfluss der verschiedenen Parameter auf das dynamische

Verhalten des Systems. Welche Parameter verändern die Frequenz der Schwingung? In welcher Weise? Welche Parameter bestimmen die Zeitverzögerung zwischen Beutemaximum und Räubermaximum? Erklären Sie das Ergebnis!

3. Bestimmen Sie analytisch die Gleichgewichtspunkte aus der Bedingung, dass die Veränderungsraten verschwinden (s. hierzu auch Bossel SDS 2004, S. 304-306, 311). Welche Parameter bestimmen den Gleichgewichtszustand? Bestätigen Sie das Ergebnis durch Simulationen.

4. Ersetzen Sie die normierten Parameter der Voreinstellung durch realistischere Parameter. Verwenden Sie hierfür plausible Schätzwerte z.B. für (a) Hasen und Füchse, (b) Mäuse und Eulen, (c) Forellen und Hechte. Ändert sich dadurch das grundsätzliche Verhalten des Systems, obwohl sich die Parameterwerte um mehrere Größenordnungen unterscheiden? Sind die von Ihnen gefundenen Schwingungsperioden realistisch? (Falls nicht: gewählte Parameter überprüfen!)

5. Bestätigen Sie durch Simulationen die drei Gesetze von Volterra (s.o.).

Literaturhinweise

Bazykin, A.D. 1976: *Structural and dynamic stability of model predator-prey systems.* IIASA, Laxenburg bei Wien, RN-76-8.

Bossel, H. 1985: *Umweltdynamik – 30 Programme für kybernetische Umwelterfahrungen.* TeWi, München, S. 91-102.

Bossel, H. 1992: *Simulation dynamischer Systeme – Grundwissen, Methoden, Programme.* Vieweg, Braunschweig und Wiesbaden, S. 63-68.

Bossel, H. SDS 2004: *Systeme, Dynamik, Simulation – Modellbildung, Analyse und Simulation komplexer Systeme.* Books on Demand, Norderstedt, S. 147-148.

Bossel, H. Zoo1 2004: *Systemzoo 1 – Elementarsysteme, Technik und Physik.* Books on Demand, Norderstedt.

D'Ancona, U. 1939: *Der Kampf ums Dasein – Eine biologisch-mathematische Darstellung der Lebensgemeinschaften und biologischen Gleichgewichte.* Bornträger, Berlin.

Kormondy, E. J. 1976: *Concepts of Ecology.* Prentice-Hall, Englewood Cliffs, N.J.

Lotka, A. J. 1956: *Elements of mathematical biology.* Dover, New York.

Richter, O. 1985: *Simulation des Verhaltens ökologischer Systeme – Mathematische Methoden und Modelle.* VCH Weinheim.

Smith, J. M. 1975: *Models in Ecology.* Cambridge University Press.

Volterra, V. 1931: *Leçon sur la théorie mathématique de la lutte pour la vie.* Gauthier-Villars, Paris.

Wissel, C. 1989: *Theoretische Ökologie.* Springer, Berlin /Heidelberg /New York.

Z402 Räuber-Beute-System bei begrenzter Weidekapazität

Aufgabenstellung

Im Modell Z401 RÄUBER-BEUTE UNBEGRENZT gibt es keine Zuwachsbeschränkung für die Beute – ihre Nahrungsquelle ist unbegrenzt. Ohne Räuber im System würde die Beutepopulation exponentiell anwachsen. Die Anwesenheit von Räubern verhindert ein solches Anwachsen. Es ergeben sich nun periodische ungedämpfte Schwingungen beider Populationen, wobei die Räuberpopulation zeitverzögert der Beutepopulation folgt (s. die Simulationsergebnisse für Modell Z401).

In der Realität ist das Nahrungsangebot pro Fläche immer begrenzt – vor allem durch den begrenzten solaren Energiestrom pro Fläche, der in unseren Breiten etwa 1000 kWh/(m^2 a) beträgt und zu einem Biomassezuwachs (Nettoprimärproduktivität) entsprechend etwa 5 kWh/(m^2 a) führt. Die Beweidung muss sich an diesem Zuwachs orientieren. Wird mehr abgeweidet, so kann sich die Weidevegetation nicht erneuern und bricht nach einiger Zeit zusammen – was auch zum Zusammenbruch der Weide-tierpopulation führen würde. In der Evolution natürlicher Ökosysteme hat sich daher meist ein entsprechendes ungefähres Gleichgewicht zwischen Weidevegetation und Weidetierpopulation herausgebildet, das sich an der begrenzten Weidekapazität (Trag-fähigkeit des Ökosystems) orientiert. In Simulationsmodellen sollte diese Begrenzung berücksichtigt werden. Ein sinnvoller Ansatz ist die Annahme einer logistischen Sätti-gungsfunktion (wie in den Modellen Z109 und Z110 für LOGISTISCHES WACHSTUM in Bossel Zoo1 2004).

Im Folgenden werden zwei Modelle der gleichen Grundstruktur untersucht. Sie unterscheiden sich vom Räuber-Beute-System Z401 durch Einführung einer logisti-schen Wachstumsfunktion mit einer Kapazitätsbegrenzung der Beutepopulation. Wäh-rend Modell Z402A ansonsten dem Modell Z401 entspricht, wurde bei Modell Z402B noch eine Zeitfunktion für die Veränderung der Weidekapazität eingeführt. Diese Än-derungen führen zu erheblichen qualitativen Veränderungen des Verhaltens des Räu-ber-Beute-Systems.

Simulationsmodell Z402A

Abb. Z402Aa zeigt das Simulationsdiagramm für dieses Modell. Die dazu gehörenden Modellgleichungen sind im Folgenden aufgelistet. Es werden wieder auf '1' normierte Größen verwendet. Das Modell unterscheidet sich vom Modell Z401 lediglich durch die logistische Wachstumsfunktion für *Beutezuwachs*, die die *Beute* auf den Kapazi-tätswert TRAGFÄHIGKEIT FÜR BEUTE begrenzt.

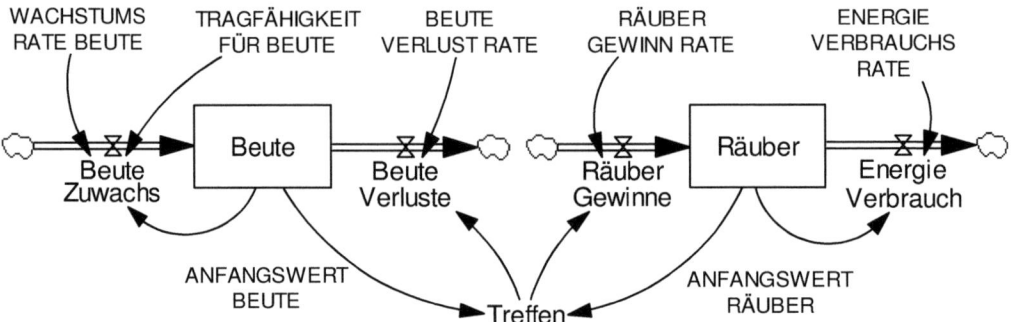

Abb. Z402a: Simulationsdiagramm für Räuber-Beute-System mit begrenzter Weide.

Parameter und Anfangszustände
ANFANGSWERT BEUTE = 0.1 [BeuteBiomasse]
ANFANGSWERT RÄUBER = 0.1 [RäuberBiomasse]
TRAGFÄHIGKEIT FÜR BEUTE = 2 [BeuteBiomasse]
WACHSTUMS RATE BEUTE = 1 [1/Month]
BEUTE VERLUST RATE = 1 [1/(RäuberBiomasse*Month)]
RÄUBER GEWINN RATE = 1 [1/(BeuteBiomasse*Month)]
ENERGIE VERBRAUCHS RATE = 1 [1/Month]

Dynamik
Treffen = Räuber *Beute [BeuteBiomasse*RäuberBiomasse]
BeuteZuwachs = WACHSTUMS RATE BEUTE *Beute *(1 −Beute /TRAGFÄHIGKEIT
    FÜR BEUTE) [BeuteBiomasse/Month]
BeuteVerluste = BEUTE VERLUST RATE *Treffen [BeuteBiomasse/Month]
Beute = INTEG (+BeuteZuwachs -BeuteVerluste, ANFANGSWERT BEUTE) [Beute-
    Biomasse]
RäuberGewinne = RÄUBER GEWINN RATE *Treffen [RäuberBiomasse/Month]
EnergieVerbrauch = ENERGIE VERBRAUCHS RATE *Räuber [RäuberBiomas-
    se/Month]
Räuber = INTEG (+RäuberGewinne -EnergieVerbrauch, ANFANGSWERT RÄUBER)
    [RäuberBiomasse]

Simulationszeitparameter
INITIAL TIME = 0 [Month]
FINAL TIME = 20 [Month]
TIME STEP = 0.02 [Month]

Simulationsergebnisse für Modell Z402A

Abb. Z402Ab zeigt den Zeitverlauf der Bestände von *Beute* und *Räuber* für die Parameter der Voreinstellung. Dem Anwachsen der Beutepopulation folgt ein Anwachsen der Räuberpopulation, gefolgt von starkem Rückgang der Beutepopulation durch die hohe Räuberpopulation. Der Prozess führt zu periodisch sich wiederholenden Schwingungen beider Populationen. Im Gegensatz zum Räuber-Beute-System ohne Kapazitätsgrenze sind diese hier aber stark gedämpft.

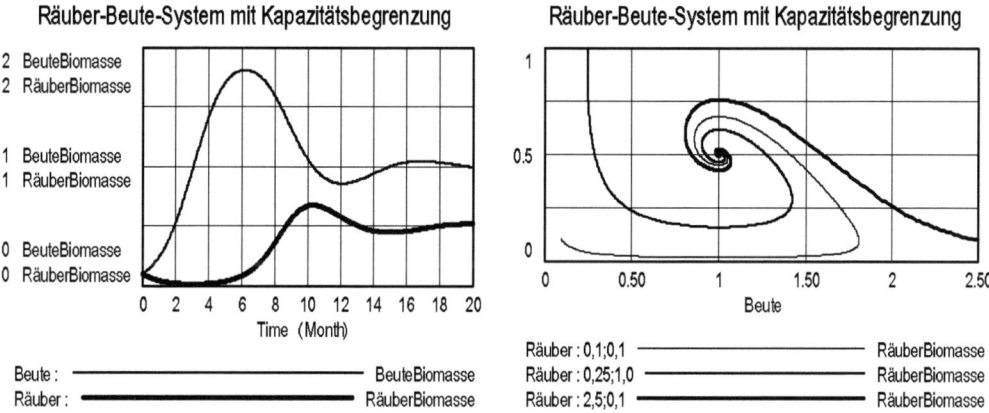

Abb. Z402Ab: Bei begrenzter Weide schwingt das System gedämpft um den Gleichgewichtszustand.
Abb. Z402Ac: Unabhängig vom Anfangszustand enden die Zustandsbahnen am gleichen Gleichgewichtszustand.

Abb. Z402Ac zeigt die Zustandsbahnen für drei verschiedene Anfangszustände. Die Bahn für den Anfangszustand (0.1, 0.1) (dünne Linie) entspricht dem in Abb. Z402Ab gezeigten Zeitverlauf. Im Vergleich zu den Ergebnissen mit Modell Z401 fällt auch hier auf, dass sich durch die Kapazitätsbegrenzung ein stark gedämpfter Verlauf – eine Spiralbewegung auf den Gleichgewichtspunkt hin – ergibt. Das Zustandsbild zeigt, dass sich für ganz verschiedene Anfangsbedingungen schließlich der gleiche stabile Gleichgewichtszustand einstellt, bei dem die Populationen von *Räuber* und *Beute* beide dauerhaft überleben.

Das Systemverhalten ändert sich allerdings dramatisch, wenn die TRAGFÄHIGKEIT FÜR BEUTE halbiert wird (von 2 in der Voreinstellung auf 1). Ganz entgegen ersten Erwartungen bricht jetzt die Räuberpopulation völlig und dauerhaft zusammen, während die Beutepopulation bis zu ihrer Kapazitätsgrenze anwächst.

Bei weiteren Untersuchungen fällt auch auf, dass die Kapazitätsgrenze über das Schwingungsverhalten entscheidet. Bei niedriger TRAGFÄHIGKEIT FÜR BEUTE (Kapazität) ergeben sich stark gedämpfte Schwingungen. Mit wachsender Kapazität verringert sich die Dämpfung und verschwindet ganz, wenn die Kapazität unendlich groß wird (dies entspricht dem Fall ohne Kapazitätsgrenze). Sinkt die Kapazität unter einen gewissen kritischen Wert, so verschwindet die Räuberpopulation vollständig.

Arbeitsvorschläge für Modell Z402A

1. Untersuchen Sie die Rolle des Kapazitätsparameters TRAGFÄHIGKEIT FÜR BEUTE im Zustandsbild mit *Räuber* als Funktion von *Beute*. Finden Sie die kritische Kapazitätsgrenze, bei der der Räuber nach einiger Zeit ausstirbt. Wie hängt dieser Wert von anderen Parametern ab?
2. Bestimmen Sie die Periode der Schwingung als Funktion von TRAGFÄHIGKEIT FÜR BEUTE.
3. Bestimmen Sie die Gleichgewichtspunkte (insgesamt 3, aber nur einer stabil!) analytisch als Funktion der Parameter des Modells.
4. Koppeln Sie das Modell Z115 ZUSTANDSBILD (aus Bossel Zoo1 2004) an das Modell Z402A, erzeugen Sie damit ein Zustandsbild (etwa im Bereich wie Abb. Z402Ac) und bestätigen Sie das analytische Ergebnis zur Lage der Gleichgewichtspunkte.

Simulationsmodell Z402B

Bei diesem Simulationsmodell wird die Grundstruktur des Modells Z402A in eine realitätsnähere Form übersetzt und auf eine Fuchspopulation angewendet, die sich von einer Hasenpopulation ernährt. Das entsprechende Simulationsdiagramm ist in Abb. Z402Ba gezeigt. Die entsprechenden Modellgleichungen sind im Folgenden aufgelistet.

   Der Räuberbestand *Füchse* sei gemessen in Fuchs-Einheiten, der Beutebestand *Hasen* in Hasen-Einheiten. Da es sich bei diesen Beständen im Grunde um Energiebestände handelt, wäre die Verwendung einer Energieeinheit angebracht. Wir wollen es aber hier aus Gründen der Anschaulichkeit bei der Anzahl von *Füchsen* und *Hasen* lassen.

   Der Bestand der *Füchse* vermehrt sich entsprechend dem *Füchsezuwachs*. Es wird angenommen, dass Füchse sich ausschließlich von Hasen ernähren. Der *Füchsezuwachs* ist umso größer, je mehr *Treffen* zwischen Hasen und Füchsen stattfinden, und je höher der FUCHSBIOMASSEGEWINN PRO TREFFEN ist (d.h. je größer der Jagderfolg).

   Der Energieverlust zur Erhaltung der Lebensvorgänge der *Füchse* (*Füchseverlust*) ergibt sich aus der Zahl der *Füchse* und ihrer (spezifischen) ENERGIEVERBRAUCHSRATE FÜCHSE. Dieser Erhaltungsbedarf sei mit 0.2/Woche angesetzt, d.h. ohne Nahrungszufuhr würde ein Fuchs 20 % seines Gewichts (genauer: seines Energieinhalts) pro Woche verlieren. Im Fließgleichgewicht müsste die Nahrungszufuhr offensichtlich diesem Wert entsprechen.

Wir nehmen hier an, dass die Hasenpopulation bei ungehindertem Wachstum eine ZUWACHSRATE HASEN von 0.08/Woche haben würde, was einer Verdoppelung in etwa 9 Wochen entspricht. Bei begrenzter WEIDEKAPAZITÄT wird dieser Zuwachs jedoch auf Null reduziert, wenn die Weidekapazität (z.B. 1000 Hasen) voll ausgenutzt wird. Der Hasenbestand verringert sich durch Verluste an die Füchse.

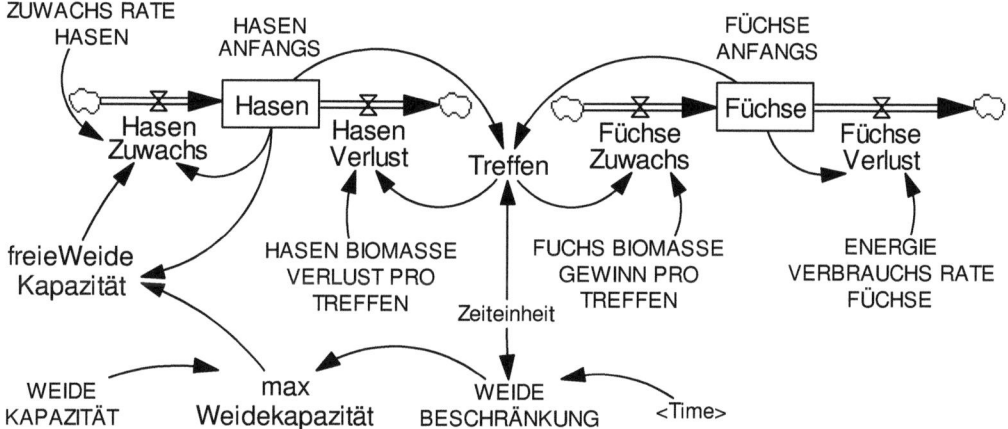

Abb. Z402Ba: Simulationsdiagramm für ein System von Hasen und Füchsen.

Die Kopplung zwischen den beiden Populationen ergibt sich aus der Wahrscheinlichkeit, dass die beiden Populationen aufeinander treffen, d.h. Füchse einen Hasen aufspüren. Je mehr *Hasen* es gibt, um so mehr stehen den *Füchsen* als Beute zur Verfügung. Je mehr *Füchse* es gibt, umso mehr *Hasen* werden den Füchsen zur Beute fallen. Das Produkt aus *Hasen* und *Füchsen* (= *Treffen*) kann daher als Maß dafür genommen werden, wie viele Hasen den Füchsen zur Beute fallen. Jeder erbeutete Hase bringt den *Füchsen* einen entsprechenden *Füchsezuwachs* und bedeutet einen entsprechenden *Hasenverlust* für die *Hasen*. Für die Quantifizierung dieser Gewinne bzw. Verluste gelten die folgenden Überlegungen: Bei einer mittleren Zahl von 500 *Hasen* und 10 *Füchsen* (also *Treffen* = 5000/Woche) sollen die Füchse ihre Verluste von $10 \cdot 0.2 = 2$ (Füchsebiomasse/Woche) ersetzen können. Hieraus ergibt sich der FUCHSBIOMASSEGEWINN PRO TREFFEN als $2/5000 = 0.0004$. Wird angenommen, dass ein Fuchs die Biomasse von 5 Hasen hat, so entspricht dieser Gewinn von 2 Fuchseinheiten pro Woche einem Verlust an 10 Hasen pro Woche. Der HASENBIOMASSEVERLUST PRO TREFFEN wird also $10/5000 = 0.002$.

Um die Wirkung einer zeitlich begrenzten Verringerung der *maximalen Weidekapazität* (z.B. durch eine Dürre) untersuchen zu können, wurde die Zeitfunktion (Tabellenfunktion) einer WEIDEBESCHRÄNKUNG vorgegeben. In der Voreinstellung wird nach 100 Wochen die Weidekapazität auf die Hälfte reduziert, nach 200 Wochen aber wieder auf den ursprünglichen Wert gesetzt.

Parameter und Anfangszustände

HASEN ANFANGS = 500 [HasenBiomasse]
FÜCHSE ANFANGS = 10 [FüchseBiomasse]
ZUWACHS RATE HASEN = 0.08 [1/Week]
ENERGIE VERBRAUCHS RATE FÜCHSE = 0.2 [1/Week]
HASEN BIOMASSE VERLUST PRO TREFFEN = 0.002 [HasenBiomasse
    /(HasenBiomasse *FüchseBiomasse)]
FUCHS BIOMASSE GEWINN PRO TREFFEN = 0.0004 [FüchseBiomasse
    /(FüchseBiomasse *HasenBiomasse)]
WEIDE KAPAZITÄT = 1000 [HasenBiomasse]
WEIDE BESCHRÄNKUNG = WITH LOOKUP (Time /Zeiteinheit, ([(0, 0) -(1000, 2)], (0,
    1), (99, 1), (100, 0.5), (199, 0.5), (200, 1), (400, 1), (1000, 1))) [1]
Zeiteinheit = 1 [Week]

Dynamik

maxWeidekapazität = WEIDE KAPAZITÄT *WEIDE BESCHRÄNKUNG [HasenBio-
    masse]
freieWeideKapazität = 1 –Hasen /maxWeidekapazität [1]
Treffen = Hasen *Füchse /Zeiteinheit [HasenBiomasse*FüchseBiomasse/Week]
HasenVerlust = HASEN BIOMASSE VERLUST PRO TREFFEN *Treffen [HasenBio-
    masse/Week]
HasenZuwachs = freieWeideKapazität *ZUWACHS RATE HASEN *Hasen [Hasen-
    Biomasse/Week]
Hasen = INTEG (+HasenZuwachs -HasenVerlust, HASEN ANFANGS) [HasenBiomas-
    se]
FüchseVerlust = (ENERGIE VERBRAUCHS RATE FÜCHSE) *Füchse [FüchseBio-
    masse/Week]
FüchseZuwachs = FUCHS BIOMASSE GEWINN PRO TREFFEN *Treffen [FüchseBi-
    omasse/Week]
Füchse = INTEG (+FüchseZuwachs -FüchseVerlust, FÜCHSE ANFANGS) [FüchseBi-
    omasse]

Simulationszeitparameter

INITIAL TIME = 0 [Week]
FINAL TIME = 400 [Week]
TIME STEP = 0.25 [Week]

Simulationsergebnisse für Modell Z402B

Abb. Z402Bb zeigt die zeitliche Entwicklung der Population von *Hasen* und *Füchsen* über 400 Wochen für die Parameterwerte der Voreinstellung. Abb. Z402Bc gibt den Zustandspfad dieser Simulation wieder (*Füchse* als Funktion der *Hasen*). Das System versucht zunächst, sich auf den Gleichgewichtspunkt (500 *Hasen*, 20 *Füchse*) einzuschwingen, hat diesen Punkt aber noch nicht erreicht, wenn in der 100. Woche die WEIDEBESCHRÄNKUNG halbiert wird. Die Population der *Hasen* geht zunächst stark zurück, erholt sich dann aber bald wieder, während die Population der *Füchse* fast vollständig zusammenbricht. Kurz vor dem endgültigen Auslöschen der *Füchse* wird die WEIDEBESCHRÄNKUNG wieder auf den ursprünglichen Wert angehoben, was zu einem starken Anwachsen der *Hasen* führt, die dann auch wieder den *Füchsen* genügend Nahrung bieten, was zum raschen Anwachsen ihrer Population führt. Die Füchse sind noch einmal davon gekommen, und das System schwingt sich allmählich wieder auf seinen (ursprünglichen) Gleichgewichtszustand ein.

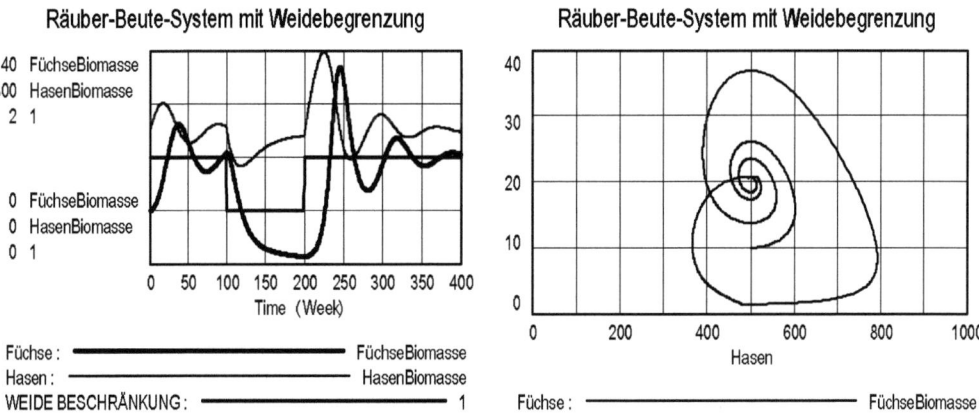

Abb. Z402Bb: Bei Halbierung der Weide bricht die Räuberpopulation zusammen.
Abb. Z402Bc: Die Zustandsbahn strebt auf den Gleichgewichtszustand zu.

Das System schwingt mit Frequenzen, die von der Wahl der Systemparameter abhängig sind. Wird die WEIDEKAPAZITÄT sehr stark erhöht (z.B. auf 100'000), so beobachten wir sehr starke Schwingungen mit etwa gleich bleibender Amplitude, vergleichbar dem Ergebnis für unbegrenzte Weidekapazität bei Modell Z401. Bei Halbierung der WEIDEKAPAZITÄT (mit der WEIDEBESCHRÄNKUNG) bricht die Population der *Füchse* jetzt nicht mehr zusammen.

Arbeitsvorschläge für Modell Z402B

1. Bauen Sie das Simulationsprogramm auf und reproduzieren Sie die Ergebnisse für den Standardfall mit den Anfangsbedingungen 500 Hasen, 10 Füchse. Interpretieren

Sie das Ergebnis und besonders das Zustandsbild (Füchse über Hasen). Deuten Sie dort die Bewegungsrichtung der verschiedenen Abschnitte mit Pfeilen an.

2. Ermitteln Sie durch wiederholte Simulation mit veränderten Parametern, welche Parameter die Schwingungsfrequenz des Systems auf welche Weise maßgeblich beeinflussen

3. Untersuchen Sie die Wirkung der WEIDEBESCHRÄNKUNG, indem Sie die Stärke der Beschränkung durch Verändern der Tabellenfunktion abändern. Welche Konsequenzen hat das für das Räuber-Beute-System? Ergibt sich bei anderen Anfangswerten qualitativ anderes Verhalten? Wie groß muss die Weidefläche mindestens bleiben, damit die Räuberpopulation nicht zusammenbricht?

4. Führen Sie eine jahreszeitliche (zyklische) WEIDEBESCHRÄNKUNG ein (Tabellenfunktion entsprechend modifizieren). Wie wirkt sich das auf die Ergebnisse aus?

5. Erhöhen Sie (bei gleich bleibender Weidefläche) die *Füchseverluste* vorübergehend (Abschuss, Tollwut). Was passiert? (Hierzu muss das Modell etwas ergänzt werden).

6. Ermitteln Sie durch Simulationen – für konstante WEIDEBESCHRÄNKUNG = 1 und verschiedene Anfangszustände, vor allem auch in der Nähe eines vermuteten Gleichgewichtspunkts – die (drei) Gleichgewichtspunkte des Systems. Bestimmen Sie den Typ und die damit zusammenhängende Stabilität jedes Gleichgewichtspunkts aus dem Verlauf der benachbarten Zustandsbahnen. Machen Sie eine Skizze der Zustandsbahnen mit Richtungspfeilen, die den Verlauf der Zustandsbahnen besonders in der Nähe der Gleichgewichtspunkte deutlich zeigt.

7. Entnehmen Sie aus der Modelldokumentation die Systemgleichungen und schreiben Sie diese (nach Umbenennungen) in mathematischer Schreibweise als zwei Differentialgleichungen. Diskutieren Sie dieses System von nichtlinearen Differentialgleichungen. Bestimmen Sie die Gleichgewichtspunkte analytisch und vergleichen Sie das Ergebnis mit dem Zustandsbild der Simulation.

8. Untersuchen Sie, wie sich der stabile Gleichgewichtspunkt verschiebt, wenn die ENERGIEVERBRAUCHSRATE DER FÜCHSE verändert wird (größer, kleiner). Können Sie eine plausible Erklärung für das Ergebnis finden?

9. Ermitteln Sie die linearisierten Zustandsgleichungen an den drei Gleichgewichtspunkten, setzen Sie die entsprechenden Systemparameter in das lineare System im Modell Z114 LINEARER SCHWINGER (in Bossel Zool 2004) ein und prüfen Sie, ob das Verhalten der linearisierten Systemdarstellung dem am entsprechenden Gleichgewichtspunkt des nichtlinearen Systems entspricht. (Verfahren s. Bossel SDS 2004, S. 221-224, S. 315-320.)

Literaturhinweise

s. Modell Z401 RÄUBER-BEUTE-SYSTEM UNBEGRENZT.

Z403 Räuber mit zwei Beuten

Aufgabenstellung

In den Modellen Z401 und Z402 bezog eine Räuberpopulation ihre Nahrungsenergie aus einer einzigen Beutepopulation. Es zeigte sich, dass diese Abhängigkeit beide Populationen vor dem Aussterben bewahrt, wenn ausreichende Weidekapazität für die Beute verfügbar ist. Bei zu geringer Weidekapazität stirbt der Räuber aus, während sich die Beutepopulation an die vorhandene Weidekapazität anpasst.

Was aber ist zu erwarten, wenn einem Räuber mehrere Beutequellen zur Verfügung stehen, oder wenn umgekehrt mehrere Räuberpopulationen sich von einer einzigen Beutepopulation ernähren müssen? Intuitiv ist diese Frage nicht verlässlich zu beantworten. Es sollen daher zwei Modelle entwickelt werden, mit denen die Dynamiken der Abhängigkeit eines Räubers von zwei Beuten (Z403), und die der Abhängigkeit von zwei Räuberpopulationen von einer einzigen Beutepopulation (Z404) untersucht werden können. Dabei ist aber zu bedenken, dass diese einfachen Modelle nur Hinweise auf Verhaltenstendenzen in realen Ökosystemen geben können. Diese enthalten meist komplexere Abhängigkeitsbeziehungen als sie hier modelliert werden.

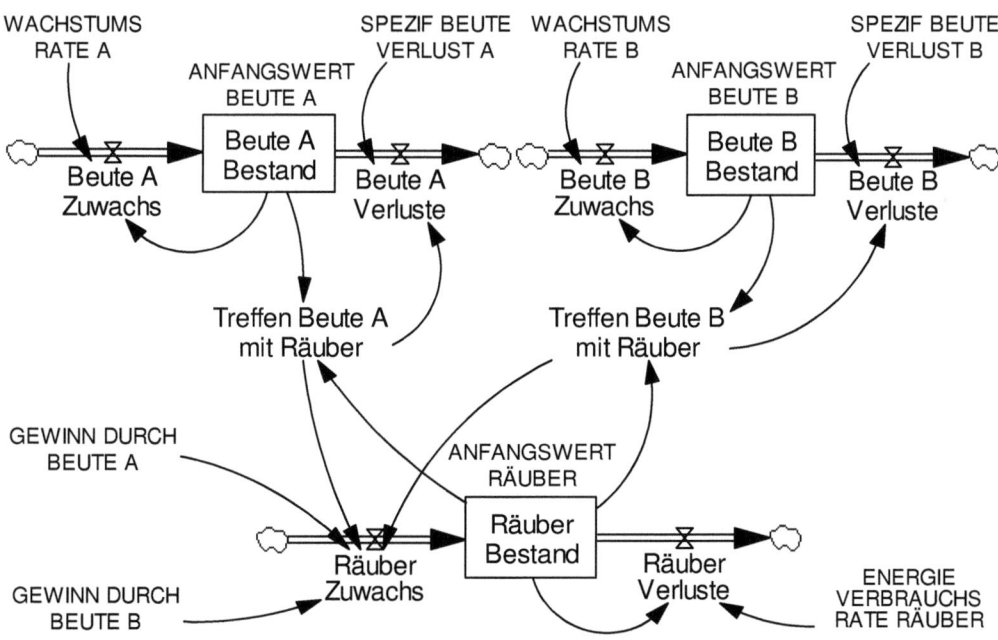

Abb. Z403a: Simulationsdiagramm für Räuber mit zwei Beutepopulationen.

Simulationsmodell

Abb. Z403a zeigt das Simulationsdiagramm für ein Räuber-Beute-System mit zwei unterschiedlichen Beutepopulationen. Die Modellgleichungen sind im Folgenden aufgeführt.

Der *Räuberbestand* ist hier über *Treffen Beute A mit Räuber* und *Treffen Beute B mit Räuber* mit *Beute A Bestand* und *Beute B Bestand* verkoppelt. Die Grundstruktur jeder dieser Verkopplungen entspricht denen des einfachen Räuber-Beute-Verhältnisses. Die Bestände von *Beute A* und *Beute B* wachsen mit der spezifischen WACHSTUMSRATE A bzw. WACHSTUMSRATE B. Der Räuber hat eine spezifische ENERGIEVERBRAUCHSRATE RÄUBER. Die relativen Verluste von *Beute A Bestand* und *Beute B Bestand* durch den Beutevorgang sind durch entsprechende SPEZIFISCHE BEUTEVERLUSTE A und B gegeben; die relativen Gewinne der Räuberpopulation durch Erbeutung von *Beute A* bzw. *Beute B* werden durch GEWINN DURCH BEUTE A und GEWINN DURCH BEUTE B spezifiziert.

Parameter und Anfangszustände
ANFANGSWERT BEUTE A = 1 [Biomasse A]
ANFANGSWERT BEUTE B = 1 [Biomasse B]
ANFANGSWERT RÄUBER = 1 [Biomasse Räuber]
WACHSTUMS RATE A = 0.1 [1/Month]
WACHSTUMS RATE B = 0.12 [1/Month]
SPEZIF BEUTE VERLUST A = 0.1 [(Biomasse A/Month) /(Biomasse A *Biomasse
     Räuber)]
SPEZIF BEUTE VERLUST B = 0.1 [(Biomasse B/Month) /(Biomasse B *Biomasse
     Räuber)]
ENERGIE VERBRAUCHS RATE RÄUBER = 0.1 [1/Month]
GEWINN DURCH BEUTE A = 0.1 [(Biomasse Räuber/Month) /(Biomasse A*Biomasse
     Räuber)]
GEWINN DURCH BEUTE B = 0.1 [(Biomasse Räuber/Month) /(Biomasse B*Biomasse
     Räuber)]

Dynamik
Treffen Beute A mit Räuber = Beute A Bestand *Räuber Bestand [Biomasse A
     *Biomasse Räuber]
Treffen Beute B mit Räuber = Beute B Bestand*Räuber Bestand [Biomasse B
     *Biomasse Räuber]
Beute A Zuwachs = WACHSTUMS RATE A *Beute A Bestand [Biomasse A/Month]
Beute A Verluste = SPEZIF BEUTE VERLUST A *Treffen Beute A mit Räuber [Bio-
     masse A /Month]
Beute A Bestand = INTEG (+Beute A Zuwachs -Beute A Verluste, ANFANGSWERT
     BEUTE A) [Biomasse A]
Beute B Zuwachs = WACHSTUMS RATE B *Beute B Bestand [Biomasse B/Month]

Beute B Verluste = SPEZIF BEUTE VERLUST B *Treffen Beute B mit Räuber [Biomasse B /Month]

Beute B Bestand = INTEG (+Beute B Zuwachs -Beute B Verluste, ANFANGSWERT BEUTE B) [Biomasse B]

Räuber Zuwachs = GEWINN DURCH BEUTE A *Treffen Beute A mit Räuber +GEWINN DURCH BEUTE B *Treffen Beute B mit Räuber [Biomasse Räuber/Month]

Räuber Verluste = ENERGIE VERBRAUCHS RATE RÄUBER *Räuber Bestand [Biomasse Räuber /Month]

Räuber Bestand = INTEG (+Räuber Zuwachs -Räuber Verluste, ANFANGSWERT RÄUBER) [Biomasse Räuber]

Simulationszeitparameter
INITIAL TIME = 0 [Month]
FINAL TIME = 200 [Month]
TIME STEP = 0.05 [Month]

Simulationsergebnisse

Abb. Z403b zeigt die Systementwicklung im Zeitverlauf für die Parameter der Voreinstellung. Abb. Z403c zeigt das Zustandsbild dieser Entwicklung. Die Bedingungen für die beiden Beutepopulationen unterscheiden sich nur in einem einzigen Punkt: Die WACHSTUMSRATE B ist geringfügig größer als WACHSTUMSRATE A.

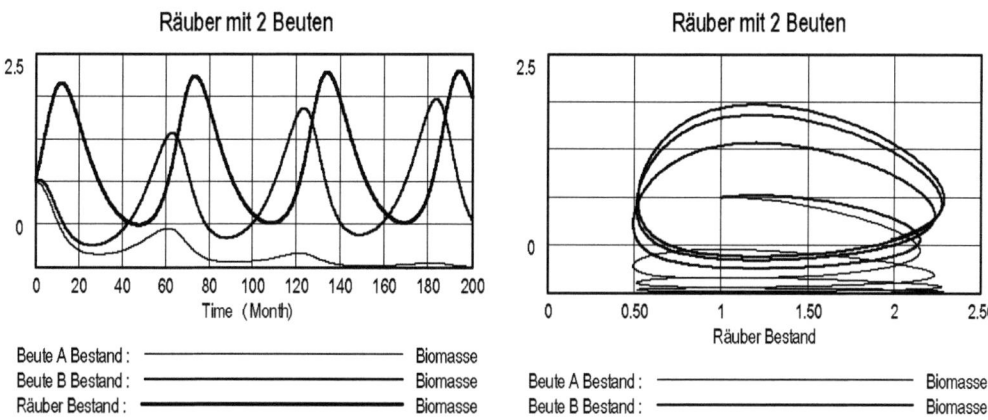

Abb. Z403b: Die geringfügig benachteiligte Beutepopulation (hier A) stirbt aus.
Abb. Z403c: Längerfristig ergibt sich ein Räuber-Beute-Zyklus mit Beute B.

Auch bei diesem System findet sich wieder die für Räuber-Beute-Systeme typische Schwingung. Es zeigt sich aber, dass die (z.B. durch geringere Wachstumsrate oder relativ größere Beuteverlustrate) benachteiligte Beute (hier *Beute A*) ständig in höherem Maße beeinträchtigt wird als die weniger benachteiligte Beute. Da der Räuber nicht auf die 'vorletzte' Beute angewiesen ist und von ihrem Verschwinden nicht beeinträchtigt wird, gibt es keinen Schutz für die benachteiligte Beute. *Beute A* stirbt also nach einiger Zeit aus. Generell gilt dies auch, falls noch weitere Beutepopulationen beteiligt wären. Bis auf die letzte übrig bleibende Population verschwinden alle anderen Beutepopulationen. Nur die (im Vergleich zu anderen Beutepopulationen) günstiger ausgestattete Population kann längerfristig überleben.

Arbeitsvorschläge

1. Untersuchen Sie die Entwicklung des Systems für unterschiedliche Parameterkonstellationen. Welche Möglichkeiten hat *Beute A*, um trotz des Nachteils bei WACHSTUMSRATE A schließlich *Beute B* zu überleben?
2. Untersuchen Sie, welche Abhängigkeit der Entwicklung (insbesondere des Schwingungsverhaltens und des relativen Überlebens) von den Anfangswerten der drei Populationen besteht.

Literaturhinweise

s. Modell Z401 RÄUBER-BEUTE-SYSTEM UNBEGRENZT

Z404 Beute mit zwei Räubern

Aufgabenstellung

Häufig ist eine einzige Beutepopulation die Nahrungsquelle für mehrere konkurrierende Räuber (z.B. Mäuse als Beute von Füchsen und Greifvögeln). Auch hier lässt sich die aus dieser Abhängigkeitsstruktur resultierende längerfristige Entwicklungsdynamik intuitiv nicht verlässlich abschätzen. Ein Simulationsmodell kann im System angelegte Entwicklungstendenzen erkennbar machen, wenn auch in der Realität eine Vielzahl weiterer Faktoren die Entwicklung bestimmen und daher möglicherweise anders ablaufen lassen.

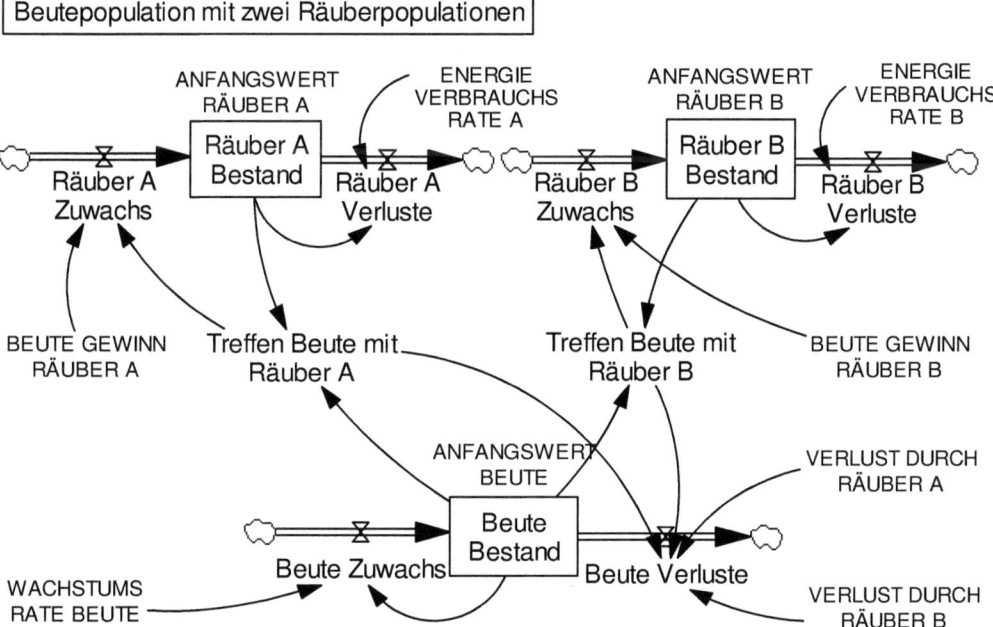

Abb. Z404a: Simulationsdiagramm für zwei Räuber mit einer Beutepopulation.

Simulationsmodell

Abb. Z404a zeigt das Simulationsdiagramm für ein Räuber-Beute-System mit einer Beute- und zwei Räuberpopulationen. Die entsprechenden Modellgleichungen sind im Folgenden aufgelistet.

Bei einem *Beutebestand* und zwei Räuberpopulationen *Räuber A Bestand* und *Räuber B Bestand* existieren hier wieder zwei Räuber-Beute-Verkopplungen (*Treffen*

Beute mit Räuber A und *Treffen Beute mit Räuber B*).   Diese Räuber-Beute-Kopplungen sind identisch mit denen des normalen Räuber-Beute-Systems. *Räuber A* und *Räuber B* haben die spezifischen ENERGIEVERBRAUCHSRATEN A und B. Die Beute hat eine spezifische WACHSTUMSRATE BEUTE. Die Zuwächse der Räuberbestande (*Räuber A Zuwachs* und *Räuber B Zuwachs*) sind durch die spezifischen BEUTEGEWINN RÄUBER A und BEUTEGEWINN RÄUBER B bestimmt. Die *Beuteverluste* ergeben sich mit den spezifischen Verlustraten VERLUST DURCH RÄUBER A und VERLUST DURCH RÄUBER B.

Parameter und Anfangszustände
ANFANGSWERT BEUTE = 1 [Biomasse Beute]
ANFANGSWERT RÄUBER A = 1 [Biomasse A]
ANFANGSWERT RÄUBER B = 1 [Biomasse B]
WACHSTUMS RATE BEUTE = 0.1 [1/Month]
VERLUST DURCH RÄUBER A = 0.1 [(Biomasse Beute/Month)/(Biomasse
    A*Biomasse Beute)]
VERLUST DURCH RÄUBER B = 0.1 [(Biomasse Beute/Month)/(Biomasse Beu-
    te*Biomasse B)]
BEUTE GEWINN RÄUBER A = 0.1 [(Biomasse A/Month)/(Biomasse A*Biomasse Beu-
    te)]
BEUTE GEWINN RÄUBER B = 0.1 [(Biomasse B/Month)/(Biomasse B*Biomasse Beu-
    te)]
ENERGIE VERBRAUCHS RATE A = 0.12 [1/Month]
ENERGIE VERBRAUCHS RATE B = 0.1 [1/Month]

Dynamik
Treffen Beute mit Räuber A = Räuber A Bestand *Beute Bestand [Biomasse
    A*Biomasse Beute]
Treffen Beute mit Räuber B = Räuber B Bestand *Beute Bestand [Biomasse
    B*Biomasse Beute]
Beute Zuwachs = WACHSTUMS RATE BEUTE *Beute Bestand [Biomasse Beu-
    te/Month]
Beute Verluste = VERLUST DURCH RÄUBER A *Treffen Beute mit Räuber A
    +VERLUST DURCH RÄUBER B *Treffen Beute mit Räuber B [Biomasse Beu-
    te/Month]
Beute Bestand = INTEG (+Beute Zuwachs -Beute Verluste, ANFANGSWERT BEUTE)
    [Biomasse Beute]
Räuber A Zuwachs = BEUTE GEWINN RÄUBER A *Treffen Beute mit Räuber A [Bio-
    masse A/Month]
Räuber A Verluste = ENERGIE VERBRAUCHS RATE A *Räuber A Bestand [Biomas-
    se A/Month]
Räuber A Bestand = INTEG (+Räuber A Zuwachs -Räuber A Verluste, ANFANGS-
    WERT RÄUBER A) [Biomasse A]

Räuber B Zuwachs = BEUTE GEWINN RÄUBER B *Treffen Beute mit Räuber B [Bio-
masse B/Month]
Räuber B Verluste = ENERGIE VERBRAUCHS RATE B *Räuber B Bestand [Biomas-
se B/Month]
Räuber B Bestand = INTEG (+Räuber B Zuwachs -Räuber B Verluste, ANFANGS-
WERT RÄUBER B) [Biomasse B]

Simulationszeitparameter
INITIAL TIME = 0 [Month]
FINAL TIME = 200 [Month]
TIME STEP = 0.05 [Month]

Simulationsergebnisse

Abb. Z404b zeigt die Simulationsergebnisse für die Parameter der Voreinstellung im
Zeitverlauf. Die Zustandsentwicklung für diesen Lauf ist in Abb. Z404c wiedergegeben. Auch in diesem Fall unterscheiden sich die Bedingungen der beiden Räuberpopulationen nur in einem einzigen Parameter: Die ENERGIEVERBRAUCHSRATE A für *Räuber A* ist geringfügig höher.

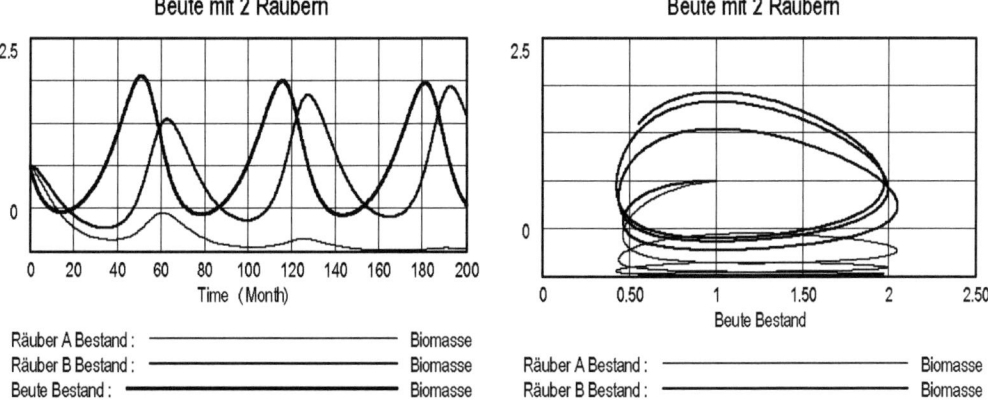

Abb. Z404b: Der etwas benachteiligte Räuber A stirbt aus.
Abb. Z404c: Das Zustandsbild zeigt längerfristig einen ungedämpften Zyklus zwischen Beute und Räuber B.

Für die drei Populationen ergeben sich zunächst die zu erwartenden Räuber-
Beute-Schwingungen. Da beide Räuberpopulationen auf die gemeinsame Beute angewiesen sind, kann diese prinzipiell nicht verschwinden, denn bei Übernutzung würden
die Räuberpopulationen durch Nahrungsmangel entsprechend zurückgehen, so dass die
Beute vor den Aussterben gesichert bleibt.

Der kleine Nachteil für *Räuber A* (geringfügig höhere ENERGIEVERBRAUCHS-RATE A) reicht aber aus, um seine Population nach einiger Zeit verschwinden zu lassen. Danach stellt sich ein (wegen fehlender Weidebeschränkung) ungedämpfter Schwingungszustand für die *Beute* und den verbleibenden *Räuber B* ein. Das Verhalten des Systems entspricht längerfristig also dem Räuber-Beute-System des Modells Z401.

Arbeitsvorschläge

1. Untersuchen Sie die Entwicklung des Systems für unterschiedliche Parameterkonstellationen. Welche Möglichkeiten hat *Räuber A*, um trotz des Nachteils bei ENERGIE-VERBRAUCHSRATE A schließlich *Räuber B* zu überleben?
2. Untersuchen Sie, welche Abhängigkeit der Entwicklung (insbesondere des Schwingungsverhaltens und des relativen Überlebens) von den Anfangswerten der drei Populationen besteht.

Literaturhinweise

s. Modell Z401 RÄUBER-BEUTE-SYSTEM UNBEGRENZT

Z405 Zusammenbruch eines Ökosystems

Aufgabenstellung

Die Störung eines eingespielten Räuber-Beute-Verhältnisses kann dramatische Folgen haben. Ein historisches Beispiel hierfür ist der Zusammenbruch der Population von Weißwedelhirschen auf dem Kaibab-Plateau in Arizona Anfang des 20. Jahrhunderts (Kormondy 1976).

Das Kaibab-Plateau ist auf der Nordseite des Grand Canyon in Arizona gelegen und umfasst rund 727'000 acres (1 acre = 0.4 ha). Vor 1907 zählte der Bestand an Weißwedelhirschen auf dem Kaibab-Plateau etwa 4000. Auf Drängen der dortigen Viehzüchter wurde 1907 eine Prämie auf den Abschuss von Pumas, Wölfen und Kojoten ausgesetzt, die sich teilweise vom Hirschbestand ernährten. Innerhalb von 15 bis 20 Jahren verringerte sich der Bestand dieser Räuber stark; über 8000 wurden abgeschossen. Als Folge wuchs gleichzeitig die Hirschpopulation stark an. Um 1918 hatte sich der Hirschbestand mehr als verzehnfacht. Dieser wachsende Bestand führte zu zunehmender Erschöpfung der normalen Futterquellen. Die Tiere wandten sich dem Jungwuchs der Waldbäume zu, was schließlich dazu führte, dass der Nahrungsvorrat schneller aufgezehrt wurde, als er nachwachsen konnte. Die offensichtliche Überäsung des Gebiets brachte erste Warnungen von sachkundigen Forschern, die aber nichts bewirkten. Weil ihre natürlichen Feinde fehlten und der Bestand auch nicht bejagt wurde, erreichte der Bestand im Jahre 1924 eine geschätzte Größe von etwa 100'000 Hirschen. Da der Nahrungsvorrat nicht ausreichte, verhungerten 60% dieses Bestandes in den zwei folgenden Wintern. Da inzwischen die Vegetation weitgehend und dauerhaft zerstört worden war, konnte schließlich das Ökosystem nur noch etwa die Hälfte der Hirschpopulation ernähren, die es vor diesem Vorgang tragen konnte. Die Bedingungen für die Viehzucht hatten sich entsprechend verschlechtert.

Mit dem hier beschriebenen Modell machte Goodman 1974 den Versuch, die Dynamik dieser historischen Entwicklung mit einem Simulationsmodell nachzuvollziehen. Die Ergebnisse decken sich recht gut mit den historischen Daten.

Simulationsmodell

Das Simulationsdiagramm (Abb. Z405a) zeigt die Zusammenhänge. Die entsprechenden Modellgleichungen sind im Folgenden aufgelistet.

Die *Hirsche* ernähren sich auf begrenzter FLÄCHE von *Futter*, dessen *Futterzuwachs* durch die *Nachwachszeit* begrenzt ist. Der *Nettozuwachs* der *Hirsche* ist abhängig vom (relativen) *Futterangebot*, d.h. von der Menge des *Futters* pro *Hirsch* und natürlich vom Bestand an *Hirschen* selber. Der Größe dieses Bestands und dem TAGESBEDARF pro Hirsch entsprechend entsteht ein *Futterbedarf*, der zu einem *Äsungsverlust* beim *Futter* führt. *Futter* wächst zwar entsprechend der MAXIMALEN FUTTER-

KAPAZITÄT nach, doch verringert sich der *Futterzuwachs* umso mehr, je mehr die Weidegrundlage bereits zerstört worden ist. Dies wird durch die von der *Bewuchsdichte* abhängige *Nachwachszeit* berücksichtigt.

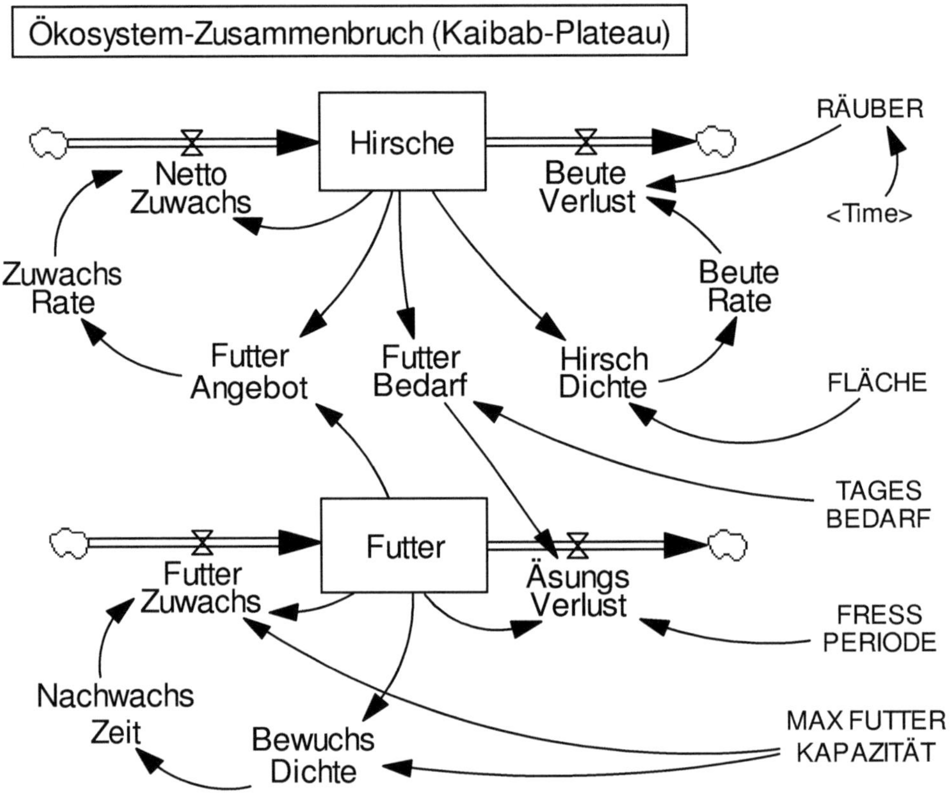

Abb. Z405a: Simulationsdiagramm für das Kaibab-Ökosystem.

Der Bestand der *Hirsche* verringert sich durch die *Beuteverluste* an die Räuber (Puma, Kojote, Wolf), deren Zahl als zeitabhängige Szenariogröße RÄUBER vorgegeben ist. Hierbei wird angenommen, dass sich der Raubtierbestand aufgrund der Abschussprämie linear verringert (s. Tabellenfunktion RÄUBER). Von der *Hirschdichte* und der Zahl der RÄUBER hängt der *Beuteverlust* der *Hirsche* ab.

Der Quantifizierung liegen die folgenden Annahmen zugrunde: Die FLÄCHE des Gebiets wird mit 800'000 acres angesetzt. Der TAGESBEDARF pro Hirsch sei 2000 Kilokalorien pro Hirsch und Tag. Die MAXIMALE FUTTERKAPAZITÄT des Gebietes betrage 480 Mio [(kcal/Tag)·Jahr]. Andere wichtige Quantifizierungen stecken in den drei Tabellenfunktionen. Die Funktion für die (Netto) *Zuwachsrate* des Hirschbestandes geht z.B. von einem Bestandsrückgang von 15 % pro Jahr aus, wenn die tägliche

Nahrungsaufnahme auf 500 kcal pro Tag sinkt und nimmt ein jährliches Wachstum von 15 % an, wenn die tägliche Nahrungsaufnahme bei 1500 kcal liegt. Die Tabellenfunktion für die Beute pro Raubtier (*Beuterate*) gibt an, dass bei hoher *Hirschdichte* maximal 56 Hirsche pro Raubtier und Jahr erbeutet werden und entsprechend weniger bei abnehmender Dichte. Die Tabellenfunktion für die *Nachwachszeit* der Äsung setzt an, dass sich die Nachwachszeit von normalerweise einem Jahr auf 35 Jahre erhöhen kann, wenn das Ökosystem durch Überweidung zerstört worden ist.

Parameter und Anfangszustände
FLÄCHE = 800000 [acre]
MAX FUTTER KAPAZITÄT = 4.8e+008 [(kcal/Day)*Year]
TAGES BEDARF = 2000 [kcal/(Hirsch*Day)]
FRESS PERIODE = 1 [Year]
RÄUBER = WITH LOOKUP (Time, ([(0, 0) -(50, 300)], (0, 265), (5, 245), (10, 200), (15, 65), (20, 8), (25, 0), (30, 0), (35, 0), (40, 0), (50, 0))) [Raubtier]

Dynamik
HirschDichte = Hirsche /FLÄCHE [Hirsch/acre]
BeuteRate = WITH LOOKUP (HirschDichte, ([(0, 0) -(0.06, 60)], (0, 0), (0.005, 3), (0.01, 13), (0.015, 28), (0.02, 51), (0.025, 56), (0.05, 56)))
    [Hirsch/(Raubtier*Year)]
BeuteVerlust = BeuteRate *RÄUBER [Hirsch/Year]
FutterAngebot = (Futter /Hirsche) [Year*kcal/(Day*Hirsch)]
ZuwachsRate = WITH LOOKUP (FutterAngebot, ([(0, -1) -(10000, 1)], (0, -0.5), (500, -0.15), (1000, 0), (1500, 0.15), (2000, 0.2), (10000, 0.2))) [1/Year]
NettoZuwachs = Hirsche *ZuwachsRate [Hirsch/Year]
Hirsche = INTEG (+NettoZuwachs -BeuteVerlust, 4000) [Hirsch]
FutterBedarf = TAGES BEDARF *Hirsche [kcal/Day]
ÄsungsVerlust = IF THEN ELSE(FutterBedarf >= (Futter /FRESS PERIODE), (Futter /FRESS PERIODE), FutterBedarf) [kcal/Day]
BewuchsDichte = Futter /MAX FUTTER KAPAZITÄT [1]
NachwachsZeit = WITH LOOKUP (BewuchsDichte, ([(0, 0) -(1, 40)], (0, 35), (0.25, 15), (0.5, 5), (0.75, 1.5), (1, 1))) [Year]
FutterZuwachs = (MAX FUTTER KAPAZITÄT -Futter) /NachwachsZeit [kcal/Day]
Futter = INTEG (+FutterZuwachs -ÄsungsVerlust, 4.7e+008) [Year*kcal/Day]

Simulationszeitparameter
INITIAL TIME = 0 [Year]
FINAL TIME = 50 [Year]
TIME STEP = 0.25 [Year]

Simulationsergebnisse

Abb. Z405b zeigt den mit den Parametern der Voreinstellung berechneten Zeitverlauf für *Futter* und *Hirsche*, sowie die vorgegebene Entwicklung des Bestands der RÄUBER, die in den ersten zwanzig Jahren fast vollständig abgeschossen werden. Abb. Z405c zeigt den Zustandspfad für *Hirsche* als Funktion von *Futter*.

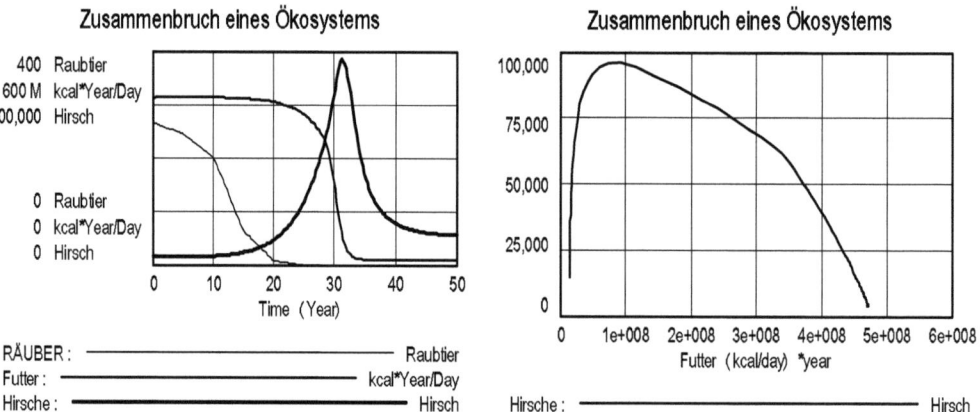

Abb. Z405b: Nach dem Abschuss der Raubtiere wächst die Hirschpopulation rapide an und verhungert dann wegen Überäsung und Zerstörung der Weidekapazität.
Abb. Z405c: Der Zustandspfad zeigt den Übergang von einem Gleichgewichtszustand (mit Raubtieren) zu einem anderen (bei zerstörter Futterbasis).

Die berechnete Entwicklung entspricht den historischen Beobachtungen: Mit dem Verschwinden des Raubtierbestandes können sich die *Hirsche* fast exponentiell vermehren und dabei ihre Nahrungsgrundlage *Futter* fast gänzlich zerstören. Als Folge bricht der Bestand der *Hirsche* rasch zusammen und stabilisiert sich dann auf niedrigem Niveau, das dem *Futter* entspricht, welches das degradierte Ökosystem noch liefern kann.

Arbeitsvorschläge

1. War das Ökosystem anfangs im Gleichgewicht, bzw. welcher Gleichgewichtszustand stellt sich ohne Raubtierabschuss ein?
2. Wie hätte die Abschussstrategie (für Raubtiere) aussehen müssen, um einen hohen stabilen Hirschbestand ohne Zusammenbruch der Weidekapazität zu erhalten?
3. Lässt sich das Ökosystem wieder in den ursprünglichen Zustand bringen? Wie? Welche nicht im Modell enthaltenen irreversiblen Veränderungen wären bei genauerer Analyse zu berücksichtigen?
4. Was würde das Wiedereinsetzen von Raubtieren bzw. eine gezielte Abschussstrategie für Hirsche bringen können?

5. Führen Sie die Räuberpopulation als weitere (endogene) Zustandsgröße ein, deren Wachstum (wie beim Räuber-Beute-Modell) durch das Angebot an Beutetieren und durch die exogen vorgegebene Abschussrate bestimmt wird.

Literaturhinweise

Goodman, M. R. 1974: *Study notes in system dynamics.* Wright-Allen-Press, Cambridge, Mass., S. 377-388.
Kormondy, E. J. 1976: *Concepts of ecology.* Prentice-Hall, Englewood Cliffs, N.J., S. 111-112.

Z406 Vögel, Insekten, Wald und Grasland

Aufgabenstellung

Der Zustand von Ökosystemen bestimmt sich durch die komplexen Verknüpfungen zwischen ihren Komponenten, die sich im Laufe der evolutionären Entwicklung herausgebildet haben. Meist sind es vielseitige Abhängigkeitsbeziehungen zwischen Organismen über Nährstoffkreisläufe, Nahrungsketten und Nahrungsnetze, Räuber-Beute-Systeme, Symbiosen, Bestäubung, Samenverteilung und viele andere Prozesse. Die interagierenden dynamischen Prozesse kontrollieren und regeln sich gegenseitig, so dass sich ein für das jeweilige Ökosystem typisches dynamisches Gleichgewicht herausbildet. Eingriffe, die einzelne Komponenten besonders beeinträchtigen oder fördern, können daher zu einem Umkippen des Systems in einen anderen Zustand führen.

Ein solcher Vorgang wurde z.B. in Australien beobachtet und von Trenbath und Smith 1981 als Simulationsmodell dargestellt (Richter 1985). Um größere Weideflächen für Schafe zu schaffen, hatte man in New South Wales vorhandene Eukalyptuswälder gelichtet. Zwar achtete man darauf, etwa 20% des Waldbestandes zu erhalten, um eine Versteppung des Graslandes zu verhindern, aber dennoch brach der restliche Waldbestand nach kurzer Zeit durch den Befall mit Schadinsekten zusammen.

Für die katastrophale Vermehrung der Schadinsekten und den Zusammenbruch des Restwaldes wurden zwei Gründe vermutet: Durch die Vergrößerung der Weidefläche wurden erstens die Lebensbedingungen der Insektenlarven, die sich von Graswurzeln ernähren, verbessert. Zweitens wurde aber auch durch die Verringerung der Nistplätze für Vögel die Population dieser Fressfeinde der Insekten verringert.

Das Modell beschreibt daher die folgenden Zusammenhänge: Eine Region mit einer maximalen Biomassekapazität κ besteht zum Teil aus Wald x, zum Teil aus Graslandvegetation (κ–x). Vögel brauchen den Wald für Nistplätze und ernähren sich von Insekten. Insekten benötigen den Wald als Futterquelle und das Grasland für das Aufwachsen der Larven. Wird der Wald zunehmend zerstört, so verschlechtern sich die Bedingungen für die Vögel und verbessern sich für die Insekten. Ab einem gewissen Stadium nehmen die Insekten überhand und zerstören den restlichen Wald.

Simulationsmodell

Abb. Z406a zeigt das Simulationsdiagramm des Modells. Die Modellgleichungen sind im Folgenden aufgeführt. Das Modell besteht aus drei Moduln, die die Entwicklung der Zustandsgrößen Wald, Insekten und Vögel darstellen.

Wald: Die Struktur dieses Moduls ist die einer logistisch wachsenden Zustandsgröße *Waldbiomasse* mit Veränderungen durch *Zuwachs Wald*, *Abholzung* und *Insektenfraß*. Der *Zuwachs Wald* ist durch die *Zuwachsrate Wald* und die MAXIMALE BIO-

MASSE WALD bestimmt. Die *Abholzung* kann über die ABHOLZRATE und das END-
JAHR ABHOLZUNG als Szenario vorgegeben werden. Der *Insektenfraß* ist von der Größe der *Insektenbiomasse*, der MAXIMALEN FRESSRATE INSEKTEN und über eine Michaelis-Menten-Sättigung (s. hierzu Modell Z111 in Bossel Zool 2004) mit der HALB-
SÄTTIGUNGSKONSTANTE INSEKTENFRASS auch von der vorhandenen *Waldbiomasse*
abhängig.

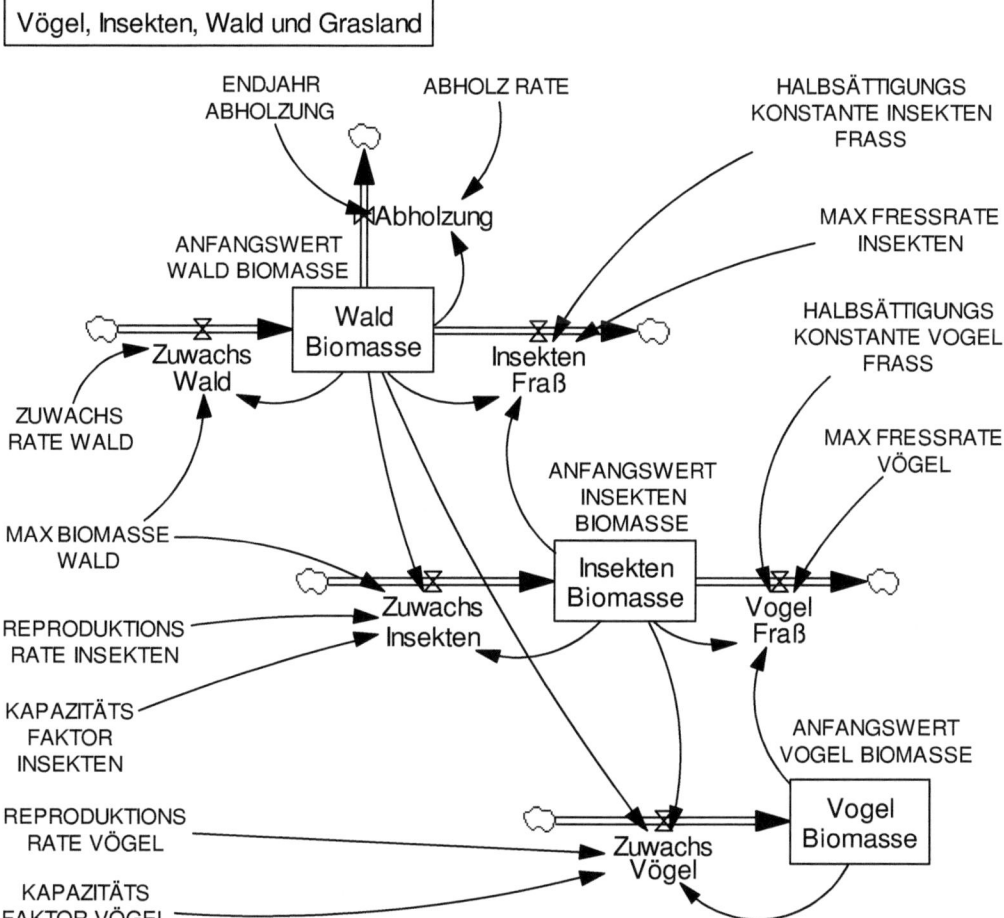

Abb. Z406a: Simulationsdiagramm für Vögel, Insekten und Wald.

Insekten: Grundstruktur ist hier ebenfalls die Struktur für logistisches Wachstum der Insektenbiomasse. Die Kapazität ist hier variabel und hängt von der vorhandenen *Waldbiomasse* als Maß für die Waldfläche (*x*) und von der Fläche des Graslan-

des (K–x) ab. Der *Zuwachs Insekten* hängt von der vorhandenen *Insektenbiomasse*, der REPRODUKTIONSRATE INSEKTEN und dem KAPAZITÄTSFAKTOR INSEKTEN ab. Die *Insektenbiomasse* hat Verluste durch *Vogelfraß*. Diese sind von der *Vogelbiomasse*, der MAXIMALEN FRESSRATE VÖGEL und – mit der HALBSÄTTIGUNGSKONSTANTE VOGELFRASS – auch der *Insektenbiomasse* abhängig.

Vögel: Auch der *Zuwachs Vögel* der *Vogelbiomasse* ist durch logistischen Wachstums mit variabler Kapazität bestimmt. Diese hängt von der *Waldbiomasse* und der *Insektenbiomasse* ab. Weiter bestimmen der KAPAZITÄTSFAKTOR VÖGEL und die REPRODUKTIONSRATE VÖGEL den *Zuwachs Vögel*.

Parameter und Anfangszustände
MAX BIOMASSE WALD = 100 [t OTS/ha]
ZUWACHS RATE WALD = 0.1 [1/Year]
ABHOLZ RATE = 0.05 [1/Year]
ENDJAHR ABHOLZUNG = 10 [Year]
ANFANGSWERT WALD BIOMASSE = 20 [t OTS/ha]
ANFANGSWERT INSEKTEN BIOMASSE = 0.0001 [t OTS/ha]
ANFANGSWERT VOGEL BIOMASSE = 0.0001 [t OTS/ha]
REPRODUKTIONS RATE INSEKTEN = 2 [1/Year]
REPRODUKTIONS RATE VÖGEL = 1 [1/Year]
KAPAZITÄTS FAKTOR INSEKTEN = 0.0001 [1/(t OTS/ha)]
KAPAZITÄTS FAKTOR VÖGEL = 0.008 [ha*1/t OTS]
HALBSÄTTIGUNGS KONSTANTE INSEKTEN FRASS = 1 [t OTS/ha]
HALBSÄTTIGUNGS KONSTANTE VOGEL FRASS = 0.001 [t OTS/ha]
MAX FRESSRATE INSEKTEN = 365 [1/Year]
MAX FRESSRATE VÖGEL = 30 [1/Year]

Dynamik
Zuwachs Wald = ZUWACHS RATE WALD *WaldBiomasse *(1 –WaldBiomasse /MAX
    BIOMASSE WALD) [(t OTS/ha)/Year]
Abholzung = ABHOLZ RATE *(1 –STEP (1, ENDJAHR ABHOLZUNG))
    *WaldBiomasse [t OTS /(Year*ha)]
InsektenFraß = MAX FRESSRATE INSEKTEN *InsektenBiomasse *(WaldBiomasse
    /(WaldBiomasse +HALBSÄTTIGUNGS KONSTANTE INSEKTEN FRASS)) [t
    OTS/(Year*ha)]
WaldBiomasse = INTEG (+Zuwachs Wald –Abholzung -
    InsektenFraß,ANFANGSWERT WALD BIOMASSE) [t OTS/ha]
Zuwachs Insekten = REPRODUKTIONS RATE INSEKTEN *InsektenBiomasse *(1-
    InsektenBiomasse /(KAPAZITÄTS FAKTOR INSEKTEN *WaldBiomasse *(MAX
    BIOMASSE WALD -WaldBiomasse))) [t OTS/(Year*ha)]
VogelFraß = MAX FRESSRATE VÖGEL *VogelBiomasse *(InsektenBiomasse
    /(InsektenBiomasse +HALBSÄTTIGUNGS KONSTANTE VOGEL FRASS)) [t
    OTS/(Year*ha)]

InsektenBiomasse = INTEG (+Zuwachs Insekten -VogelFraß, ANFANGSWERT IN-
SEKTEN BIOMASSE) [t OTS/ha]
Zuwachs Vögel = REPRODUKTIONS RATE VÖGEL *VogelBiomasse *(1-
VogelBiomasse /(KAPAZITÄTS FAKTOR VÖGEL *WaldBiomasse
*InsektenBiomasse)) [t OTS/(Year*ha)]
VogelBiomasse = INTEG (+Zuwachs Vögel, ANFANGSWERT VOGEL BIOMASSE) [t
OTS/ha]

Simulationszeitparameter
INITIAL TIME = 0 [Year]
FINAL TIME = 50 [Year]
TIME STEP = 0.01 [Year]

Simulationsergebnisse

Abb. Z406b zeigt den Zeitverlauf der drei Biomassen für die Parameterwerte der Voreinstellung.   In diesem Fall entspricht der Ausgangszustand einem Waldanteil von
20%. Zunächst nimmt die Waldbiomasse noch zu, da die ZUWACHSRATE WALD dop-
pelt so groß ist wie die ABHOLZRATE, und der *Insektenfraß* nur geringe Bedeutung hat.
Allmählich wächst aber die *Insektenbiomasse* in eine Größenordnung, die von der stark
zunehmenden *Vogelbiomasse* nicht mehr kontrolliert werden kann.   Der Restwald
bricht durch *Insektenfraß* rasch zusammen; gleichzeitig verschwinden aus Nahrungsmangel auch die Insekten- und Vogelpopulation.
        Abb. Z406c zeigt, dass durch eine Verringerung der ABHOLZRATE der Zusam-
menbruch trotz schlechter Ausgangsbedingungen vermeidbar ist.

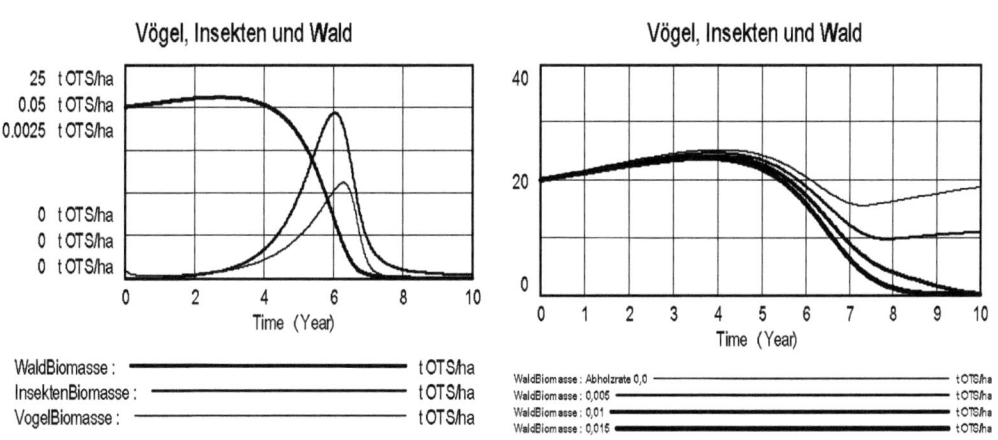

Abb. Z406b: Bei zu geringem Waldanteil bricht das Ökosystem zusammen.
Abb. Z406c: Verringerung der Abholzung vermeidet den Zusammenbruch.

Abb. Z406d zeigt das Simulationsergebnis für einen anfänglich größeren Waldanteil (ANFANGSWERT WALDBIOMASSE = 30) und eine höhere ABHOLZRATE (= 0.1).
In diesem Fall kommt es nach einer Explosion der Insekten- und Vogelpopulationen
zum endgültigen Zusammenbruch etwa im Jahr 30.

In Abb. Z406e ist erkennbar, dass (bei sonst gleichen Bedingungen wie in Abb.
Z406d) der Zusammenbruch durch rechtzeitige Beendigung der Abholzung mit END-
JAHR ABHOLZUNG = 20 vermeidbar ist. Mit der rasch wieder anwachsenden *Waldbiomasse* wird die *Insektenbiomasse* unbedeutend und entsprechend verringert sich auch
die *Vogelbiomasse*. Interessanterweise bilden sich bei diesen beiden Populationen
regelmäßige Schwingungen aus, solange die *Waldbiomasse* relativ klein ist.

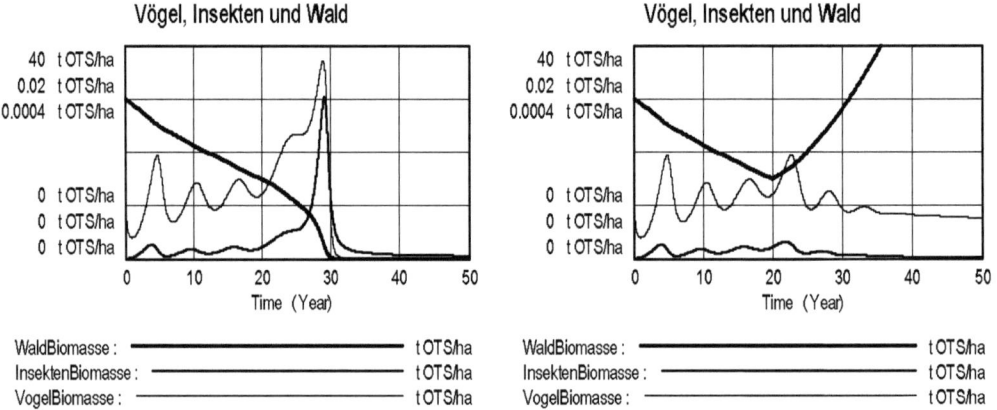

Abb. Z406d: Die Populationen der Vögel und Insekten schwingen bereits vor dem
endgültigen Zusammenbruch bei fortgesetzter Abholzung.
Abb. Z406e: Kein Zusammenbruch, wenn die Abholzung rechtzeitig gestoppt wird.

Die Simulation bestätigt die anfänglichen Vermutungen der Forscher: Falls der
Waldanteil groß genug ist, können sich Vögel und Insekten in kleinen Populationen
halten. Falls der Waldanteil sinkt, verbessern sich die Bedingungen für die Insekten
sehr stark, und es kommt zu einer explosiven Massenvermehrung der Insekten, die den
Wald entweder ganz zerstört oder nur vorübergehend und teilweise dezimiert. Die
Waldverluste durch Abholzung bestimmen entscheidend die weitere Entwicklung und
die Möglichkeit des Zusammenbruchs.

Arbeitsvorschläge

1. Untersuchen Sie die Rolle des ANFANGSWERTS WALDBIOMASSE und die Konsequenzen verschiedener Abholzungsszenarien. Unter welchen Bedingungen ist mit

einem Zusammenbruch durch Insektenfraß nicht zu rechnen?

2. In welchem Parameterbereich ist mit Schwingungen der Insekten- und Vogelpopulationen zu rechnen, ohne dass diese aber zum Zusammenbruch des Waldes führen?

3. Untersuchen Sie, ob durch rechtzeitige Insektenbekämpfung die Massenvermehrung der Insekten und der Zusammenbruch des Waldes zu verhindern ist. (Modell ergänzen durch VERNICHTUNGSANTEIL und VERNICHTUNGSZEITPUNKT). Welcher Anteil der *Insektenbiomasse* muss vernichtet werden, um den Zusammenbruch zu verhindern? Welcher Zeitpunkt ist am günstigsten?

Literaturhinweise

Richter, O. 1985: *Simulation des Verhaltens ökologischer Systeme.* VCH, Weinheim, S. 91-98.

Trenbath, B. R., Smith, A. D. M. 1981: Basic concepts for a systems analysis of eucalypt dieback in New South Wales. In: K. M. Old, G. A. Kile, C. P. Ohmart (eds.): *Eucalypt dieback in forests and woodlands.* CSIRO, Australia, p. 234-243.

Z407 Pflanzenkonkurrenz und Nährstoffkreislauf

Aufgabenstellung

Ökosysteme produzieren Bestandsabfall (Laubstreu, Totholz, tote Organismen). Dieser Bestandsabfall wird von Bodenorganismen in oft längeren Nahrungsketten energetisch genutzt. Bei diesem Prozess werden die im Bestandsabfall enthaltenen Nährstoffe durch Mineralisierung wieder frei und stehen nun für erneute Aufnahme durch Pflanzen und entsprechendes Pflanzenwachstum wieder zur Verfügung – der Nährstoffkreislauf ist weitgehend geschlossen, das Ökosystem düngt sich weitgehend selbst.

Auf die Nährstoffe im Boden greifen alle darauf wachsenden Pflanzen gleichzeitig zu, sowohl einjährige Pflanzen (mit entsprechend hoher Mortalitätsrate und hoher Nährstoff-Aufnahmerate) als auch langlebige Pflanzen wie Bäume (mit sehr geringer Mortalitätsrate und geringer Nährstoff-Aufnahmerate). Mit ihren unterschiedlichen Eigenschaften stehen die verschiedenen Pflanzengruppen eines Ökosystems untereinander in Konkurrenz. Es ist nicht ohne weiteres absehbar, welche Konsequenzen die Verkopplung der unterschiedlichen Prozesse auf die dynamische Entwicklung des Ökosystems haben kann. Ein Simulationsmodell soll helfen, die mögliche Dynamik zu klären.

Es wird das von der Nährstoffverfügbarkeit abhängige Wachstum zweier Pflanzenpopulationen modelliert. Ihr gemeinsamer Bestandsabfall wird mineralisiert. Der darin enthaltene Nährstoff (hier dargestellt als Stickstoff N) steht dann für Aufnahme durch die beiden Pflanzenpopulationen wieder zur Verfügung. Wachstum und Mineralisierung sind vor allem von der Temperatur abhängig; es wird daher ein jahreszeitlicher Effekt auf Wachstum und Mineralisierung berücksichtigt. Als Maßeinheit wird die Stickstoffmenge pro Hektar (tN/ha) verwendet, in der auch die Biomassen ausgedrückt werden. Um auf Kohlenstoffmenge umzurechen, ist zu berücksichtigen, dass das Kohlenstoff-zu-Stickstoff-Verhältnis (C/N-Verhältnis) in Grünmasse etwa 20, im Holz etwa 100 beträgt. Von der Kohlenstoffmenge kann auf organische Trockensubstanz (OTS) umgerechnet werden: Im Mittel enthält 1 t OTS etwa 0.45 t C. Um diesen Kohlenstoff zu binden, müssen Pflanzen 44/12 = 3.67 mal soviel CO_2 aus der Atmosphäre aufnehmen, d.h. 1.65 t CO_2 pro t OTS (Bossel 1990/1994, S. 42-68; s. auch die Modelle zu Waldwachstum und Klima in diesem Band).

Das Modell beschreibt also einerseits den Nährstoffkreislauf eines terrestrischen Ökosystems, andererseits die Konkurrenz zweier darauf wachsender Pflanzenbestände um Nährstoffe. Das gleiche Schema gilt auch für aquatische Ökosysteme.

Simulationsmodell

Abb. Z407a zeigt das Simulationsdiagramm. Die entsprechenden Modellgleichungen sind im Folgenden aufgelistet.

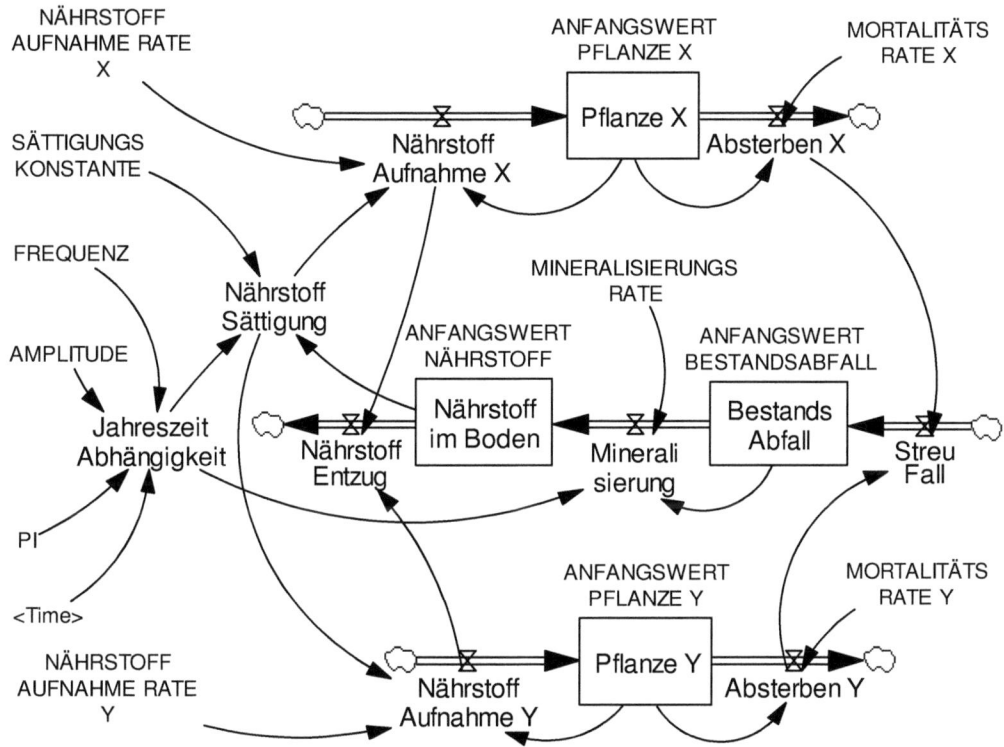

Abb. Z407a: Simulationsdiagramm für Pflanzenkonkurrenz und Nährstoffkreislauf.

Die Bestände von *Pflanze X* und *Pflanze Y* wachsen entsprechend ihrer *Nährstoffaufnahme X* und *Nährstoffaufnahme Y*. Dies führt zu einem *Nährstoffentzug* aus dem Vorrat von *Nährstoff im Boden*. Die beiden Pflanzenbestände verlieren (in N gemessene) Biomasse durch *Absterben X* (mit MORTALITÄTSRATE X) und *Absterben Y* (mit MORTALITÄTSRATE Y). Dieser gemeinsame *Streufall* erhöht den mineralisierbaren *Bestandsabfall*, der durch die von *Jahreszeitabhängigkeit* bestimmte *Mineralisierung* abgebaut wird. Die *Mineralisierung* erhöht den *Nährstoff im Boden* und die *Nährstoffsättigung*. Diese ist als Michaelis-Menten-Funktion dargestellt (s. Modell Z111 in Bossel Zoo1 2004), die von der SÄTTIGUNGSKONSTANTE abhängt und mit der *Jahreszeitabhängigkeit* variiert. Über eine Sinusfunktion mit einer Periode von einem Jahr werden die jahreszeitlichen Schwankungen der Nährstoffaufnahme während der Wachstumsperiode und der Mineralisierung (Temperatureffekt) simuliert.

Unterschiede zwischen den zwei Pflanzenpopulationen können über die verschiedenen NÄHRSTOFFAUFNAHMERATEN X und Y und MORTALITÄTSRATEN X und Y vorgegeben werden.

Parameter und Anfangszustände
ANFANGSWERT BESTANDSABFALL = 0.1 [tN/ha]
ANFANGSWERT NÄHRSTOFF = 1 [tN/ha]
ANFANGSWERT PFLANZE X = 0.1 [tN/ha]
ANFANGSWERT PFLANZE Y = 0.1 [tN/ha]
MINERALISIERUNGS RATE = 0.5 [1/Year]
MORTALITÄTS RATE X = 2 [1/Year]
MORTALITÄTS RATE Y = 0.01 [1/Year]
NÄHRSTOFF AUFNAHME RATE X = 10 [1/Year]
NÄHRSTOFF AUFNAHME RATE Y = 1 [1/Year]
SÄTTIGUNGS KONSTANTE = 0.5 [tN/ha]
FREQUENZ = 1 [1/Year]
AMPLITUDE = 1 [1]
PI = 3.14159 [1]

Dynamik
JahreszeitAbhängigkeit = 1 +AMPLITUDE *sin (2 *PI *FREQUENZ *Time) [1]
NährstoffSättigung = (Nährstoff im Boden /(SÄTTIGUNGS KONSTANTE +Nährstoff im
    Boden)) *JahreszeitAbhängigkeit [1]
NährstoffAufnahme X = NÄHRSTOFF AUFNAHME RATE X *Pflanze X
    *NährstoffSättigung [(tN/ha)/Year]
NährstoffAufnahme Y = NÄHRSTOFF AUFNAHME RATE Y *Pflanze Y
    *NährstoffSättigung [tN/(Year*ha)]
Absterben X = MORTALITÄTS RATE X *Pflanze X [tN/(Year*ha)]
Absterben Y = MORTALITÄTS RATE Y *Pflanze Y [tN/(Year*ha)]
Pflanze X = INTEG (+NährstoffAufnahme X -Absterben X, ANFANGSWERT PFLANZE
    X) [tN/ha]
Pflanze Y = INTEG (+NährstoffAufnahme Y -Absterben Y, ANFANGSWERT PFLANZE
    Y) [tN/ha]
StreuFall = Absterben X +Absterben Y [tN/(Year*ha)]
Mineralisierung = MINERALISIERUNGS RATE *BestandsAbfall
    *JahreszeitAbhängigkeit [tN/(Year*ha)]
NährstoffEntzug = NährstoffAufnahme X +NährstoffAufnahme Y [tN/(Year*ha)]
BestandsAbfall = INTEG (+StreuFall -Mineralisierung, ANFANGSWERT BESTANDS-
    ABFALL) [tN/ha]
Nährstoff im Boden = INTEG (+Mineralisierung -NährstoffEntzug, ANFANGSWERT
    NÄHRSTOFF) [tN/ha]

Simulationszeitparameter
INITIAL TIME = 0 [Year]

FINAL TIME = 20 [Year]
TIME STEP = 0.01 [Year]

Simulationsergebnisse

Abb. Z407b zeigt den Zeitverlauf für die Parameter der Voreinstellung. Ein zunächst vorhandener Nährstoffvorrat wird rasch von den Pflanzen aufgenommen und in der Biomasse akkumuliert. Entsprechend den spezifischen MORTALITÄTSRATEN X und Y nimmt der *Bestandsabfall* zu und füllt durch *Mineralisierung* wieder den Vorrat von *Nährstoff im Boden* auf. Obwohl *Pflanze X* mit hoher NÄHRSTOFFAUFNAHMERATE X den vorhandenen *Nährstoff* anfangs voll für rasches Wachstum nutzen kann, verliert sie wegen hoher MORTALITÄTSRATE X die akkumulierte Biomasse rasch wieder. Der entsprechende *Streufall* trägt über die *Mineralisierung* rasch wieder zum *Nährstoff im Boden* bei. Dagegen baut die langlebige *Pflanze Y* mit ihrer niedrigen MORTALITÄTS-RATE Y ihren Bestand dauerhaft auf. Die Entwicklungsgrenze ist durch den Nährstoff im System gegeben, der nun ständig rezykliert und den Bestand der *Pflanze Y* auf der einmal erreichten Höhe hält. *Pflanze X* verschwindet völlig. Es dominiert auf Dauer also die Pflanzenpopulation, die mehr permanente Biomasse entwickelt und weniger Bestandsabfall abgibt (niedrigere MORTALITÄTSRATE).

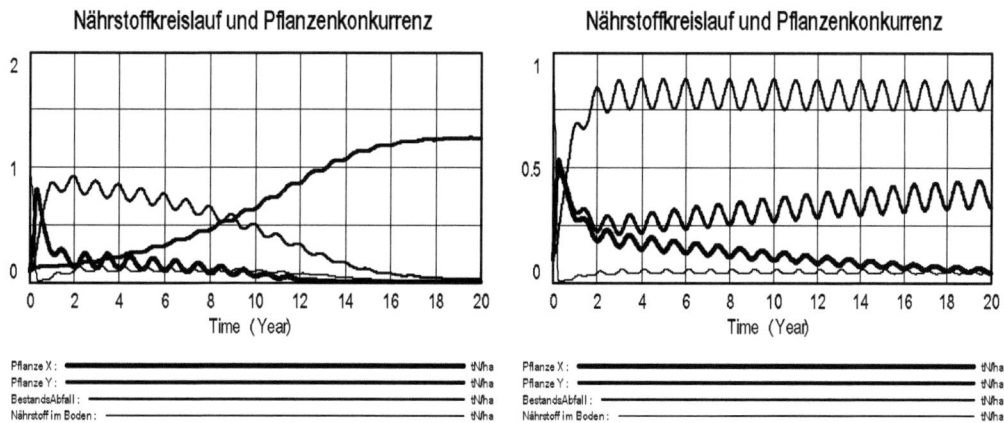

Abb. Z407b: Entwicklung zweier Pflanzenbestände, die um den gleichen Nährstoff-vorrat konkurrieren. Pflanze X ist kurzlebig, Pflanze Y ist langlebig.
Abb. Z407c: Entwicklung zweier konkurrierender (kurzlebiger) Pflanzenbestände. Längerfristig dominiert die Pflanze Y mit ihren etwas günstigeren Parametern.

Die Parameterwahl der Voreinstellung entspricht einer Pionierart *Pflanze X* (r-Stratege) und einer Klimaxart PFLANZE Y (k-Stratege). Der Pflanzenbestand X hat rasche Nährstoffaufnahme bei kurzer Lebenszeit (0.5 Jahre); der Pflanzenbestand Y dagegen hat eine langsame Nährstoffaufnahme bei langer Lebenszeit (100 Jahre). Die Simulation zeigt, dass die Pionierpflanze zwar anfangs dominiert, dann aber allmählich von der Klimaxart überrundet wird. Schließlich verschwindet die Pionierpflanze. Man beachte hierbei, dass dieser Konkurrenzvorteil ausschließlich über das Nährstoffangebot entstand. Die in der Realität meist ebenfalls vorhandenen Unterschiede im Lichtangebot (Abschattung niedrigerer Pflanzen) haben hier keine Rolle gespielt.

Abb. Z407c zeigt das Simulationsergebnis für den Fall, dass beide Pflanzenpopulationen zwar gleiche NÄHRSTOFFAUFNAHMERATE X und Y = 10, aber etwas unterschiedliche MORTALITÄTSRATE X = 1 und MORTALITÄTSRATE Y = 0.9 haben. In diesem Fall dominiert längerfristig *Pflanze Y* mit der niedrigeren MORTALITÄTSRATE Y.

Arbeitsvorschläge

1. Untersuchen Sie die Wirkung unterschiedlicher Parameterannahmen für die Systementwicklung, insbesondere der Parameter NÄHRSTOFFAUFNAHMERATE X und Y und MORTALITÄTSRATE X und Y.

Literaturhinweise

Bossel, H. 1990/1994: *Umweltwissen – Daten, Fakten, Zusammenhänge.* Springer, Berlin /Heidelberg /New York.
Jørgensen, S.E. 1992: Exergy and ecology. *Ecol. Modelling* 63, p. 185-214.

Z408 Fischteich

Aufgabenstellung

Im Reifestadium ('Klimax') können terrestrische oder aquatische Ökosysteme auf Dauer bestehen, weil dort alle mineralischen Rohstoffe, die für die Lebensprozesse im System benötigt werden, wieder zurückgeführt (rezykliert) werden. Die Stoffverluste eines solchen Systems sind gering, und sie können deshalb durch natürliche Prozesse mit nur relativ kleinen Produktionsraten ersetzt werden, wie z.B. durch Gesteinsverwitterung oder die Fixierung von Stickstoff durch freilebende Bakterien. Der ökologische Landbau orientiert sich an diesem Prinzip, aber auch für die Teichwirtschaft ist es von Bedeutung.

Mit der übrigen Landwirtschaft integrierte Teiche spielen im asiatischen Landwirtschaftssystem in vielen Regionen (z.B. Südchina) eine große Rolle, nicht nur als Produzenten von Fisch, sondern auch als wirksame Zersetzer organischer Abfälle und Mineralisierer von Nährstoffen und damit als Düngerquellen, aber auch zur Erzeugung von Schweinefutter (Wasserhyazinthen) und Speicher für Bewässerungswasser.

Wird die Systemgrenze um den Teich gelegt, so lassen sich als hauptsächliche Inputs des Fischteichsystems die folgenden Systemgrößen erkennen: Sonneneinstrahlung, Niederschlag, Lufttemperatur, Wasserzufluss, Einsetzen von Jungfischen, Nährstoffe im Zufluss, organische Abfälle (von Vieh, Geflügel und menschlichen Ansiedlungen usw.), Mineraldünger und menschliche Arbeit. Die hauptsächlichen Outputs des Teichsystems sind: Fische, Nährstoffe im Schlamm (Dünger), organische Substanzen im Schlamm, Wasserabfluss, Austrag von Nährstoffen, Austrag von Sedimenten im Abfluss. Im Teich finden also viele verschiedene Prozesse gleichzeitig statt: Die Ablagerung von eingetragenen Sedimenten, die Zersetzung von organischen Abfällen jeder Art, das Wachstum von Algen und Wasserpflanzen, gefördert von diesen Nährstoffen, die Ernährung von Fischen mittels Algen und Wasserpflanzen, die Entnahme von Fischen für die menschliche Ernährung, die Entnahme von Schlamm zur Düngung der Felder, die Bewahrung von aus den Feldern abgespülten Nährstoffen und Bodenpartikeln. Durch stickstoffbindende (blaugrüne) Algen kann es zu einem zusätzlichen Eintrag von Stickstoff kommen.

Die Menge der Algen und Wasserpflanzen hängt vor allem von der Nährstoffmenge im Wasser ab, wobei der begrenzende Nährstoff (meist Phosphat) die entscheidende Rolle spielt. Sie hängt auch von der jahreszeitlichen Schwankung der Wassertemperatur und von der Sonneneinstrahlung ab, die die Energie für die Photosynthese und die Erzeugung von Glukose liefert. Beide haben einen jahreszeitlichen Einfluss auf die Primärproduktion von Algen und Pflanzen. Die Nährstoffe im Teich stehen in einem Kreislauf, falls kein Nährstoffexport (durch Entnahme von Schlamm, Wasserpflanzen oder Fischen) besteht: Die Nährstoffe im Wasser und in Schlamm und Sedimenten am Boden des Teichs werden von Pflanzen und Algen aufgenommen und in der durch die Photosynthese produzierten organischen Substanz eingelagert. Ein Teil dieses Materials wird wiederum zu Bestandsabfall, wird zersetzt und im Wasser oder im Schlamm mineralisiert, wobei die Nährstoffe wieder freiwerden. Ein anderer Teil wird von Fischen oder anderen pflanzenfressenden Tieren (z.B. Enten) verzehrt. Hiervon wird wiederum ein Teil durch die Tiere assimiliert (Nettoproduktion); der größere Teil wird entweder zu Abfall wegen der Verluste beim Fressen und Verdauen, oder weil die Energie für die Atmung verwendet wird, während die Nährstoffe wiederum im Tierkot freigesetzt werden. Die organischen Abfälle gehen in den Zersetzungs- und Mineralisierungsprozess ein, und die Nährstoffe laufen in den Nährstoffvorrat zurück.

Die Bewirtschaftung von Fischteichen beeinträchtigt diesen geschlossenen Nährstoffkreislauf auf verschiedene Weisen. Erstens werden mit jeder Entnahme von Fischen auch Nährstoffe entzogen; das Gleiche gilt für die Entnahme durch fischfressende Wasservögel oder andere Tiere. Falls diese Nährstoffe nicht durch die Atmosphäre, durch Zufluss vom Land, durch den Eintrag des Baches oder durch mineralische oder organische Düngung ersetzt würden, ergäbe sich ein allmählicher Nährstoffverlust im Teichökosystem. Zweitens besteht aber ein sehr viel größerer Nährstoffverlust durch die Schlammentnahme zur Felddüngung. Diese Nährstoffverluste werden teilweise durch die gerade erwähnten natürlichen Eingänge aufgehoben, aber in einem Aquakultursystem ist der Eintrag von organischem Dünger, von organischen Abfällen, von Pflanzenresten oder sogar von Mineraldünger von weit höherer Bedeutung. Diese Nährstoffeinträge und -austräge müssen in einer solchen Weise bewirtschaftet werden, dass eutrophische (überdüngte) oder hypereutrophische Bedingungen vermieden werden, während gleichzeitig Pflanzen und Algen so wachsen sollen, dass sich ein maximaler Fischertrag ergibt. Außerdem sollte das System die Düngermenge (Schlamm) erzeugen, die für die Felddüngung benötigt wird.

Diese Bewirtschaftungsaufgabe wird dadurch schwierig, dass mehrere unterschiedliche Zustandsgrößen mit sehr verschiedenen Zeitkonstanten beteiligt sind: Algen und Wasserpflanzen wachsen viel schneller als Fische, Mikroorganismen und die Zersetzer im System haben eine noch sehr viel schnellere Umlaufrate. Es sind daher starke dynamische Effekte erwarten, die noch durch die Wirkungsbeziehungen zwischen den verschiedenen Zustandsgrößen verstärkt werden. In der Tat zeigen natürliche aquatische Systeme sehr schnelle Dynamiken – Algenblüten und Fischsterben sind ein Beispiel. Bei der Formulierung des Modells konzentrieren wir uns auf die Beschreibung der verknüpften Dynamik dieser verschiedenen Vorgänge, um damit das Verständnis des Fischteichsystems und seiner Bewirtschaftung innerhalb eines Öko-farmsystems zu verbessern.

Damit definiert sich der Zweck des Simulationsmodells: Erkennen der wichtigen Elemente und der wichtigen Strukturverbindungen im Fischteichsystem und Erstellung eines dynamischen Modells, das eine zuverlässige Beschreibung des dynamischen Verhaltens der Zustandsgrößen des Fischteichs unter verschiedenen angenommenen Bewirtschaftungsstrategien abgibt. Damit soll ein besseres Verständnis der

Dynamik des Fischteichs und der Reaktion auf Bewirtschaftungsmaßnahmen erreicht werden. Die genaue Vorhersage der Entwicklung in einem bestimmten Fischteich wird nicht erwartet.

Das Modell berechnet Algenwachstum als Funktion der jahreszeitlichen Sonneneinstrahlung und der Nährstoffkonzentration im Teich. Algen werden von den Fischen gefressen. Unter eutrophen Bedingungen kann es zu Algenblüten und entsprechenden Algensterben-Episoden kommen. Die Fischpopulation ist von den Algen und Wasserpflanzen als Nahrungsquelle für ihre Respiration und ihren Biomassezuwachs abhängig. Der organische Abfall aus dem Metabolismus der Fische oder dem Absterben der Algen wird mit einer Zersetzungsrate zersetzt, die von der jahreszeitlichen Wassertemperatur abhängt. Der Nährstoff ist dann wieder im Wasser für die Aufnahme durch Algenwachstum verfügbar. Die Teichdynamik wird durch Bewirtschaftungsmaßnahmen wie z.B. die Zugabe von organischen Abfällen, von Mineraldünger, von Jungfischen sowie durch die Entnahme von Fischen und Schlamm für Düngezwecke beeinflusst.

Eine ausführlichere Beschreibung des Modells findet sich in Bossel 1992.

Simulationsmodell

Die Modellstruktur ist in den Simulationsdiagrammen Abb. Z408a und b dargestellt. Es enthält die vier Zustandsgrößen *Algen*, *Fische*, *organischer Abfall* und *Nährstoff*. Die entsprechenden Modellgleichungen sind im Folgenden aufgelistet.

Algen: Die Zustandsgröße dieses Teilsystems ist der jeweilige Bestand der Algenbiomasse (organische Trockensubstanz). Aus Gründen der Modellvereinfachung enthält die Größe *Algen* gleichzeitig Phytoplankton, Zooplankton und Wasserpflanzen, soweit sie eine Rolle in der Nahrungskette und dem Nährstoffkreislauf spielen. Die *Algenwachstumsrate* wird vor allem durch die *Nährstoffkonzentration* im Wasser bestimmt, die die *Nettoprimärproduktion* steuert; sie wird durch die jahreszeitliche Veränderung der *Sonneneinstrahlung* modifiziert. Diese absolute Wachstumsrate als Funktion der Nährstoffkonzentration und der Einstrahlung gilt zunächst für eine konstante NORMALE BIOMASSE ALGEN und muss daher mit der *relativen Biomasse der Algen* modifiziert werden: Wenn es wenig Algen gibt, wird die *Algenwachstumsrate* sehr viel kleiner sein, als wenn es sich um eine hohe Algenkonzentration handelt.

Zwei Verlustraten müssen betrachtet werden: Erstens werden Algen mit der *Algenverzehrrate* entsprechend dem *Nahrungsbedarf der Fische* von diesen verzehrt, und zweitens können Algen wegen widriger Umweltbedingungen absterben. Unter extremen Wachstumsbedingungen (bei Algenblüten) kann der Wachstumsprozess selbst zu plötzlichem Absterben der Algenpopulation führen, weil die Wachstumsbedingungen von der hohen Algendichte negativ beeinflusst werden (Nährstofferschöpfung, Nebenprodukte der hohen Zersetzungsrate usw.). Für diesen Fall wird eine hohe *Absterberate* eingeführt.

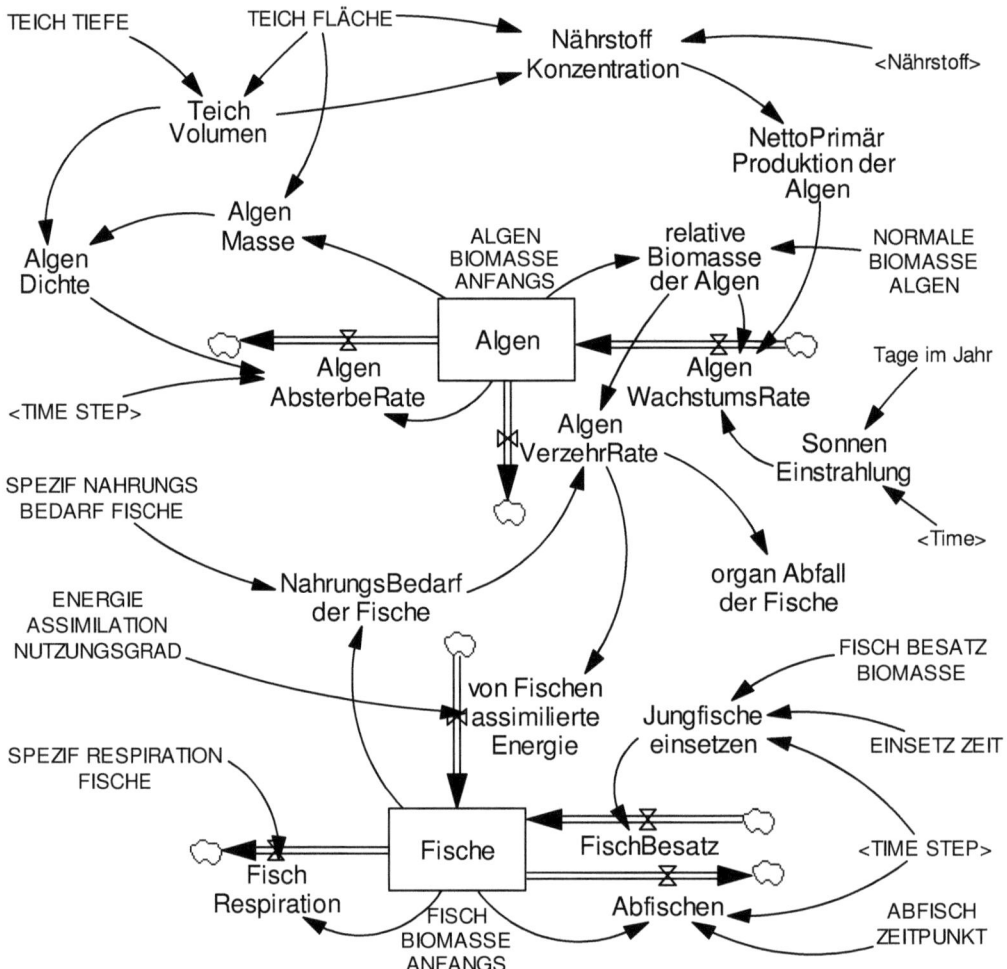

Abb. Z408a: Simulationsdiagramm für Fische, Algen und Nährstoffe – Teil 1.

Fische: Die Zustandsgröße ist der Bestand an *Fischen* (gemessen in organischer Trockensubstanz der Biomasse). Anfangs gibt es im Fischteich keine Fische. Im Frühling werden zur EINSETZZEIT Jungfische eingesetzt (FISCHBESATZ BIOMASSE). Diese Fische wachsen dann entsprechend der *von Fischen assimilierten Energie*, die der *Algenverzehrrate* entspricht, die wiederum durch den *Nahrungsbedarf der Fische* und die *relative Biomasse der Algen* bestimmt wird. Die organische Trockensubstanz der Nahrung oder der Biomasse wird hier als Maß für Energie benutzt, weil der Umrechnungsfaktor von organischer Trockensubstanz auf Energie bei allen Tier- und Pflanzenarten relativ konstant ist (ungefähr 17 kJ/g für Kohlehydrate, 21 kJ/g für Proteine, 38 kJ/g für Fett (Lipide), woraus sich ein mittlerer Wert von 20 kJ/g für organische Substanz ergibt). Der Nahrungsbedarf der Fische folgt sich aus dem SPEZIFISCHEN NAHRUNGSBEDARF FISCHE und der jeweiligen Biomasse des Fischbestandes.

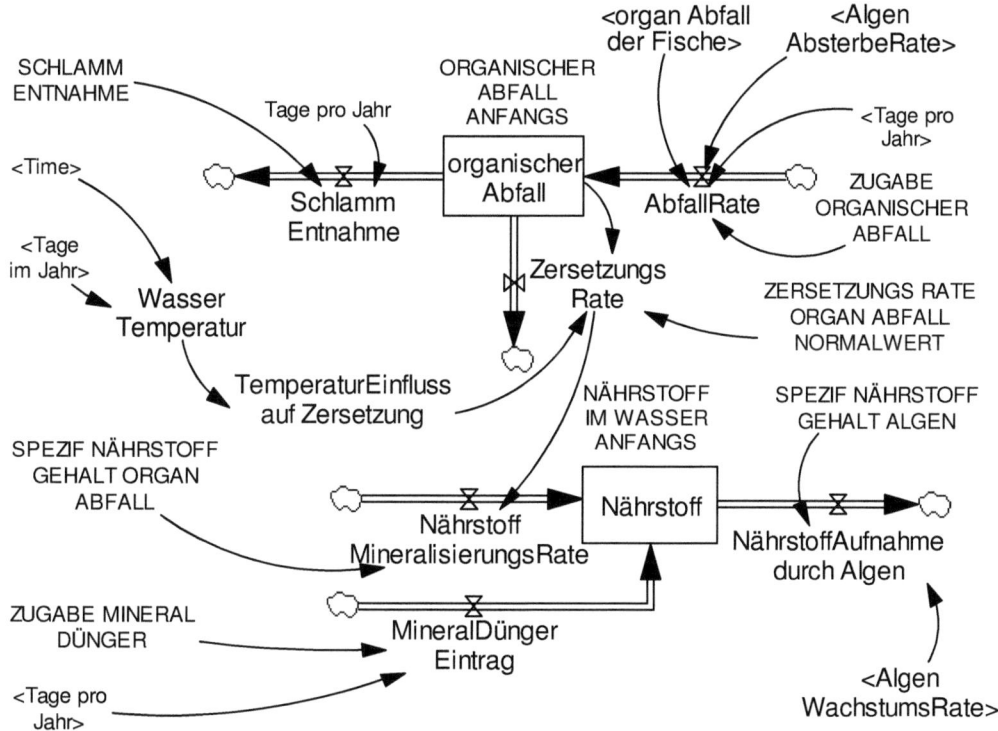

Abb. Z408b: Simulationsdiagramm für Fische, Algen und Nährstoffe – Teil 2.

Unter der Annahme, dass die einzige für die Fische verfügbare Nahrung aus Algen (einschließlich Wasserpflanzen, s.o.) besteht, übersetzt sich der Nahrungsbedarf der Fische in eine entsprechende *Algenverzehrrate*. Wenn die Algenmenge nicht ausreicht, um den Bedarf zu erfüllen, wird im Modell die Verzehrrate entsprechend verändert. Alle mit der Nahrung aufgenommenen Nährstoffe (außer denen, die in der Fischbiomasse gespeichert werden; dieser relativ kleine Anteil wird hier vernachlässigt) gehen nach der Verdauung mit dem *organischen Abfall der Fische* (Fischkot) wieder ins Wasser. Die Fische können nur einen Teil der Energie assimilieren, die in der Nahrung enthalten ist. Daher muss die verzehrte Nahrung mit dem ENERGIEASSIMILATION

NUTZUNGSGRAD multipliziert werden, um die *von Fischen assimilierte Energie* zu erhalten.

Ein Teil der assimilierten Energie wird für die *Fischrespiration* (Atmung, Lebenserhaltung der *Fische*) verwendet. Die *Fischrespiration* ist der gegenwärtigen Fischbiomasse *Fische* und der SPEZIFISCHEN RESPIRATION FISCHE proportional. Falls die Fische nicht genügend Nahrung finden, wird ein Teil der in der Fischbiomasse enthaltenen Energie verbraucht, so dass sich durch die Atmung ihre Biomasse verringert. Falls die mit der Nahrung aufgenommene Energie den Atmungsbedarf übersteigt, kann die Fischbiomasse wachsen. Schließlich werden zur Zeit der Fischernte im Herbst einige oder alle Fische durch *Abfischen* aus dem Fischteich entnommen, wobei sich die Fischbiomasse entsprechend reduziert.

Organischer Abfall und *Nährstoff*: Der Nährstoffkreislauf im Teich muss durch die Zersetzung der organischen Abfälle und die Mineralisierung der in ihnen enthaltenen Nährstoffe geschlossen werden. Weil die Nettoprimärproduktion im Teich durch den Nährstoff, der sich jeweils im Minimum befindet, bestimmt wird, so muss nur dieser Nährstoff betrachtet werden, um die Wachstumsdynamik im Teich zu berechnen. Normalerweise ist der begrenzende Nährstoff in aquatischen Ökosystemen der Phosphor. Hier werden allerdings Umrechnungsdaten für Stickstoff verwendet, weil dieser in bewirtschafteten Teichen tatsächlich von größerer Bedeutung sein könnte. Eine Umstellung auf Phosphordaten ist jedoch einfach und würde die Dynamik des Modells nicht verändern.

Der *organische Abfall* wird durch Mikroorganismen mit der *Zersetzungsrate* zersetzt, wobei der Nährstoff mit der entsprechenden *Nährstoff-Mineralierungsrate* in den Vorrat von *Nährstoff* im Wasser übergeht. Dieser Vorgang hängt wesentlich von der Menge und Funktionsfähigkeit der vorhandenen Mikroorganismen ab. In einem komplexeren Modell müssten die Mikroorganismen durch ihre eigene Zustandsgröße dargestellt werden. Hier wurde allerdings angenommen, dass die Mikroorganismenpopulation schnell genug wachsen kann, um sich auf jeden sich ergebenden Bestand an organischen Abfällen einzustellen, und dass daher die Population der Mikroorganismen keinen die Dynamik bestimmenden Einfluss auf den Zersetzungsprozess hat. Die *Zersetzungsrate* wird bestimmt durch die Menge des organischen Abfalls, den ZERSETZUNGSRATE ORGANISCHER ABFALL NORMALWERT und den von der Jahreszeit und damit der *Wassertemperatur* abhängigen *Temperatureinfluss auf Zersetzung*. Die jahreszeitliche Temperaturverteilung wird als sinusförmig angenommen und schwankt zwischen Januar- und Juli-Extremen von 8 bzw. 32 Grad Celsius (Südchina).

Die Menge des *organischen Abfalls* im Teich verändert sich durch Einträge durch den *organischen Abfall der Fische*, die *Algenabsterberate*, durch die ZUGABE ORGANISCHER ABFALL von außerhalb des Fischteichs (Gras, Gemüse- und Ernteabfälle, Abwasser und Abfälle aus der Viehhaltung und Wohngebäuden usw.), durch die *Schlammentnahme* als Felddünger und durch die *Zersetzungsrate* des organischen Abfalls.

Die Menge von *Nährstoff* im Teich wird durch die Rate der *Nährstoffminerali-sierung* aus der Zersetzung des organischen Abfalls (mit SPEZIFISCHEM NÄHRSTOFF-GEHALT ORGANISCHER ABFALL) und durch die mögliche ZUGABE MINERALDÜNGER und den entsprechenden *Mineraldüngereintrag* erhöht. Der Nährstoffvorrat verringert sich durch die *Nährstoffaufnahme durch Algen* (und das Wachstum der Wasserpflan-zen).

Wichtiger simulationstechnischer Hinweis: Das Modell sieht für den Fall der Algenblüte bei der *Algenabsterberate* einen einmaligen Puls vor, der zum Absterben von 90% der Algen führt. Dies wird mit dem Euler-Cauchy-Verfahren korrekt berech-net. Bei Verwendung eines Simulationsverfahrens mit veränderlicher Schrittweite (wie das in Vensim PLE integrierte RK4-Verfahren) kommt es zu inkorrekten Ergebnissen. Dieses Modell muss daher mit dem Euler-Cauchy-Verfahren bzw. einem Verfahren mit fester Schrittweite (TIMESTEP) gerechnet werden. In Bossel 1992 wird der Vor-gang der Algenblüte mit seiner stark erhöhten *Algenabsterberate* durch das Umschal-ten auf einen mehrtägigen Absterbeprozess korrekter dargestellt, aber dieser Prozess lässt sich mit graphisch-interaktiven Modellierungsverfahren nur sehr umständlich formulieren. Mit der Euler-Cauchy-Integration führt die hier benutzte Formulierung zum (fast) gleichen Ergebnis wie im Originalmodell.

Parameter und Anfangszustände
TEICH FLÄCHE = 1 [ha]
TEICH TIEFE = 2 [m]
ALGEN BIOMASSE ANFANGS = 100 [kg/ha]
FISCH BIOMASSE ANFANGS = 0 [kg/ha]
ORGANISCHER ABFALL ANFANGS = 1 [kg/ha]
NÄHRSTOFF IM WASSER ANFANGS = 50 [kgN/ha]
ENERGIE ASSIMILATION NUTZUNGSGRAD = 0.6 [1]
NORMALE BIOMASSE ALGEN = 1000 [kg/ha]
SPEZIF NÄHRSTOFF GEHALT ALGEN = 0.02 [kgN/kg]
SPEZIF NAHRUNGS BEDARF FISCHE = 0.1 [kg/(kg*Day)]
SPEZIF RESPIRATION FISCHE = 0.04 [kg/(kg*Day)]
SPEZIF NÄHRSTOFF GEHALT ORGAN ABFALL = 0.02 [kgN/kg]
ZERSETZUNGS RATE ORGAN ABFALL NORMALWERT = 0.03 [1/Day]
Tage im Jahr = 365 [Day]
Tage pro Jahr = 365 [Day/year]

Szenarioparameter
FISCH BESATZ BIOMASSE = 100 [kg/ha]
EINSETZ ZEIT = 10 [Day]
ABFISCH ZEITPUNKT = 3000 [Day]
ZUGABE MINERAL DÜNGER = 0 [kgN/(ha*year)]
ZUGABE ORGANISCHER ABFALL = 0 [kg/(ha*year)]
SCHLAMM ENTNAHME = 0 [kg/(ha*year)]

Algendynamik
TeichVolumen = TEICH FLÄCHE *TEICH TIEFE [ha*m]
SonnenEinstrahlung = 1+0.6 *SIN (6.28 *Time /Tage im Jahr -3.14/2) [1] *relative Son-
    neneinstrahlung*
NährstoffKonzentration = (Nährstoff/TeichVolumen) *TEICH FLÄCHE [kgN/(ha*m)] *10
    kgN/(ha*m) = 1 mgN/liter*
NettoPrimärProduktion der Algen = WITH LOOKUP (NährstoffKonzentration, ([(0, 0) -
    (600, 400)], (0, 0), (10, 10), (50, 15), (100, 20), (150, 20), (500, 20)))
    [kg/(Day*ha)] *Nettoprimärproduktion der Algen*
AlgenWachstumsRate = SonnenEinstrahlung *NettoPrimärProduktion der Algen *10
    *relative Biomasse der Algen [kg/(Day*ha)]
AlgenAbsterbeRate = IF THEN ELSE (AlgenDichte > 1000, 0.9*Algen /TIME STEP, 0)
    [kg/(ha*Day)] *bei zu hoher Algendichte: Algenblüte und Absterben von 90% der
    Algen*
AlgenVerzehrRate = IF THEN ELSE (relative Biomasse der Algen < 1, NahrungsBe-
    darf der Fische *relative Biomasse der Algen, NahrungsBedarf der Fische)
    [kg/(Day*ha)]
organ Abfall der Fische = AlgenVerzehrRate [kg/(Day*ha)]
Algen = INTEG (+AlgenWachstumsRate –AlgenAbsterbeRate -AlgenVerzehrRate,
    ALGEN BIOMASSE ANFANGS) [kg/ha]
AlgenMasse = TEICH FLÄCHE *Algen [kg]
relative Biomasse der Algen = Algen /NORMALE BIOMASSE ALGEN [1]
AlgenDichte = (AlgenMasse /TeichVolumen) [kg/(ha*m)]

Fischdynamik
NahrungsBedarf der Fische = SPEZIF NAHRUNGS BEDARF FISCHE *Fische
    [kg/(Day*ha)]
von Fischen assimilierte Energie = AlgenVerzehrRate *ENERGIE ASSIMILATION
    NUTZUNGSGRAD [kg/(Day*ha)]
FischRespiration = SPEZIF RESPIRATION FISCHE *Fische [kg/(Day*ha)]
Jungfische einsetzen = PULSE (EINSETZ ZEIT, TIME STEP) *FISCH BESATZ BIO-
    MASSE /TIME STEP [kg/(Day*ha)]
FischBesatz = Jungfische einsetzen [kg/(Day*ha)]
Abfischen = PULSE (ABFISCH ZEITPUNKT, TIME STEP) *Fische /TIME STEP
    [kg/(Day*ha)]
Fische = INTEG (FischBesatz +von Fischen assimilierte Energie –Abfischen -
    FischRespiration, FISCH BIOMASSE ANFANGS) [kg/ha]

Abfalldynamik
AbfallRate = organ Abfall der Fische +ZUGABE ORGANISCHER ABFALL /Tage pro
    Jahr +AlgenAbsterbeRate [kg/(Day*ha)]
SchlammEntnahme = SCHLAMM ENTNAHME /Tage pro Jahr [kg/(Day*ha)]
WasserTemperatur = 20 +12 *SIN (6.28 *Time /Tage im Jahr -3.14/2) [Celsius]
TemperaturEinfluss auf Zersetzung = WITH LOOKUP (WasserTemperatur, ([(0, 0) -
    (60, 5)], (0, 0.05), (10, 0.25), (20, 1), (30, 1.5), (40, 2), (50, 2))) [1]

ZersetzungsRate = TemperaturEinfluss auf Zersetzung *ZERSETZUNGS RATE OR-
GAN ABFALL NORMALWERT *organischer Abfall [kg/(Day*ha)]
organischer Abfall = INTEG (AbfallRate –SchlammEntnahme -ZersetzungsRate, OR-
GANISCHER ABFALL ANFANGS) [kg/ha]

Nährstoffdynamik
MineralDünger Eintrag = ZUGABE MINERAL DÜNGER /Tage pro Jahr [kgN/(Day*ha)]
NährstoffMineralisierungsRate = ZersetzungsRate *SPEZIF NÄHRSTOFF GEHALT
ORGAN ABFALL [kgN/(ha*Day)]
NährstoffAufnahme durch Algen = AlgenWachstumsRate *SPEZIF NÄHRSTOFF GE-
HALT ALGEN [kgN/(Day*ha)]
Nährstoff = INTEG (MineralDünger Eintrag +NährstoffMineralisierungsRate -
NährstoffAufnahme durch Algen, NÄHRSTOFF IM WASSER ANFANGS)
[kgN/ha]

Simulationszeitparameter
INITIAL TIME = 0 [Day]
FINAL TIME = 1825 [Day]
TIME STEP = 0.125 [Day]

Simulationsergebnisse

Die Abb. Z408c bis e zeigen die mit den Parameterwerten der Voreinstellungen berechnete zeitliche Entwicklung über drei Jahre. Die Weiterführung der Simulation für
weitere Jahre zeigt sich jährlich wiederholende Ergebnisse, die mit den Ergebnissen
des 3. Jahres (Tag 730-1095) völlig identisch sind. Es hat sich dann also ein jahreszeitlicher ökologischer Zyklus eingestellt, bei dem ständig die Nährstoffe rezyklieren und
für eine ganz bestimmte, sich jährlich wiederholende Dynamik der Bestände von *Algen*, *Fischen*, *organischem Abfall* und *Nährstoff* sorgen.

Während mehrerer Algenblüten im nährstoffreichen Wasser des ersten Jahres
wächst der Bestand der am 10. Tag eingesetzten *Fische* nur allmählich und erreicht
sein Maximum erst im frühen Winter, geht aber dann wegen Nahrungsmangels in der
Wintersaison stark zurück. (Normalerweise werden aus diesem Grund Fischteiche im
Spätherbst abgefischt, was bei diesem Simulationslauf nicht vorgesehen ist.) Nach
dem ersten Jahr hat sich ein größerer Bestand an *organischem Abfall* (Schlamm) gebildet, der nun *Nährstoff* mit einer relativ stetigen Rate abgibt und in den folgenden Jahren zu einem raschen Wachstum von *Algen* und Wasserpflanzen im Frühjahr führt, die
bis zum Sommer ausreichend Nahrung für die *Fische* bieten. Danach reduziert sich der
Bestand der *Algen* wieder; entsprechend geht der Bestand der *Fische* wieder allmählich
zurück und erreicht sein Minimum im Winter.

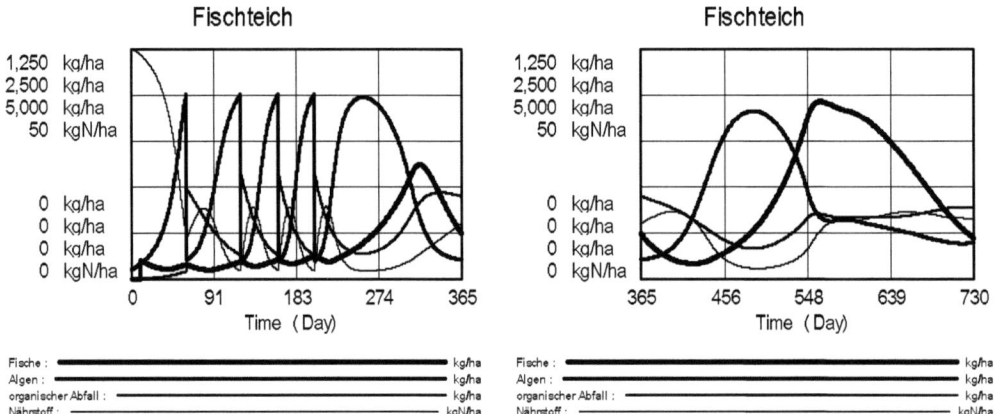

Abb. Z408c: Entwicklung im ersten Jahr: Wegen des nährstoffreichen Wassers kommt es zu mehreren Algenblüten.

Abb. Z408d: Entwicklung im zweiten Jahr: Nährstoffe sind jetzt weitgehend im Schlamm festgelegt; Algenblüten treten nicht mehr auf.

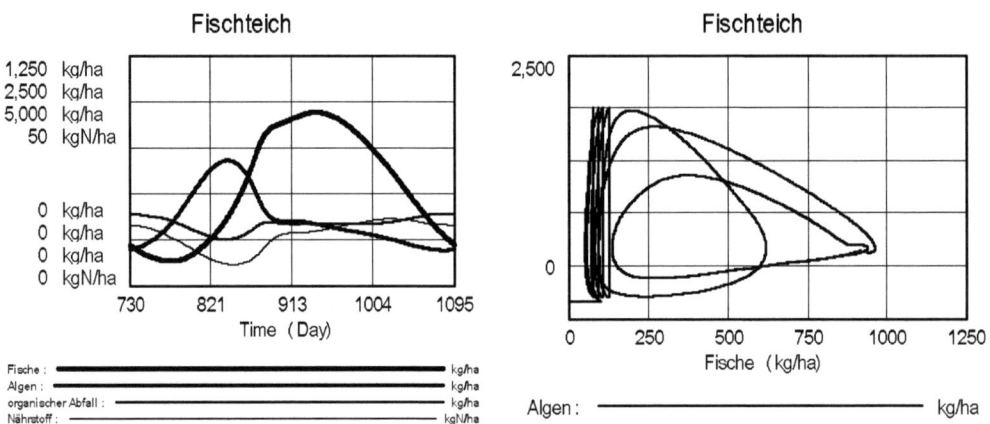

Abb. Z408e: Im dritten Jahr hat sich ein stabiler Zyklus eingestellt, der sich ab jetzt jedes Jahr wiederholt.

Abb. Z408f: Zustandsdiagramm der langjährigen Entwicklung: Einschwingen auf einen sich ständig wiederholenden Zyklus.

Auch im Zustandsbild für *Algen* und *Fische* in Abb. Z408f lässt sich dieser Ablauf erkennen. Nach den Algenblüten-Episoden im ersten Jahr (Zacken links) geht der Zustandspfad in eine periodische Schwingung über, die sich ab dem dritten Jahr identisch wiederholt. Im Frühjahr wächst die Algenpopulation schnell bis auf ein Maximum von ungefähr 1400 kg/ha, während die Fischpopulation eine Spitze von etwa 950 kg/ha im Spätsommer erreicht. Der organische Abfallbestand (Schlamm) bleibt mehr oder weniger konstant bei ungefähr 1500 kg/ha während des ganzen Jahres, während der Nährstoffbestand, der die meiste Zeit des Jahres einen durchschnittlichen Wert von 13 kgN/ha aufweist, auf etwa 4 kgN/ha absinkt zur Zeit des maximalen Algenwachstums im Frühling.

Die Simulationsergebnisse dieses einfachen Modells zeichnen Verhaltenstendenzen, dürften aber zur Planung von Bewirtschaftungsmaßnahmen (wie Fischbesatz, Abfischen, Schlammentnahme, Düngung usw.) für konkrete Anwendungen kaum ausreichen. Die Genauigkeit des Modells ließe sich durch einige Veränderungen wie die folgenden noch verbessern:

• Die Nährstoffspeicherung in der Fischbiomasse wird jetzt nicht berücksichtigt. Hieraus ergibt sich ein Fehler beim Abfischen.

• Es empfiehlt sich, eine genauere Darstellung des Algensterbens nach einer Algenblüte zu entwickeln.

• Die Wirkung der Algenblüte auf den Sauerstoffgehalt des Wassers wird hier nicht betrachtet. Dieser ist aber ein wesentlicher Faktor bei Algenblüten und dem darauf folgenden Fischsterben.

• Die Beschreibung des Zersetzungsprozesses ist nur grob. Es ist allerdings unwahrscheinlich, dass eine detailliertere Beschreibung zu sehr unterschiedlichen Ergebnissen fuhren würde.

• Die jetzt verwendeten Parameter und Funktionen gründen meist auf Schätzungen und könnten durch genauere experimentelle Werte verbessert werden.

Arbeitsvorschläge

1. Erhöhen Sie den anfänglichen Nährstoffbestand im Teich allmählich und beobachten Sie, wie er sich auf den Algenbestand auswirkt. Ab welchem Nährstoffbestand treten auch in späteren Jahren noch Algenblüten auf?

2. Versuchen Sie, durch wiederholte Simulationen mit verschiedenen Parameterwerten eine Bewirtschaftungsstrategie für möglichst hohen Fischertrag zu ermitteln. Verändern Sie hierzu den anfänglichen Nährstoffbestand, den Fischbesatz und die Daten des Einsetzens und Abfischens.

3. Finden Sie Einstellungen für die drei Zustandsgrößen am 1. Januar, die zu stabilen ökologischen Zyklen unterschiedlicher Produktivität führen (ohne Fischentnahme). Hierzu müssen die Simulationen über mehrere Jahre durchgeführt werden.

4. Finden Sie Bewirtschaftungsstrategien, bei denen durch Zugabe von organischem Abfall und Entnahme von Schlamm am Ende des Jahres ein möglichst hoher Fischertrag bei gleichzeitiger möglichst hoher Schlammentnahme für Düngezwecke ermöglicht wird.

5. Stellen Sie in einem anfänglich eutrophierten (überdüngten) Teich durch die Entnahme von Schlamm wiederum einen oligotrophen (nährstoffarmen) Zustand ein (keine Algenblü-

ten mehr). Wie viel Schlamm pro Hektar müssen Sie bei den von Ihnen gewählten Anfangsparametern entnehmen?

6. Beginnen Sie mit einem anfänglich oligotrophen Zustand (Nährstoffgehalt 10 kgN/ha). Erhöhen Sie den Nährstoffgehalt durch mineralische Düngung und versuchen Sie auf diese Weise, einen maximalen Fischertrag zu erreichen.

7. Verändern Sie das Teilmodell für den Fischbestand, indem Sie eine zusätzliche Fütterung der Fische vorsehen. Versuchen Sie, einen maximalen Fischertrag unter oligotrophen Bedingungen (keine Algenblüten) durch Fütterung zu erzielen. Mit welchen Erträgen können Sie etwa rechnen?

8. Modifizierung Sie die Berechnung der *Algenabsterberate* wie folgt (s. Bossel 1992, S. 229-230): Falls die kritische *Algendichte* (= 1000, wie jetzt) überschritten wird, soll 4 Tage lang eine SPEZIFISCHE ABSTERBERATE von 0.4 [1/Tag] gelten, d.h. *Algenabsterberate* = 0.4*Algen. Danach soll wieder *Algenabsterberate* = 0 gelten.

Literaturhinweise

Bossel, H. 1992: *Simulation dynamischer Systeme – Grundwissen, Methoden, Programme*. Vieweg, Braunschweig und Wiesbaden, 2. Aufl., S. 218-244.

Z409 Fischfang

Aufgabenstellung

Der Fischfang ist ein klassisches Beispiel für die Nutzung einer erneuerbaren Ressource. Fischpopulationen erneuern sich durch ihren Nachwuchs. Wird dieser durch den Fischfang kaum beeinträchtigt, so kann der Fischbestand in seiner ursprünglichen Höhe erhalten bleiben. Wird dagegen der Bestand überfischt, so bleibt der Nachwuchs weitgehend aus. Wird trotzdem weiter gefischt, so kann die Population sich nicht mehr erholen und bricht in kurzer Zeit zusammen. Selbst wenn die Befischung jetzt aufhören sollte, so kann es doch Jahrzehnte dauern, bis die Fischpopulation wieder in die Nähe der früheren Bestandsgröße kommt – wenn die Art nicht inzwischen sowieso völlig ausgestorben ist. In vielen Regionen der Welt kam und kommt es bis heute wegen Überfischen zum Zusammenbruch einst riesiger Fischbestände: Heringe in der Nordsee, Dorsch im Nordatlantik, Thunfisch, Wale – um nur einige zu nennen. Mit dem Zusammenbruch der Bestände kollabiert die auf sie angewiesene Fischerei. Mit ihr verschwinden Arbeitsplätze und Einkommen; ganze Regionen (wie Neufundland) verlieren ihre wirtschaftliche Basis.

Höhere Fangmengen versprechen kurzfristig höheren Gewinn. Dieses ökonomische Interesse der Fischer verträgt sich aber prinzipiell nicht mit der Notwendigkeit, sich an der natürlichen Regenerationsfähigkeit der Fischbestände zu orientieren, um langfristig nicht den völligen Verlust der Bestände zu riskieren. Um die Nachhaltigkeit des Fischfangs zu sichern, muss auf Maßnahmen wie Schonzeiten, Mindestgrößen, Einschränkungen bei den Fangtechniken, Fangmengenbeschränkungen und Flottenbegrenzungen zurückgegriffen werden. Abgesehen von der schwierigen Überwachung dieser Maßnahmen ist aber auch ihre Bemessung schwierig, da die ökonomischen Interessen der Fischer und Verbraucher optimal berücksichtigt werden sollen und gleichzeitig die Fischbestände so gesichert werden müssen, dass sie nachhaltig möglichst hohe Fangerträge liefern. Auch hier helfen Simulationsmodelle; allerdings ist die Beschaffung der Daten für ihre Parametrisierung oft nicht einfach.

Im folgenden Modell wird vereinfachend davon ausgegangen, dass in einem großen Binnensee eine einzige Fischpopulation befischt wird. Das Gesamtsystem 'Fischfang' besteht aus den verkoppelten dynamischen Systemen einerseits des Fischbestands und andererseits der Fischwirtschaft (hier dargestellt durch die Investitionen in Fangschiffen), die diesen Bestand nutzt und von ihm abhängt. Von den Einkünften der Fischer werden neue Fangboote beschafft und ausgemusterte Boote ersetzt.

Erste Überlegungen (aus der Sicht der Fischer) zeigen hier, dass die Fangmenge und damit der Verdienst gering sein werden, wenn entweder nur wenige oder aber zu viele Boote zum Fang ausfahren. Es wird also wahrscheinlich ein Optimum für die Zahl der Boote geben, das aber von den finanziellen Bedingungen (Fischpreis und Bootsunkosten) und von den ökologischen Bedingungen (nachhaltig erzielbarer Fischertrag) abhängen wird. Für die Fischer wäre es wichtig, diese Bedingungen zu kennen, um den Fischfang gemeinsam so zu regeln, dass (1) es weder zu einem ökologischen Zusammenbruch (der Fischpopulation) noch einem ökonomischen Zusammenbruch (der Fischereibetriebe) kommt und (2) sich eine nachhaltige (dauerhafte) Bewirtschaftung des Binnensees unter optimalen ökonomischen Bedingungen ergibt. Da es sich hier um relativ komplexe miteinander verwobene ökologische und ökonomische Prozesse handelt, ist die Entwicklung eines mathematischen Modells für die Computersimulation unter verschiedenen angenommenen Bedingungen und für die Suche nach einer optimalen Lösung angebracht. Die schrittweise Entwicklung des folgenden Modells ist in Bossel SDS 2004 detailliert dargestellt. Dort wird auch gezeigt, dass seine Struktur exakt der des traditionellen Räuber-Beute-Systems bei begrenzter Tragfähigkeit (Modell Z402) entspricht.

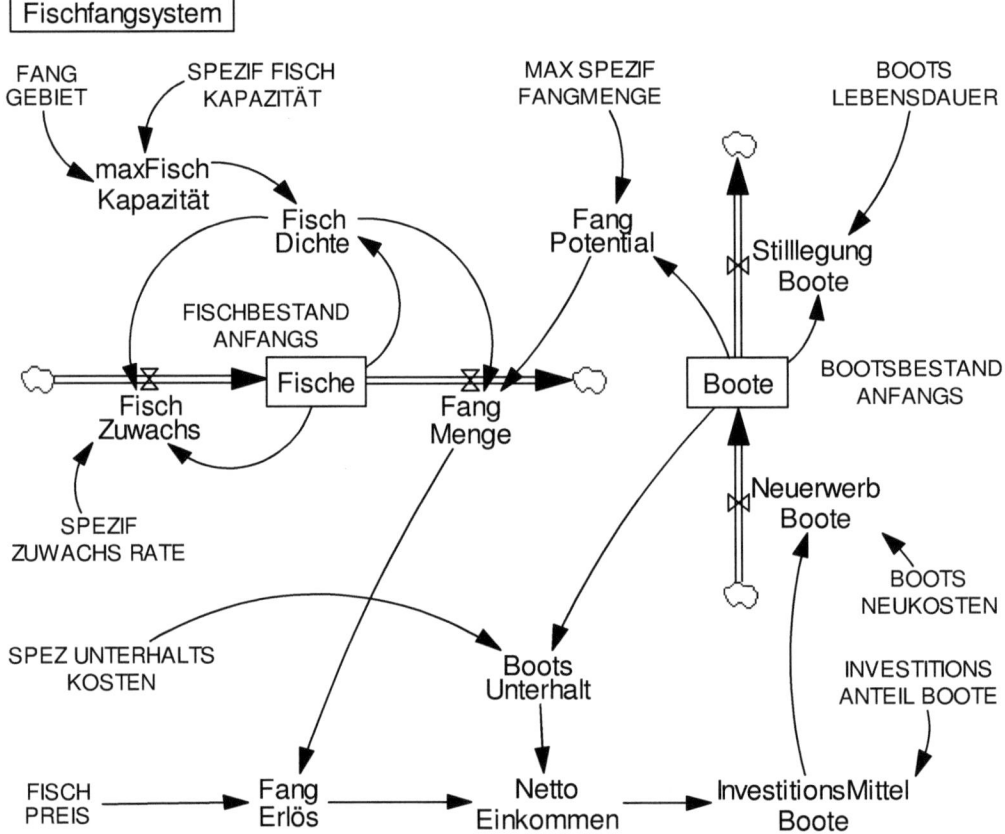

Abb. Z409a: Simulationsdiagramm für das Fischfang-System

Simulationsmodell

Abb. Z409a zeigt das Simulationsdiagramm des Fischfang-Modells. Die Modellgleichungen sind im Folgenden aufgeführt.

Im Teilmodell für die Zustandsgröße *Fische* bestehen die folgenden Zusammenhänge. Sie beschreiben, wie der Fischbestand sich abhängig von den natürlichen Entwicklungsbedingungen und der 'Ausbeutung' durch die Fischer entwickelt.

- Der *Fischzuwachs* hängt vom momentanen Bestand der *Fische* ab.
- Der *Fischzuwachs* ist umso größer, je größer die SPEZIF ZUWACHSRATE DER FISCHE.
- Der *Fischzuwachs* verringert sich, wenn die (relative) *Fischdichte* sich einer durch die *maximale Fischkapazität* gegebenen Grenze annähert.
- Der *Fischbestand* erhöht sich durch *Fischzuwachs*.
- Der *Fischbestand* verringert sich durch die (jährliche) *Fangmenge*.
- Die *Fischdichte* erhöht sich entsprechend der Zunahme des *Fischbestands*.
- Bei geringerer *maximaler Fischkapazität* ergibt sich bei gleichem *Fischbestand* eine höhere (relative) *Fischdichte*.
- Die *maximale Fischkapazität* entspricht der Fläche des FANGGEBIETS (da der Energieeintrag aus solarer Einstrahlung, der zum Wachsen von Phytomasse als Fischnahrung führt, proportional zur Oberfläche des Gewässers ist).
- Die *maximale Fischkapazität* hängt ab von der SPEZIFISCHEN FISCHKAPAZITÄT des Gewässers. Ohne Fischernte würde sich der Fischbestand bis zu dieser ökologischen Tragfähigkeitsgrenze entwickeln. Wenn der Bestand der *Fische* sich dieser Grenze nähert, verschwindet der *Fischzuwachs* allmählich bis auf Null.

Im Teilmodell für die Zustandsgröße *Boote* lassen sich die folgenden Zusammenhänge formulieren. Sie beschreiben, wie die Anzahl der Fischerboote sich in Abhängigkeit von den ökonomischen Bedingungen des Fischfangs verändert.

- Der Bestand der *Boote* erhöht sich durch (jährlichen) *Neuerwerb Boote*.
- Der *Bootsbestand* vermindert sich durch jährlichen *Stilllegung Boote*.
- Die maximal mögliche jährliche Fangmenge der Flotte, das *Fangpotential*, bestimmt sich aus dem Bestand an *Booten*.
- Das *Fangpotential* hängt ab von der Leistungsfähigkeit der Boote, d.h. der MAX SPEZIF FANGMENGE pro Jahr für jedes Boot.
- Die tatsächliche *Fangmenge* ist umso größer, je höher das *Fangpotential* ist.
- Die *Fangmenge* nimmt mit der *Fischdichte* zu.
- Der (jährliche) *Fangerlös* nimmt mit der *Fangmenge* zu.
- Der *Fangerlös* erhöht sich proportional zum FISCHPREIS.
- Das *Nettoeinkommen* ist umso höher, je höher der *Fangerlös* ist.
- Das *Nettoeinkommen* ist geringer, wenn der *Bootsunterhalt* teurer ist.

- Die Gesamtkosten des *Bootsunterhalts* sind höher, wenn die SPEZIF UNTER-HALTSKOSTEN (pro Boot) größer sind.
- Die Gesamtkosten des *Bootsunterhalts* nehmen mit der Zahl der *Boote* zu.
- Bei höherem *Nettoeinkommen* stehen mehr *Investitionsmittel Boote* zur Verfügung.
- Bei höherem INVESTITIONSANTEIL BOOTE (Anteil des Nettoeinkommens, der für Neuinvestitionen in Boote verwendet wird) stehen mehr *Investitionsmittel Boote* zur Verfügung.
- Wenn mehr *Investitionsmittel Boote* verfügbar sind, kann mehr Geld in *Neuerwerb Boote* investiert werden.
- Bei höheren BOOTSNEUKOSTEN ist der *Neuerwerb Boote* geringer.
- Die (jährliche) *Stilllegung Boote* ist abhängig von der BOOTSLEBENSDAUER.
- Die (jährliche) *Stilllegung Boote* hängt vom momentanen Bestand an *Booten* ab.

Parameter und Anfangszustände
FISCHBESTAND ANFANGS = 5000 [t Fisch]
FANG GEBIET = 100 [km²]
SPEZIF FISCH KAPAZITÄT = 100 [t Fisch/km²]
SPEZIF ZUWACHS RATE = 1 [1/Year]
BOOTSBESTAND ANFANGS = 100 [Boot]
BOOTS LEBENSDAUER = 15 [Year]
BOOTS NEUKOSTEN = 100000 [$/Boot]
INVESTITIONS ANTEIL BOOTE = 0.5 [1]
MAX SPEZIF FANGMENGE = 100 [t Fisch/(Boot*Year)]
SPEZ UNTERHALTS KOSTEN = 50000 [$/(Boot*Year)]
FISCH PREIS = 1000 [$/t Fisch]

Dynamik
maxFischKapazität = FANG GEBIET *SPEZIF FISCH KAPAZITÄT [t Fisch]
FischZuwachs = SPEZIF ZUWACHS RATE *Fische *(1 -FischDichte) [t Fisch/Year]
FangMenge = FangPotential *FischDichte [t Fisch/Year]
Fische = INTEG (+FischZuwachs -FangMenge, FISCHBESTAND ANFANGS) [t Fisch]
FischDichte = Fische /maxFischKapazität [1]
Neuerwerb Boote = InvestitionsMittel Boote /BOOTS NEUKOSTEN [Boot/Year]
Stilllegung Boote = Boote /BOOTS LEBENSDAUER [Boot/Year]
Boote = INTEG (Neuerwerb Boote -Stilllegung Boote, BOOTSBESTAND ANFANGS)
    [Boot]
FangPotential = MAX SPEZIF FANGMENGE *Boote [t Fisch/Year]
BootsUnterhalt = SPEZ UNTERHALTS KOSTEN *Boote [$/Year]
FangErlös = FISCH PREIS *FangMenge [$/Year]
NettoEinkommen = FangErlös -BootsUnterhalt [$/Year]
InvestitionsMittel Boote = INVESTITIONS ANTEIL BOOTE *NettoEinkommen [$/Year]

Simulationszeitparameter
INITIAL TIME = 0 [Year]
FINAL TIME = 20 [Year]
TIME STEP = 0.02 [Year]

Simulationsergebnisse

Abb. Z409b zeigt den Zeitverlauf von *Fische*, *Boote* und *Fangmenge* für die Parameter der Voreinstellung. Nach anfänglich starkem Rückgang vom Anfangswert 5000 [t Fisch] auf ein Minimum von etwa 3000 erholt sich der Bestand der *Fische* wieder und stabilisiert sich langfristig bei einem Wert von etwa 6300. Der Bestand der *Boote* sinkt rasch von seinem Anfangswert von 100 auf etwa 36, wo er sich stabilisiert. Die jährliche *Fangmenge* geht von ihrem Anfangswert von 5000 [t Fisch/Jahr] sehr rasch zurück auf ein Minimum von etwa 1800, stabilisiert sich dann aber bei etwa 2300. Offensichtlich stellt sich das System mit diesen Voreinstellungen nach etwa einem Jahrzehnt auf ein Fließgleichgewicht ein, bei dem sich die Zustandsgrößen *Fische* und *Boote* nicht mehr verändern, und Verluste (durch *Fangmenge* und *Stilllegung Boote*) genau durch Gewinne (durch *Fischnachwuchs* und *Neuerwerb Boote*) kompensiert werden.

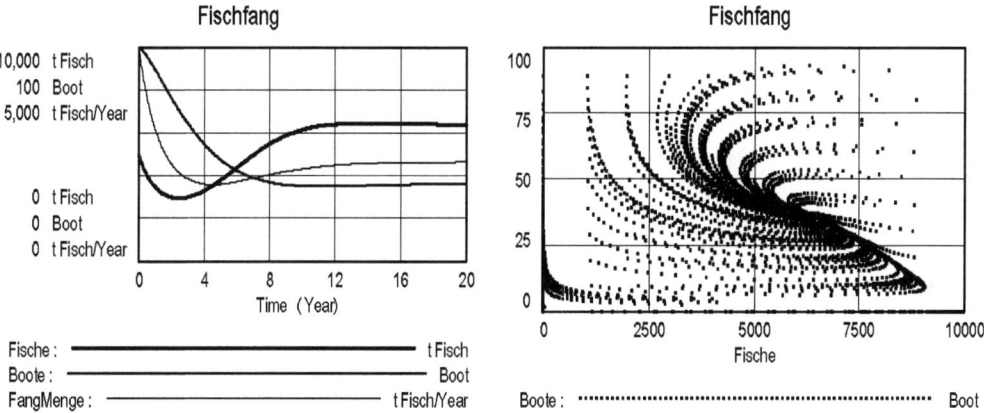

Abb. Z409b: Das System schwingt auf einen Gleichgewichtszustand ein.
Abb. Z409c: Unabhängig vom Ausgangszustand laufen alle Zustandspfade auf den gleichen Gleichgewichtszustand zu.

Abb. Z409c zeigt das Zustandsbild für *Boote* als Funktion von *Fische*, das sich durch Ankopplung des Modells Z115 ZUSTANDSBILD (in Bossel Zoo1 2004) und der Berechnung der Zustandspfade für 100 verschiedene Anfangszustände für die beiden Zustandsgrößen ergibt. Hier zeigt sich, das für alle Anfangsbedingungen im untersuchten Bereich das System sich rasch auf einen stabilen Gleichgewichtspunkt (bei etwa 37 *Booten* und 6300 t *Fischen*) hin bewegt (vgl. Abb. Z402Ac).

Die Ergebnisse weiterer Untersuchungen mit diesem Modell sind in Bossel SDS 2004 (S. 202-225) dokumentiert.

Arbeitsvorschläge

1. Untersuchen Sie das Verhalten bei veränderten Parametern (besonders: SPEZIF ZU-WACHSRATE, MAX SPEZIF FANGMENGE, BOOTSNEUKOSTEN, INVESTITIONSANTEIL BOOTE, FISCHPREIS). Erzeugen Sie für interessante Fälle Zeitdiagramme für *Fische*, *Boote*, *Fangmenge*, *Nettoeinkommen* (alle Größen in einem Bild) sowie Zustandsdia-gramme (*Boote* über *Fische*). Ermitteln Sie die jeweiligen Gleichgewichtspunkte aus diesen Diagrammen. Untersuchen Sie insbesondere, ob Sie Zusammenbrüche (bei hohen Fangraten) finden können.
2. Koppeln Sie das Modell Z115 ZUSTANDSBILD an das Modell Z409 FISCHFANG und erzeugen Sie Zustandsbilder (wie Abb. Z409c) für interessante Parameterkombinatio-nen (s. Vorschlag 1).
3. Reduzieren Sie – durch Einführen einbuchstabiger Symbole und mathematische Substitution usw. –die Modellgleichungen auf ein System von zwei Differentialglei-chungen des Räuber-Beute-Typs. Ermitteln Sie die (3!) Gleichgewichtspunkte mit der Bedingung $dz/dt = 0$, zunächst als allgemeine Ausdrücke, in denen die Systemparame-ter auftauchen, und dann für einige sinnvoll quantifizierte Systemparameter (s. hierzu Bossel SDS 2004 S. 221-224).
4. Linearisieren Sie das Differentialgleichungssystem (mit der Jacobi'sche Matrix) am stabilen Gleichgewichtspunkt der Voreinstellung oder einer anderen interessanten Pa-rameterkombination. Ermitteln Sie die charakteristische Gleichung des linearen Er-satzsystems und bestimmen Sie ihre Eigenwerte. Zeichnen Sie die Lage der Eigenwer-te in der komplexen Zahlenebene und diskutieren Sie damit das Verhalten des Modell-systems nahe dem Gleichgewichtspunkt. Ist das Verhalten dort stabil? Gibt es Schwingungen? Sind sie gedämpft? (s. hierzu Bossel SDS 2004 bes. S. 307-309, 318-320, 323-324, 335-336).
5. Ermitteln Sie für mehrere Werte der MAX SPEZIF FANGMENGE im Bereich von 50 bis 250 die Lage der Gleichgewichtspunkte und die dazu gehörende (nachhaltige) *Fangmenge*. Tragen Sie die *Fangmenge* über der MAX SPEZIF FANGMENGE auf und geben Sie eine fischerei-politische Empfehlung für optimale und nachhaltige Nutzung des Fanggebiets.

Literaturhinweise

Bossel, H. SDS 2004: *Systeme, Dynamik, Simulation – Modellbildung, Analyse und Simulation komplexer Systeme*. Books on Demand, Norderstedt, S. 202-225.

Z410 Fischfang mit Optimierung

Aufgabenstellung

Bei allen Simulationen mit dem Modell Z409 FISCHFANG ist zwar gelegentlich (bei ungünstigen ökonomischen Bedingungen) ein 'Aussterben' der Bootsflotte, aber nie ein vollständiger Zusammenbruch der Fischpopulation zu beobachten. Die Erklärung hierfür findet sich in den Modellgleichungen: Die *Fangmenge* ist abhängig von der *Fischdichte*

Fangmenge = Fangpotential · Fischdichte;

Das bedeutet, dass bei abnehmender *Fischdichte* (und entsprechend abnehmendem *Fischbestand*) die *Fangmenge* schließlich gegen Null geht. Dies hat aber entsprechende ökonomische Konsequenzen für die Fischereibetriebe: Der Bootsbestand geht ebenfalls stark zurück, damit reduziert sich die Fangmenge weiter. Die Fischpopulation wird damit vor dem völligen Zusammenbruch bewahrt. Schließlich stellt sich zwischen *Fischbestand* und *Bootsbestand* immer ein Gleichgewicht ein.

Die hier verwendete implizite Annahme, dass die Fische gleichmäßig über das Fanggebiet verteilt sind, entspricht bei vielen wirtschaftlich interessanten Fischarten nicht der Realität. Diese treten oft in Fischschwärmen auf, die mit modernen Techniken gut zu orten sind. Das bedeutet aber, dass dann die Fangmenge nicht mehr von der (durchschnittlichen) Fischdichte, sondern nur noch von der Güte der Ortungstechnik (d.h. der *Fangchance*) und dem *Fangpotential* der Flotte abhängt:

Fangmenge = Fangpotential · Fangchance

Damit ändert sich das Systemverhalten aber grundlegend.

Um das Fischfang-Modell entsprechend zu modifizieren, führen wir zunächst drei neue Parameter zum Vorhandensein von ORTUNGSTECHNIK, für zugelassene MAXIMALE BOOTSZAHL sowie die FANGCHANCE ein, die berücksichtigt, dass auch bei ausgefeilter Ortungstechnik die Fangmenge geringer ist als das vorhandene Fangpotential.

Um das Modell für die Suche nach einer optimalen Bewirtschaftungsstrategie verwenden zu können, muss ein Gütekriterium eingeführt werden, an dem sich die Suche orientieren soll. Hierfür können insbesondere zwei Gesichtspunkte eine entscheidende Rolle spielen: die Maximierung der *Fangmenge* (ohne Rücksicht auf Kosten), oder die Maximierung der *Profitrate* (ohne Rücksicht auf die Fangmenge). In der Realität wird beides zu berücksichtigen sein. Im Modell verwenden wir einen Güteindex, der beide Gesichtspunkte berücksichtigt, wobei die jeweilige Wichtung gewählt werden muss.

Eine ausführlichere Darstellung des modifizierten Modells und seiner Ergebnisse findet sich in Bossel SDS 2004 (S. 267-279).

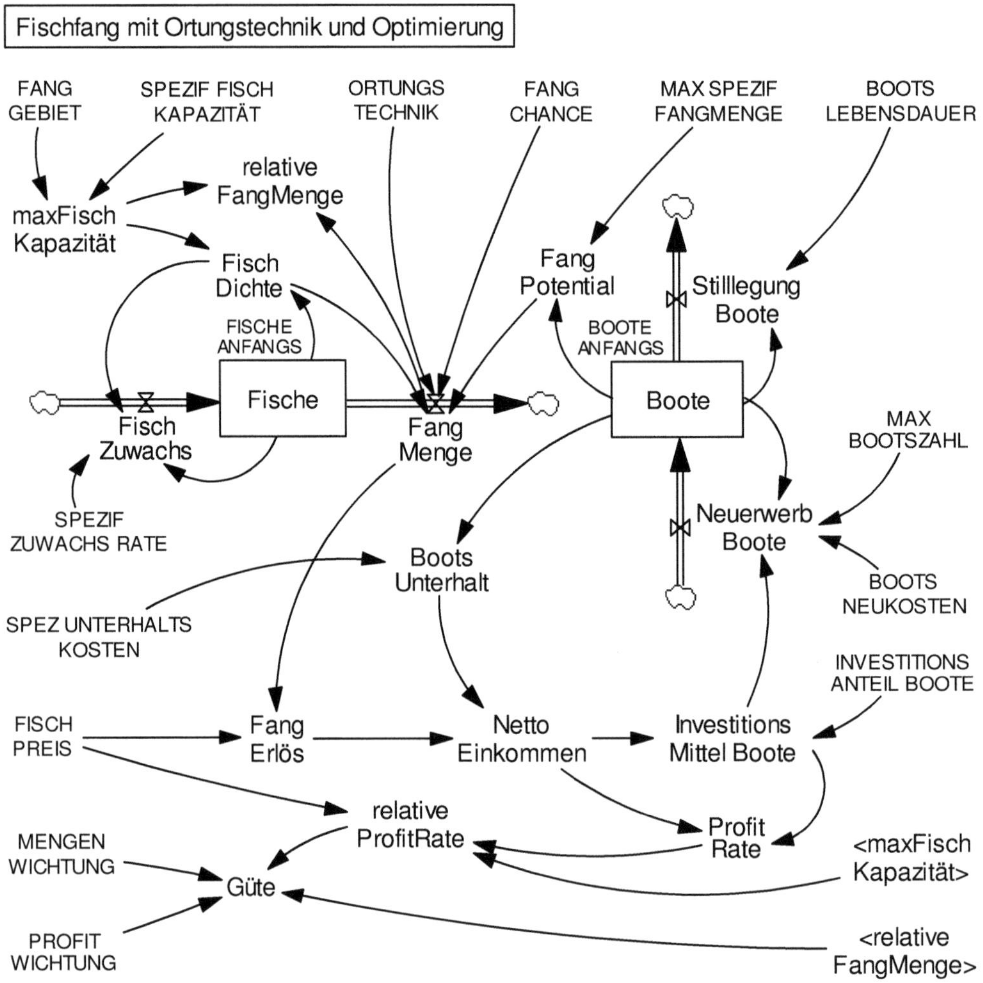

Abb. Z410a: Simulationsdiagramm für Fischfang mit Optimierung.

Simulationsmodell

Abb. Z410a zeigt das Simulationsdiagramm; die entsprechenden Modellanweisungen sind im Folgenden aufgeführt. Das Modell Z409 FISCHFANG wurde ergänzt durch die Parameter ORTUNGSTECHNIK, FANGCHANCE und MAX BOOTSZAHL, Neuformulierung der Anweisungen für *Fangmenge* und *Neuerwerb Boote*, sowie weitere Anweisungen zur Ermittlung der *Güte* als Funktion der mit MENGENWICHTUNG und PROFITWICHTUNG gewichteten Ergebnisse für *relative Profitrate* und *relative Fangmenge*.

Parameter und Anfangszustände
FISCHE ANFANGS = 5000 [t Fisch]
FANG GEBIET = 100 [km²]
SPEZIF FISCH KAPAZITÄT = 100 [t Fisch/km²]
SPEZIF ZUWACHS RATE = 1 [1/Year]
BOOTE ANFANGS = 10 [Boot]
MAX BOOTSZAHL = 25 [Boot]
BOOTS LEBENSDAUER = 15 [Year]
BOOTS NEUKOSTEN = 100000 [$/Boot]
INVESTITIONS ANTEIL BOOTE = 0.5 [1]
ORTUNGS TECHNIK = 1 [1] *vorhanden = 1, nicht vorhanden = 0*
FANG CHANCE = 0.8 [1]
MAX SPEZIF FANGMENGE = 100 [t Fisch/(Boot*Year)]
SPEZ UNTERHALTS KOSTEN = 50000 [$/(Boot*Year)]
FISCH PREIS = 1000 [$/t Fisch]
MENGEN WICHTUNG = 0 [1]
PROFIT WICHTUNG = 1 [1]

Dynamik
maxFischKapazität = FANG GEBIET *SPEZIF FISCH KAPAZITÄT [t Fisch]
FischZuwachs = SPEZIF ZUWACHS RATE *Fische *(1 -FischDichte) [t Fisch/Year]
FangMenge = IF THEN ELSE (ORTUNGS TECHNIK = 0, FangPotential *FischDichte,
        IF THEN ELSE (FischDichte > 0, FangPotential *FANG CHANCE, 0)) [t
        Fisch/Year]
relative FangMenge = FangMenge /maxFischKapazität [1/Year]
Fische = INTEG (+FischZuwachs -FangMenge, FISCHE ANFANGS) [t Fisch]
FischDichte = Fische /maxFischKapazität [1]
Neuerwerb Boote = IF THEN ELSE (Boote > MAX BOOTSZAHL, 0, InvestitionsMittel
        Boote /BOOTS NEUKOSTEN) [Boot/Year]
Stilllegung Boote = Boote /BOOTS LEBENSDAUER [Boot/Year]
Boote = INTEG (Neuerwerb Boote -Stilllegung Boote, BOOTE ANFANGS) [Boot]
FangPotential = MAX SPEZIF FANGMENGE *Boote [t Fisch/Year]
BootsUnterhalt = SPEZ UNTERHALTS KOSTEN *Boote [$/Year]
FangErlös = FISCH PREIS *FangMenge [$/Year]
NettoEinkommen = FangErlös -BootsUnterhalt [$/Year]
InvestitionsMittel Boote = INVESTITIONS ANTEIL BOOTE *NettoEinkommen [$/Year]
ProfitRate = NettoEinkommen -InvestitionsMittel Boote [$/Year]
relative ProfitRate = ProfitRate /(FISCH PREIS *maxFischKapazität) [1/Year]
Güte = ((MENGEN WICHTUNG *relative FangMenge) +(PROFIT WICHTUNG *relative
        ProfitRate)) *100/(MENGEN WICHTUNG +PROFIT WICHTUNG) [1/Year]

Simulationszeitparameter
INITIAL TIME = 0 [Year]
FINAL TIME = 20 [Year]
TIME STEP = 0.02 [Year]

Simulationsergebnisse

Abb. Z410b zeigt das Zeitverhalten des Modells für die verwendeten Voreinstellungen. Um ein stabiles Verhalten zu erzeugen, muss jetzt der Anfangswert für *Boote* klein gehalten und die MAX BOOTSZAHL auf einen geringen Wert (hier 25) beschränkt werden.

    Das durch Ankopplung von Modell Z115 erzeugte Zustandsbild in Abb. Z410c zeigt deutlich, dass sich das Systemverhalten durch den Einsatz der Ortungstechnik gegenüber dem Modell Z409 völlig verändert hat. Ein stabiler Gleichgewichtszustand tritt nur ein, wenn die Begrenzung MAX BOOTSZAHL eingeführt wird. Aber auch in diesem Fall bricht das System zusammen, wenn das Verhältnis von *Booten* zu *Fischen* anfangs zu groß ist (linker Bereich im Zustandsbild Z410c). Im stabilen Bereich laufen die Zustandspfade auf einen Gleichgewichtspunkt bei *Boote* = 25 und *Fische* = 7236 zu. Im Gegensatz zu linearen dynamischen Systemen stellen wir hier unterschiedliche Stabilitätsbedingungen in den verschiedenen Zustandsregionen fest – eine gängige Eigenschaft nichtlinearer Systeme.

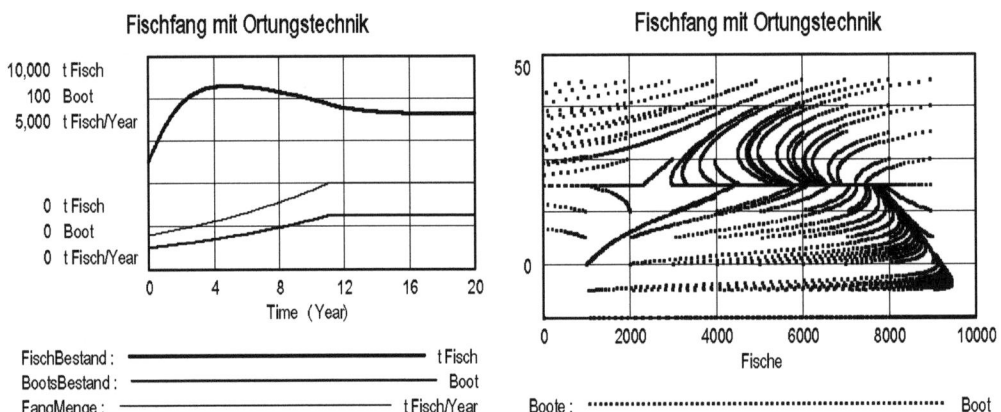

Abb. Z410b: Bei Begrenzung der Bootszahl auf 25 stellt sich ein Gleichgewichtszustand ein.
Abb. Z410c: Wird Ortungstechnik eingesetzt, so besteht die Gefahr des Zusammenbruchs des Systems.

    Für ein nach Wirtschaftlichkeitsgesichtspunkten arbeitendes Fischereiunternehmen wäre als wichtige Frage zu klären, welcher Anteil des jährlichen Gewinns (hier: *Nettoeinkommen*) unter Gleichgewichtsbedingungen wieder in den *Neuerwerb Boote* investiert werden sollte (INVESTITIONSANTEIL BOOTE). Ein hoher *Bootsbestand* bedeutet hohe Unterhalts- und Betriebskosten (*Bootsunterhalt*) und beschneidet damit den höheren Gewinn, den eine größere Bootsflotte bringen könnte; ein zu geringer *Bootsbestand* liefert nur eine geringe *Fangmenge* und damit ebenfalls geringen Gewinn (*Profitrate*). Bei diesen Überlegungen kommt es aber darauf an, welches Gewicht verschiedenen Entscheidungskriterien zugemessen wird.

Abb. Z410d und e zeigen den *Güte*-Index für fünf Simulationsläufe, bei denen der INVESTITIONSANTEIL BOOTE zwischen 0.1 und 0.9 variiert wurde. Im ersten Fall (Abb. Z410d) wurde MENGENWICHTUNG = 1 und PROFITWICHTUNG = 5 verwendet, d.h. hier stand die Profitmaximierung im Vordergrund. Ein optimales Betriebsergebnis zeigt sich bei einem INVESTITIONSANTEIL BOOTE von 0.5. Im zweiten Fall (Abb. Z410e) stand mit MENGENWICHTUNG = 5 und PROFITWICHTUNG = 1 die Maximierung der Fangmenge im Vordergrund. Sie ergibt sich, wie zu erwarten, für INVESTITIONS-ANTEIL BOOTE = 0.9 und den dadurch bewirkten schnellstmöglichen Ausbau der Fang-flotte auf die zulässige Größe (MAX BOOTSZAHL = 25).

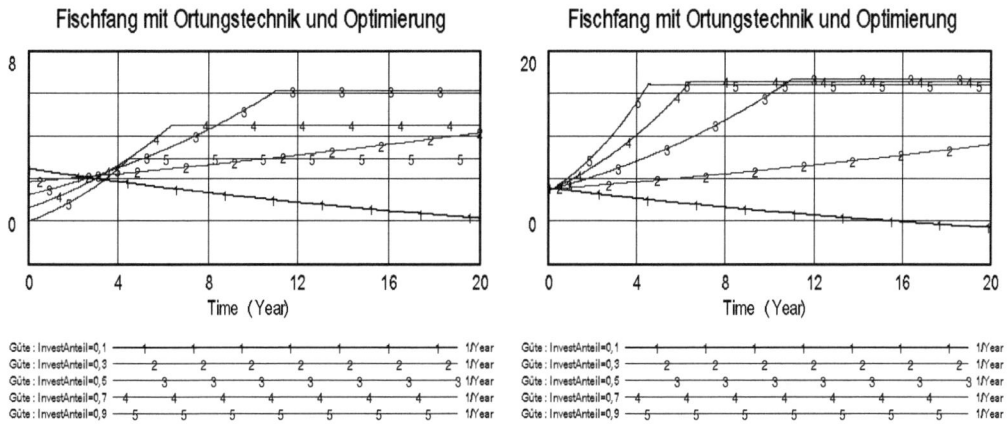

Abb. Z410d: Wird vorwiegend nach Profit optimiert, so ergibt sich bei mittlerem INVES-TITIONSANTEIL BOOTE von 0.5 ein optimales Ergebnis.
Abb. Z410e: Wird vorwiegend nach Fangmenge optimiert, so ist der schnelle Aufbau der Bootsflotte optimal.

Arbeitsvorschläge

1. Koppeln Sie das Modell Z115 ZUSTANDSBILD an Modell Z410 und erzeugen Sie Zustandsbilder für MAX BOOTSZAHL im Bereich 25 bis 35 (ähnlich Abb. Z410c). Ab welcher MAX BOOTSZAHL gibt es keinen stabilen Gleichgewichtspunkt mehr? (D.h. das System bricht immer zusammen.) Verifizieren Sie, dass bei diesem Grenzwert für MAX BOOTSZAHL auch die maximale *Profitrate* erreicht wird. Was bedeutet das für die Praxis?

2. Führen Sie eine sich von Jahr zu Jahr im Bereich 0.5 bis 1.5 mit einer Zufallsfunktion verändernde SPEZIF ZUWACHSRATE der *Fische* ein (kleine Modellergänzung). Finden Sie für diesen Fall eine MAX BOOTSZAHL, die noch auf jeden Fall den Zusammenbruch des Systems verhindert. Vergleichen Sie *Fangmenge* und *Profitrate* mit dem Ergebnis für die konstante SPEZIF ZUWACHSRATE = 1 der Voreinstellung.
3. Definieren Sie als Optimierungskriterium den (akkumulierten) Profit über 20 Jahre (Modell entsprechend ergänzen). Finden Sie (durch mehrfache Simulationen mit veränderter MAX SPEZIF FANGMENGE) einen Wert für diesen Fangparameter, der den Profit über 20 Jahre maximiert (ohne dass es zum Zusammenbruch der Fischpopulation kommt, d.h. der Parameter sollte eine nachhaltige Nutzung ermöglichen).

Literaturhinweise

Bossel, H. SDS 2004: *Systeme, Dynamik, Simulation – Modellbildung, Analyse und Simulation komplexer Systeme.* Books on Demand, Norderstedt, S. 267-279.

Z411 Tourismus und Umwelt

Aufgabenstellung

Die natürliche Schönheit von Bergen, Seen, Wäldern, Inseln und Meeresstränden zieht Menschen an. Wenn sie dort nicht heimisch sind, wollen sie wenigstens als Touristen für ein paar Wochen in dieser Umgebung leben und in ihr einer Vielzahl von Freizeitaktivitäten nachgehen. Bleibt die Belastung der natürlichen Umwelt durch die Touristen gering, so werden kleine Schäden durch die natürliche Regeneration des Ökosystems rasch wieder beseitigt, und die Attraktivität der Region kann dauerhaft erhalten bleiben. Mit den Touristen kommt aber auch Geld in die Region. Die zusätzlichen Einkünfte sind willkommen, und man wird investieren, um noch mehr Touristen einen angenehmen Aufenthalt zu verschaffen. Viele Investoren wollen an einem solchen Boom teilhaben. Man kann sich anfangs kaum vorstellen, dass alles so enden könnte, wie auch schon an vielen anderen Orten: zugebaute Strände, verschmutzte Gewässer, mit Betonburgen und Skiliften verhunzte Berglandschaften vertreiben schließlich die Touristen wieder und stürzen die Einheimischen in Konkurs und materielle Not.

Ist diese Dynamik unabänderlich? Unter welchen Bedingungen lässt sich eine Region dauerhaft touristisch nutzen, ohne an Attraktivität einzubüßen? Mit einem Simulationsmodell soll versucht werden, die Dynamik des aus der Verkopplung von Umwelt und Tourismus entstehenden Systems zu verstehen und zu beschreiben.

Simulationsmodell

Abb. Z411a zeigt das Simulationsdiagramm für die einfachst-mögliche Darstellung der dynamischen Verkopplung von *Umweltqualität* und *Touristen*. (Etwas komplexere Darstellungen finden sich in den Modellen Z412 TOURISMUSDYNAMIK.) Die entsprechenden Modellgleichungen sind im Folgenden aufgelistet. Es werden auf '1' normierte Zustandsgrößen verwendet, da es uns hier vor allem auf die Ermittlung der möglichen Dynamik ankommt.

Der *Zuwachs* der *Umweltqualität* ist durch die UMWELTERHOLUNGSRATE bestimmt und wird entsprechend der TRAGFÄHIGKEIT DER UMWELT mit einer logistischen Funktion limitiert. Ohne Tourismus würde sich *Umweltqualität* bis zu dieser Grenze entwickeln. Tritt eine *Umweltbeanspruchung* durch *Touristen* ein, so ergeben sich *Verluste* von *Umweltqualität* entsprechend dieser Beanspruchung und der damit verbundenen spezifischen UMWELTZERSTÖRUNGSRATE. Die *Umweltbeanspruchung* durch die *Touristen* hängt von der Zahl der *Touristen* und der *Umweltqualität* selber ab und ist daher zu beiden proportional (wie beim Räuber-Beute-System).

Die *Zunahme* der *Touristen* richtet sich nach der *Umweltqualität*; diese *Zunahme* kann aber durch WERBEWIRKUNG noch erheblich verstärkt werden. Die *Zunahme* spiegelt die Attraktivität der Region wieder. Der Bestand an *Touristen* verringert sich durch *Schwund* entsprechend der VERLUSTRATE TOURISTEN. Der *Schwund* lässt sich z.B. durch den Verlust an Übernachtungen pro Jahr ausdrücken, während die *Zunahme* einen Anstieg der Übernachtungszahlen bedeutet.

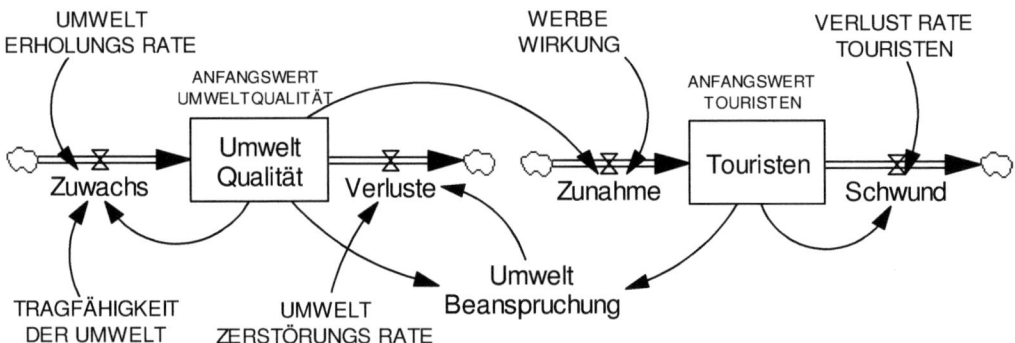

Abb. Z411a: Simulationsdiagramm für das System Tourismus und Umwelt.

Parameter und Anfangszustände
ANFANGSWERT UMWELTQUALITÄT = 1 [Qualität]
ANFANGSWERT TOURISTEN = 0.1 [Touristen]
TRAGFÄHIGKEIT DER UMWELT = 1 [Qualität]
UMWELT ERHOLUNGS RATE = 1 [1/Year]
UMWELT ZERSTÖRUNGS RATE = 1 [1/(Touristen*Year)]
VERLUST RATE TOURISTEN = 1 [1/Year]
WERBE WIRKUNG = 5 [Touristen/(Qualität*Year)]

Dynamik
UmweltBeanspruchung = Touristen *UmweltQualität [Qualität*Touristen]
Zuwachs = UMWELT ERHOLUNGS RATE *UmweltQualität *(1 −UmweltQualität
    /TRAGFÄHIGKEIT DER UMWELT) [Qualität/Year]
Verluste = UMWELT ZERSTÖRUNGS RATE *UmweltBeanspruchung [Qualität/Year]
UmweltQualität = INTEG (+Zuwachs -Verluste, ANFANGSWERT UMWELTQUALI-
    TÄT) [Qualität]
Zunahme = WERBE WIRKUNG *UmweltQualität [Touristen/Year]
Schwund = VERLUST RATE TOURISTEN *Touristen [Touristen/Year]
Touristen = INTEG (+Zunahme -Schwund, ANFANGSWERT TOURISTEN) [Touristen]

Simulationszeitparameter
INITIAL TIME = 0 [Year]
FINAL TIME = 10 [Year]
TIME STEP = 0.02 [Year]

Simulationsergebnisse

Abb. Z411b zeigt den zeitlichen Verlauf von *Umweltqualität*, *Touristen* und *Umweltbeanspruchung* für die Parameter der Voreinstellung. Es ergeben sich ein rascher Anstieg der *Touristen* von einem anfangs kleinen Wert auf fast 2 und ein darauf folgender rascher Rückgang auf einen Gleichgewichtswert von 0.833. Der Umweltzustand verringert sich rasch vom Anfangswert 1 auf den Gleichgewichtswert 0.167. (Die Gleichgewichtswerte folgen aus der Bedingung $dz/dt = 0$.) Die Lage des (stabilen) Gleichgewichtspunkts ist unabhängig von den Anfangsbedingungen.

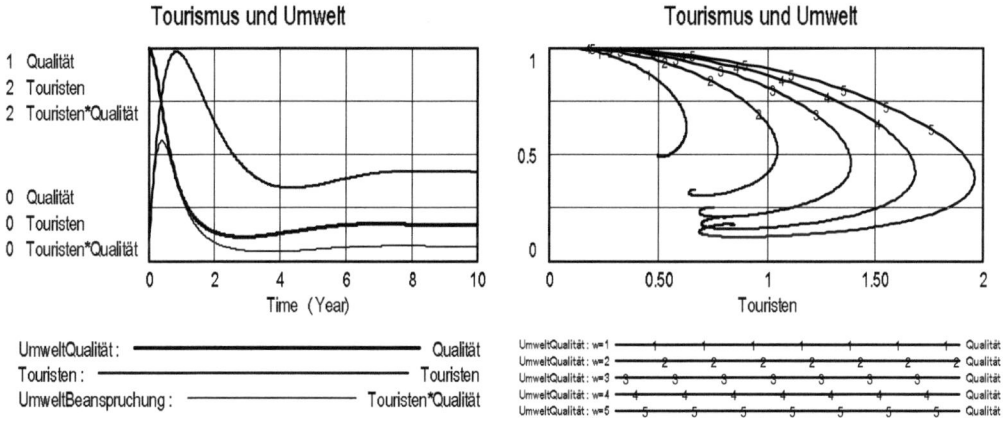

Abb. Z411b: Umweltzerstörung vermindert die Attraktivität der Region und lässt den anfänglich hohen Touristenstrom wieder schwinden.

Abb. Z411c: Größere Werbeanstrengungen bringen nur kurzfristig mehr Touristen, führen aber auf Dauer zu schlechterer Umweltqualität.

Abb. Z411c zeigt die Zustandspfade und die Lage der Gleichgewichtspunkte im Zustandsdiagramm (*Umweltqualität* über *Touristen*) als Funktion der WERBEWIRKUNG. Eine höhere WERBEWIRKUNG führt erwartungsgemäß zu einer höheren Zahl von *Touristen* und stärkeren Einbußen bei der *Umweltqualität*. Vor allem ergibt sich ein anfangs wesentlich stärkeres Anwachsen der Zahl der *Touristen* auf einen erheblich höheren Maximalwert. Entsprechend wesentlich stärker ist auch der Zusammenbruch der Zahl der *Touristen*. Die Entwicklungsdynamik (insbesondere der Gleichgewichtszustand) hängt also sehr stark von der WERBEWIRKUNG ab. Die UMWELTZERSTÖRUNGSRATE durch den Tourismus hat auf die Entwicklung ebenfalls einen entscheidenden Effekt. Von Bedeutung ist auch die UMWELTERHOLUNGSRATE, von der es wesentlich abhängt, wie viel Tourismus von der Umwelt verkraftet werden kann.

Arbeitsvorschläge

1. Untersuchen Sie durch Simulation mit schrittweise veränderten Parametern und Auftragen der Ergebnisse in einem gemeinsamen Diagramm (ähnlich Abb. Z411c) den Einfluss der verschiedenen Parameter auf Systemdynamik und Gleichgewichtszustand.

2. Ermitteln Sie analytisch die Gleichgewichtszustände für *Umweltqualität* und *Touristen* als Funktion von WERBEWIRKUNG und UMWELTZERSTÖRUNGSRATE und tragen Sie das Ergebnis als Funktion dieser Parameter auf.

3. Unter welchen Umständen treten besonders starke Schwankungen der Zustandsgrößen auf?

4. Wie lässt sich eine allmähliche Touristikentwicklung auf einem hohen Umweltniveau erreichen?

Z412 Tourismusdynamik

Aufgabenstellung

Systeme, deren Prozesse den Gesetzen der Physik folgen, wie Systeme aus allen Bereichen der Technik, lassen sich mathematisch eindeutig beschreiben. Die Physik einer Kraftfahrzeugfederung oder eines elektronischen Schaltkreises lässt nur eine einzige richtige mathematische Beschreibung zu. Anders ist die Situation bei dynamischen Systemen, deren Prozesse nicht mit der Präzision eines physikalischen Systems beschrieben werden können – wie etwa ökologische und soziale Systeme. So lässt sich z.B. das System 'Umwelt und Touristen', das in dem einfachen Modell Z411 dargestellt wurde, auch durchaus auf andere Weise modellieren. In einem solchen Fall stellt sich die Frage, ob die gewählte Modellformulierung das System wirklich korrekt beschreibt und ob Modellbauer mit anderem Wissen, anderen Erfahrungen und/oder anderem kulturellen Hintergrund nicht vielleicht eine ebenso plausible, aber andere Formulierung finden würden, die möglicherweise völlig andere Ergebnisse liefert.

Die Problemstellung der Tourismusdynamik eignet sich gut dazu, diese Frage zu untersuchen. Die im Folgenden definierte Aufgabenstellung wurde in genau gleicher Formulierung einer Vielzahl von Projektgruppen mit ganz unterschiedlichem fachlichem Hintergrund in mehreren Ländern Europas und Südostasiens vorgelegt. Die Gruppen hatten innerhalb von etwa drei Stunden ein simulationsfähiges Modell zu entwickeln, ohne dass irgendwelche weiteren Hinweise gegeben wurden. Aus der Vielzahl der dabei entstandenen Modelle werden hier vier dokumentiert. Obwohl sich die Modelle im Ansatz erheblich unterscheiden, stimmen sie doch in den grundsätzlichen Aussagen zur Systemdynamik überein. Das lässt erwarten, dass auch in anderen Fällen, bei denen wegen der Komplexität des zu beschreibenden Systems keine eindeutige mathematische Beschreibung möglich ist, die Modellbildung doch zu relativ belastbare Aussagen führen wird. Allerdings muss diese Vermutung in jedem Fall genau überprüft werden. Werden von unabhängig arbeitenden und möglichst unterschiedlich zusammengesetzten Projektgruppen Modelle entwickelt, die trotz einiger Unterschiede doch zu vergleichbaren Aussagen führen, so erhöht sich damit die Aussagekraft der Modelle jedenfalls erheblich.

Es folgen zunächst die an die Projektgruppen ausgegebene Problembeschreibung mit der Aufgabenformulierung, danach die Beschreibung der vier Modelle und der damit erzielten Ergebnisse.

Entwicklungsauftrag: Dynamik der Touristik in der Region 'Silberbucht'

Problembeschreibung
Die idyllische Küstenregion an der Silberbucht war bisher nur relativ wenigen Fremden bekannt, die sie in der Urlaubszeit wegen ihrer einsamen Strände und ihrer einzig-

artigen subtropischen Vegetation schätzten. Zwar war es längst nicht mehr ein unberührtes Stück Natur, da es die kleine Siedlung, die Felder der Einheimischen und den alten Gasthof schon seit langem gab. Aber aus alten Stichen und Photographien ist ersichtlich, dass sich das Bild dieser Bucht seit Jahrhunderten kaum verändert hat.

Das idyllische Bild trügt, denn dahinter verbirgt sich Armut, die auch durch die bescheidenen Einkünfte aus dem geringen Fremdenverkehr nur unwesentlich gemildert wird. Die Fremden aber schätzen gleichermaßen die Idylle und die niedrigen Preise und haben bisher sorgfältig darüber gewacht, dass nur ein gleich bleibend kleiner Kreis von Eingeweihten von diesem Urlaubsparadies erfährt.

Im Gemeinderat wird jetzt darüber debattiert, ob über eine groß angelegte Werbekampagne *("Silberbucht – die Urlaubswucht")* das Touristikgeschäft angekurbelt werden sollte, um die Einkommen der Einwohner zu verbessern. Zimmervermieter, Gastwirt, Ladenbesitzer und Sparkasse vertreten enthusiastisch diesen Plan. Der Pfarrer, der Förster und der Lehrer sind der Meinung, dass Fremdenverkehrswerbung zwar zu mehr Touristen führen würde, dass dies aber längerfristig zu einer Zerstörung der empfindlichen Ökosysteme der Silberbucht und damit auch zum Verlust ihres besonderen touristischen Reizes führen würde. Auch der besondere Reiz der Einsamkeit ginge mit der höheren Touristenzahl verloren. Am Ende wäre nicht nur die Silberbucht-Natur in ihrer Einzigartigkeit zerstört, es wurden auch die Touristen ausbleiben, und der Ort wäre ärmer als zuvor.

Man einigt sich schließlich darauf, bei der für ihre vorzüglichen Systemstudien im Touristikbereich bekannten Beraterfirma *'SysTour'* eine Studie in Auftrag zu geben, die die Entwicklungsdynamik der Silberbucht mit und ohne intensive Fremdenverkehrswerbung untersuchen soll.

Ihr Auftrag
Sie sind Mitarbeiter der *'SysTour'*. Als renommierte Spezialisten auf dem Gebiet der Modellierung dynamischer Systeme bekommen Sie vom Chef den Auftrag, ein möglichst einfaches Systemmodell des Systems *'Touristik an der Silberbucht'* zu entwickeln, das den zeitlichen Verlauf seiner Entwicklung unter den folgenden Bedingungen relativ zuverlässig beschreibt:
A. Alles bleibt beim Alten (die Mund-zu-Mund-Werbung führt zu einer gleich bleibenden Touristenzahl) oder
B. Durch Werbemaßnahmen wird der Bekanntheitsgrad der Region wesentlich erhöht.

Ihre Aufgaben
Arbeitsphase I: Wirkungsdiagramm
1. Formulieren Sie ein Wortmodell der für die Systemdynamik wichtigen Zusammenhänge.
2. Identifizieren Sie die für die Beschreibung notwendigen Systemgrößen.

3. Zeichnen Sie – mit den Erkenntnissen aus 1. und 2. – das zugehörige Wirkungsdiagramm.
(Die Schritte 1 bis 3 können gleichzeitig ausgeführt werden.)
4. Identifizieren Sie – im Diagramm – diejenigen Systemgrößen, mit denen Ihrer Meinung nach das Verhalten des Systems gut beschrieben werden kann.
5. Geben Sie – durch Wiedergabe des zeitlichen Verlaufs der in 4. ermittelten Größen – eine Prognose über die Dynamik des Systems für die beiden genannten Fälle A und B ab.
6. Tragen Sie Ihr Modellkonzept im Plenum vor und erläutern Sie ihre Erwartungen zur Systemdynamik.
Hinweis: Falls Ökosysteme lange Zeit ungestört bleiben, entwickeln sie sich auf einen gewissen Reifezustand hin, der der 'ökologischen Tragfähigkeit des Gebietes entspricht. (Kein anhaltendes Wachstum!)

Arbeitsphase II: Simulationsdiagramm
7. Identifizieren Sie: 1. Zustandsgrößen, 2. Systemparameter, 3. exogene Größen, 4. Veränderungsraten der Zustandsgrößen und 5. Zwischengrößen.
8. Modifizieren Sie das Wirkungsdiagramm durch Einführung der Symbole für die verschiedenen Systemgrößen (neues Diagramm!).
9. Spezifizieren Sie die verschiedenen Größen durch Auswahl der jeweiligen mathematischen Operation, die ausgeführt werden soll (Integrieren, Addieren, Multiplizieren usw.).
10. Spezifizieren Sie die Verbindungen zwischen den Größen durch Festlegung ihrer Verkopplung als entsprechende mathematische Formel oder Funktion.
11. Überprüfen Sie, ob in dem so entstandenen Simulationsdiagramm alle Größen berechnet werden können.
12. Stellen Sie Ihr Simulationsdiagramm im Plenum zur Diskussion.
Hinweis: Da Ihnen keine genaueren Daten vorliegen und nur die qualitativen Eigenschaften der Dynamik interessieren, verwenden Sie relative Größen mit Ausgangswerten von '1' für den ursprünglichen Systemzustand.

Arbeitsphase III: Simulation
13. Übertragen Sie das Modell in ein geeignetes Programm für die Simulation (einschließlich der numerischen Integration der Zustandsgrößen).
14. Quantifizieren Sie das Modell für die beiden Szenariofälle A und B.
15. Simulieren Sie die Entwicklung für die beiden Fälle.
16. Vergleichen Sie das Ergebnis mit ihren (unter 5.) geschätzten Ergebnissen.
17. Verändern Sie Systemstruktur und Parameter (nur in zulässigen Bandbreiten!), bis Sie sich relativ sicher sind, dass das Modell die tatsächliche Entwicklung etwa korrekt beschreibt.

Simulationsmodell Z412A 'Touristen und Umweltqualität'

Das Simulationsdiagramm in Abb. Z412Aa und die folgenden Modellanweisungen dokumentieren dieses Modell. Es enthält die zwei Zustandsgrößen *Touristen* und *Umweltqualität*; diese stellen relative, auf '1' normierte Größen dar. Die Zahl der *Touristen* wächst durch *Touristenzuwachs* und schrumpft durch *Touristenverlust*. Der *Touristenzuwachs* hängt von der *Attraktivität* und dem WERBEEINFLUSS ab. Mit der Zahl der *Touristen* erhöht sich das *Preisniveau*. Diese beiden Faktoren tragen aber auch zum Absinken der *Attraktivität* bei, die ansonsten der *Umweltqualität* entspricht. Der *Umweltverbrauch* ergibt sich aus der Zahl der *Touristen*, bzw. aus dem mit ihnen erzielten *Umsatz*, der ein Maß für die umweltschädigenden Aktivitäten ist. Ein Teil des *Umsatzes* steht als *Ausgaben für die Umwelt* zur *Umweltverbesserung* zur Verfügung. Der UMSATZANTEIL FÜR UMWELT hat daher großen Einfluss auf die Entwicklung.

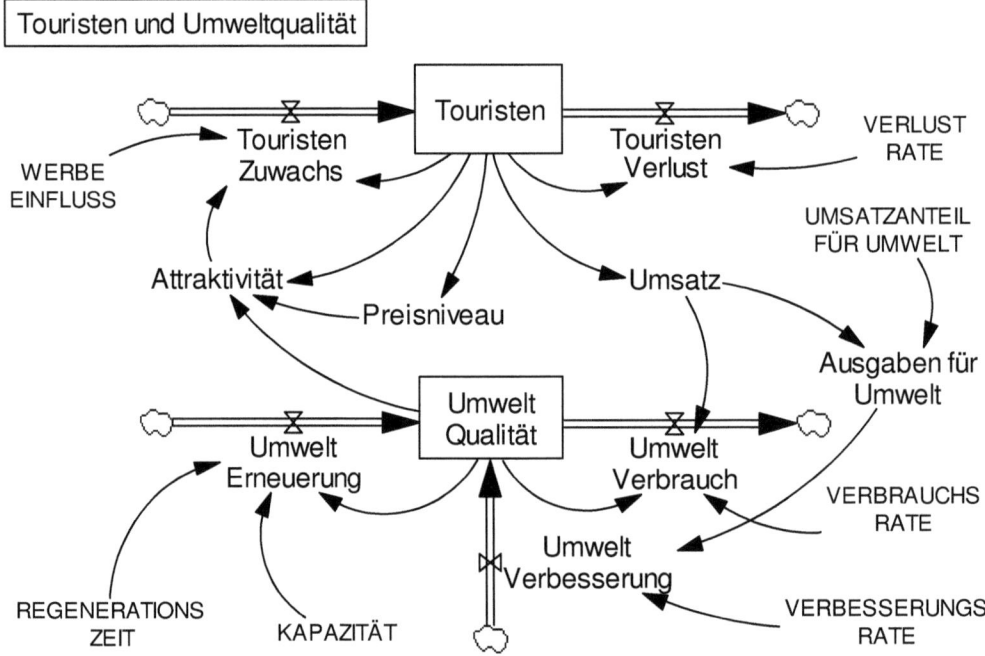

Abb. Z412Aa: Simulationsdiagramm für das System 'Touristen und Umweltqualität'.

Parameter (Anfangszustände in INTEG-Anweisungen)
WERBE EINFLUSS = 5 [1/Year]
VERLUST RATE = 0.5 [1/Year]
UMSATZANTEIL FÜR UMWELT = 0 [1]
VERBRAUCHS RATE = 0.1 [1/Year]

VERBESSERUNGS RATE = 1 [1/Year]
KAPAZITÄT = 1 [1]
REGENERATIONS ZEIT = 10 [Year]

Dynamik
Preisniveau = Touristen [1]
Attraktivität = UmweltQualität /(Touristen *Preisniveau) [1]
TouristenZuwachs = Attraktivität *WERBE EINFLUSS *Touristen [1/Year]
TouristenVerlust = VERLUST RATE *Touristen [1/Year]
Touristen = INTEG (+TouristenZuwachs -TouristenVerlust, 1) [1]
Umsatz = Touristen [1]
Ausgaben für Umwelt = Umsatz*UMSATZANTEIL FÜR UMWELT/100 [1]
UmweltVerbrauch = Umsatz *UmweltQualität *VERBRAUCHS RATE [1/Year]
UmweltVerbesserung = Ausgaben für Umwelt *VERBESSERUNGS RATE [1/Year]
UmweltErneuerung = (UmweltQualität /REGENERATIONS ZEIT) *(1 –UmweltQualität
    /KAPAZITÄT) [1/Year]
UmweltQualität = INTEG (UmweltErneuerung +UmweltVerbesserung -
    UmweltVerbrauch, 1) [1]

Simulationszeitparameter
INITIAL TIME = 0 [Year]
FINAL TIME = 20 [Year]
TIME STEP = 0.05 [Year]

Simulationsergebnisse für Modell Z412A 'Touristen und Umweltqualität'

Abb. Z412Ab zeigt den Zeitverlauf für *Umweltqualität*, *Touristen* und *Umwelt-verbrauch* für die Parameter der Voreinstellung. Mit der raschen und starken Zunahme der *Touristen* sinkt die *Umweltqualität* ab. Als Folge reduziert sich wegen sinkender *Attraktivität* nach einem anfänglichen Maximum die Zahl der *Touristen* wieder.

Abb. Z412Ac zeigt die Zustandspfade (*Umweltqualität* über *Touristen*) für verschiedene Werte von WERBEEINFLUSS (= w). Stärkere Werbung führt zwar zu einer rascheren und stärkeren Zunahme von *Touristen*, sie reduziert aber auch die *Umweltqualität* stärker, und das dauerhaft. Das System driftet auf einen von der Höhe des WERBEEINFLUSS abhängigen Gleichgewichtspunkt zu: Stärkere Werbung führt zu höherer *Touristenzahl* bei allerdings niedrigerer *Umweltqualität*.

Simulationsmodell Z412B 'Touristen, Umwelt, Hotels'

Dieses Modell ist im Simulationsdiagramm Z412Ba und den folgenden Modellanweisungen dokumentiert. In diesem Fall werden drei Zustandsgrößen *Umwelt*, *Touristen* und *Hotels* verwendet. Auch hier werden wieder relative, auf '1' normierte Größen verwendet, da vor allem die zu erwartende Dynamik untersucht werden soll.

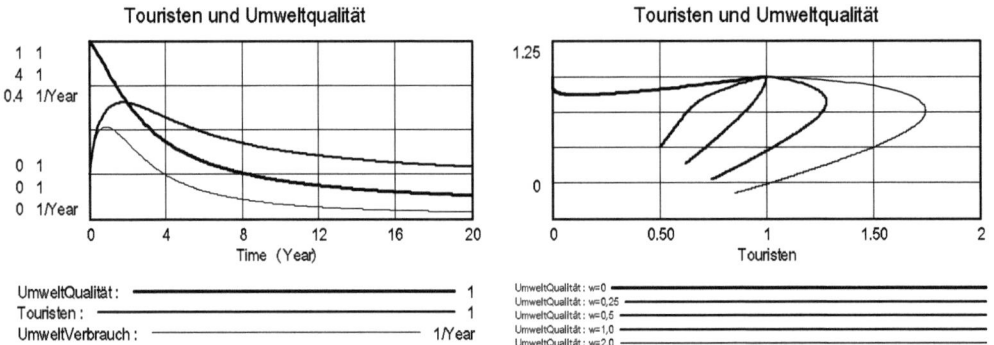

Abb. Z412Ab: Umweltqualität und Touristenzahl gehen langfristig stark zurück.
Abb. Z412Ac: Mehr Werbung bringt mehr Touristen und geringere Umweltqualität.

Touristen, Umwelt, Hotels

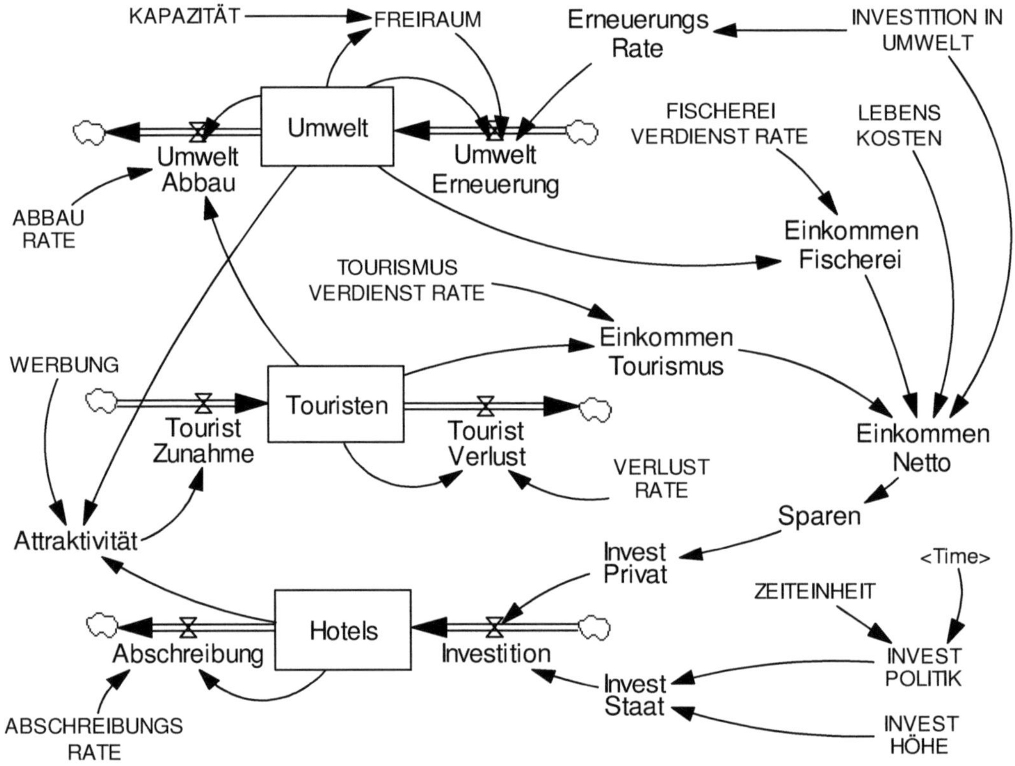

Abb. Z412Ba: Simulationsdiagramm für das System 'Touristen, Umwelt, Hotels'.

Die *Umwelt* verändert sich durch *Umweltabbau* und *Umwelterneuerung*, die durch INVESTITION IN UMWELT verbessert werden kann. Der *Umweltabbau* ist von der Zahl der *Touristen* abhängig. Die Zahl der *Touristen* ändert sich durch *Touristverlust* und die von der *Attraktivität* abhängige *Touristzunahme*. Die Attraktivität hängt ab vom Zustand der *Umwelt*, dem Angebot an *Hotels* und der WERBUNG. Der Zustand der *Umwelt* bestimmt das *Einkommen Fischerei*, das zusammen mit dem *Einkommen Tourismus* unter Berücksichtigung der LEBENSKOSTEN zu einem *Einkommen Netto* führt. Ersparnisse werden teilweise über *Invest privat* in *Hotels* investiert. Zu der *Investition* in *Hotels* tragen auch staatliche Subventionen über *Invest Staat* bei. Der Bestand an *Hotels* unterliegt einem allmählichen Zerfall entsprechend der *Abschreibung* mit der ABSCHREIBUNGSRATE.

Parameter und Anfangszustände
KAPAZITÄT = 0.05 [1]
FREIRAUM = KAPAZITÄT -Umwelt [1]
ABBAU RATE = 1 [1/Year]
INVESTITION IN UMWELT = 0.2 [1/Year]
TOURISMUS VERDIENST RATE = 1 [1/Year]
FISCHEREI VERDIENST RATE = 1 [1/Year]
LEBENS KOSTEN = 1 [1/Year]
WERBUNG = 1 [1/Year]
VERLUST RATE = 0.3 [1/Year]
ABSCHREIBUNGS RATE = 1/20 [1/Year]
INVEST POLITIK = WITH LOOKUP (Time /ZEITEINHEIT, ([(0, 0) -(20 ,2)], (0, 1), (2, 1), (4, 1), (6, 0), (20, 0))) [1]
INVEST HÖHE = 1 [1/Year]
ZEITEINHEIT = 1 [Year]

Dynamik
UmweltAbbau = ABBAU RATE *Touristen *Umwelt [1/Year]
ErneuerungsRate = 1 +10 *INVESTITION IN UMWELT [1/Year]
UmweltErneuerung = 0.05 *FREIRAUM *Umwelt *ErneuerungsRate [1/Year]
Umwelt = INTEG (+UmweltErneuerung -UmweltAbbau, 1) [1]
Attraktivität = WERBUNG *Hotels *Umwelt [1/Year]
TouristZunahme = IF THEN ELSE(Attraktivität > 0, Attraktivität, 0) [1/Year]
TouristVerlust = VERLUST RATE *Touristen [1/Year]
Touristen = INTEG (+TouristZunahme -TouristVerlust, 0) [1]
EinkommenFischerei = Umwelt *FISCHEREI VERDIENST RATE [1/Year]
EinkommenTourismus = Touristen *TOURISMUS VERDIENST RATE [1/Year]
EinkommenNetto = EinkommenFischerei +EinkommenTourismus -LEBENS KOSTEN - INVESTITION IN UMWELT [1/Year]
Sparen = IF THEN ELSE(EinkommenNetto>0, 0.5*EinkommenNetto, 0) [1/Year]
InvestPrivat = 0.5 *Sparen [1/Year]

InvestStaat = INVEST HÖHE *INVEST POLITIK [1/Year]
Investition = 0.8 *InvestPrivat +InvestStaat [1/Year]
Abschreibung = Hotels *ABSCHREIBUNGS RATE [1/Year]
Hotels = INTEG (+Investition -Abschreibung, 0) [1]

Simulationszeitparameter
INITIAL TIME = 0 [Year]
FINAL TIME = 20 [Year]
TIME STEP = 0.05 [Year]

Simulationsergebnisse für Modell Z412B 'Touristen, Umwelt, Hotels'

Das Zeitverhalten dieses Modells für die Parameter der Voreinstellung ist in Abb. Z412Bb wiedergegeben. Mit der Zunahme der *Touristen* verschlechtert sich auch hier rasch der Zustand der *Umwelt*. Der Bestand an *Hotels* nimmt wegen der durch den Tourismus ermöglichten *Investitionen* ebenfalls rasch zu; erreicht sein Maximum aber erst etliche Jahre nach dem Maximum der *Touristen*. Danach reduziert sich der Bestand an *Hotels* wieder allmählich. Das System driftet längerfristig auf einen Gleichgewichtspunkt bei geringem Wert für *Umwelt*, niedriger Zahl von *Touristen* und einer reduzierten Zahl von *Hotels* zu.

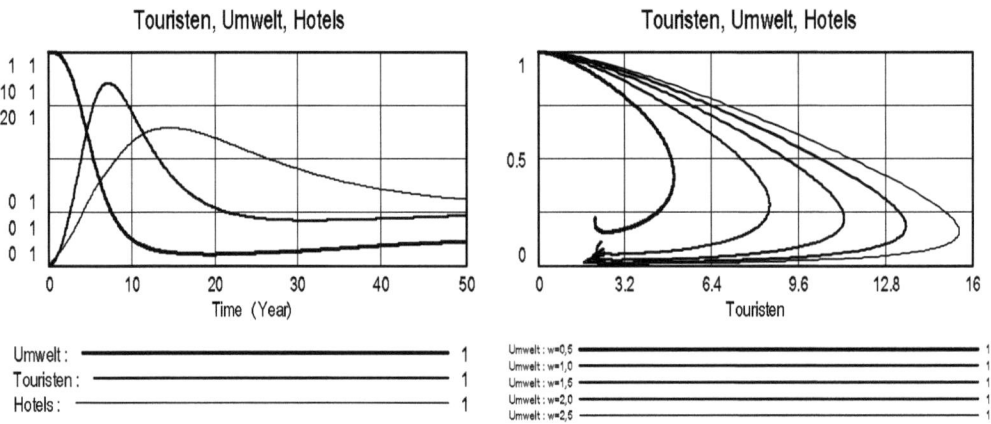

Abb. Z412Bb: Langfristig stellt sich ein Gleichgewicht bei niedriger Umweltqualität und niedriger Touristenzahl ein.
Abb. Z412Bc: Stärkere Werbung führt langfristig zu schlechterer Umweltqualität bei fast unverändert niedriger Touristenzahl.

Der Einfluss der WERBUNG (= w) auf die Systemdynamik und den Gleichgewichtszustand wird aus Abb. Z412Bc deutlich. Bei starker WERBUNG wird die Zahl der Touristen anfangs auf ein Vielfaches des vom System auf Dauer tragbaren Gleichgewichtswerts 'hochgejubelt', was zu entsprechenden überflüssigen Investitionen in *Hotels* führt. In jedem Fall stellt sich längerfristig ein ähnlich niedriger Gleichgewichtswert für *Touristen* ein, wobei der Gleichgewichtszustand der *Umwelt* allerdings stark von der WERBUNG abhängt: Stärkere WERBUNG führt zu niedrigerem Wert für *Umwelt*.

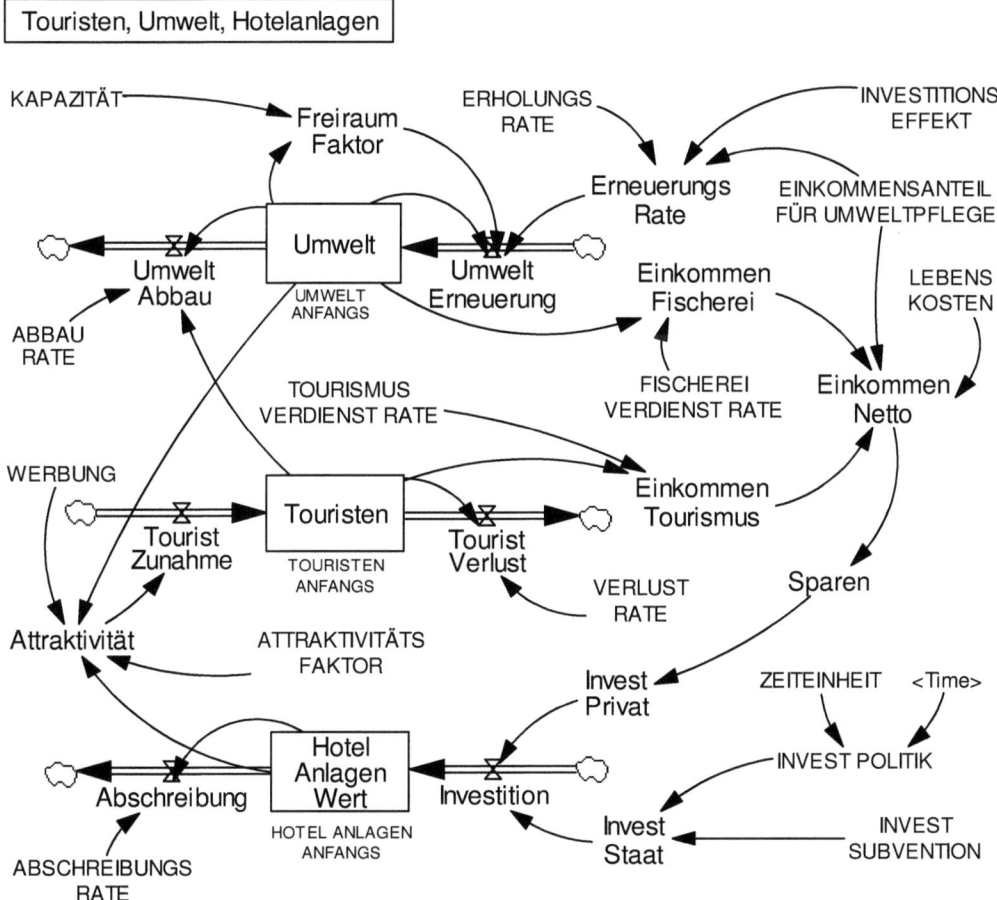

Abb. Z412Ca. Simulationsdiagramm für System 'Umwelt, Touristen, Hotelanlagen'.

Simulationsmodell Z412C 'Touristen, Umwelt, Hotelanlagen'

Abb. Z412Ca zeigt das Simulationsdiagramm dieses Modells. Die entsprechenden Modellanweisungen sind im Folgenden aufgelistet. Das Modell verwendet die gleiche

Systemstruktur wie Modell Z412B, wurde aber im Unterschied dazu realitätsnah quantifiziert. Der Zustand der *Umwelt* wird durch den Fischbestand (in Tonnen Fisch) im Gewässer der Bucht dargestellt. Die Größe *Touristen* wird in Menschen pro Jahr (genauer wären Übernachtungen pro Jahr) angegeben. Die *Hotelanlagen* werden mit ihrem Investitionswert (in $) gemessen. Die verschiedenen *Einkommen* werden in $/Jahr bilanziert.

Parameter und Anfangszustände
UMWELT ANFANGS = 1000 [Fisch t]
TOURISTEN ANFANGS = 0 [Menschen/Year]
HOTEL ANLAGEN ANFANGS = 0 [$]
KAPAZITÄT = 1000 [Fisch t]
ABBAU RATE = 0.05 [(1/Year)/(Menschen/Year)]
ERHOLUNGS RATE = 0.05 [1/Year]
EINKOMMENSANTEIL FÜR UMWELTPFLEGE = 0.2 [1]
TOURISMUS VERDIENST RATE = 1000 [$/((Menschen*Year)/Year)]
FISCHEREI VERDIENST RATE = 100 [$/(Fisch t*Year)]
LEBENS KOSTEN = 100000 [$/Year]
WERBUNG = 1 [1]
ATTRAKTIVITÄTS FAKTOR = 1e-006 [(Menschen/Year/Year)/($*Fisch t)]
VERLUST RATE = 0.3 [1/Year]
ABSCHREIBUNGS RATE = 1/20 [1/Year]
INVEST POLITIK = WITH LOOKUP (Time /ZEITEINHEIT, ([(0, 0) -(60, 2)], (0, 1), (2, 1), (4, 1), (6, 0), (20, 0), (50, 0))) [1]
INVEST SUBVENTION = 100000 [$/Year]
INVESTITIONS EFFEKT = 10 [1]
ZEITEINHEIT = 1 [Year]

Dynamik
UmweltAbbau = ABBAU RATE *Touristen *Umwelt *0.001 [Fisch t/Year]
ErneuerungsRate = (1 +INVESTITIONS EFFEKT *EINKOMMENSANTEIL FÜR UMWELTPFLEGE) *ERHOLUNGS RATE [1/Year]
UmweltErneuerung = Freiraum Faktor *Umwelt *ErneuerungsRate [Fisch t/Year]
Umwelt = INTEG (UmweltErneuerung -UmweltAbbau, UMWELT ANFANGS) [Fisch t]
Freiraum Faktor = 1 -(Umwelt /KAPAZITÄT) [1]
Attraktivität = Hotel Anlagen Wert *Umwelt *WERBUNG *ATTRAKTIVITÄTS FAKTOR [Menschen/(Year*Year)]
TouristZunahme = IF THEN ELSE(Attraktivität > 0, Attraktivität, 0) [Menschen/(Year*Year)]
TouristVerlust = VERLUST RATE *Touristen [Menschen/(Year*Year)]
Touristen = INTEG (+TouristZunahme -TouristVerlust, TOURISTEN ANFANGS) [Menschen/Year]
EinkommenFischerei = Umwelt *FISCHEREI VERDIENST RATE [$/Year]
EinkommenTourismus = Touristen *TOURISMUS VERDIENST RATE [$/Year]

EinkommenNetto = (EinkommenFischerei +EinkommenTourismus -LEBENS KOS-
TEN) *(1 -EINKOMMENSANTEIL FÜR UMWELTPFLEGE) [$/Year]
Sparen = IF THEN ELSE (EinkommenNetto > 0, 0.5 *EinkommenNetto, 0) [$/Year]
InvestPrivat = 0.5 *Sparen [$/Year]
InvestStaat = INVEST SUBVENTION *INVEST POLITIK [$/Year]
Investition = InvestPrivat +InvestStaat [$/Year]
Abschreibung = Hotel Anlagen Wert *ABSCHREIBUNGS RATE [$/Year]
Hotel Anlagen Wert = INTEG (+Investition -Abschreibung, HOTEL ANLAGEN AN-
FANGS) [$]

Simulationszeitparameter
INITIAL TIME = 0 [Year]
FINAL TIME = 50 [Year]
TIME STEP = 0.05 [Year]

Simulationsergebnisse für Modell Z412C 'Touristen, Umwelt, Hotelanlagen'

Der Zeitverlauf der Zustandsgrößen *Umwelt*, *Touristen* und *Hotelanlagenwert* für die
Parameter der Voreinstellung ist in Abb. 412Cb wiedergegeben. Der Verlauf unterscheidet sich qualitativ nicht von dem im Modell Z412B; allerdings sind die Ergebnisse als Folge der anderen Quantifizierung auf der Zeitachse gestreckt.

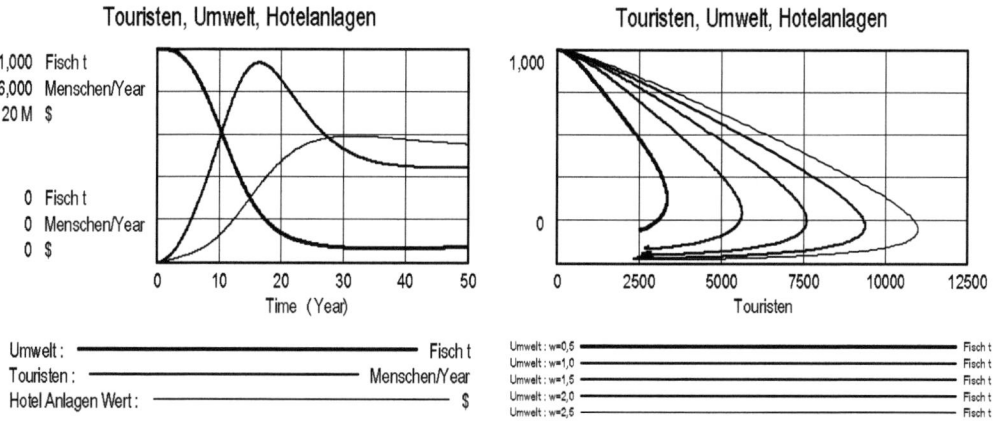

Abb. Z412Cb: Der Verlust an Umweltqualität wird langfristig teilweise durch die Att-
raktivität der Hotelanlagen kompensiert.
Abb. Z412Cc: Werbung bringt langfristig nicht mehr Touristen, führt aber zu niedriger
Umweltqualität.

Auch im Zustandsdiagramm für verschiedene Werte des Parameters WERBUNG
(Abb. 412Cc) zeigt sich das gleiche Verhalten wie bei Modell Z412B. Auch hier stellt
sich langfristig ein von WERBUNG relativ unabhängiger niedriger Gleichgewichtswert

für *Touristen* ein, während der Gleichgewichtszustand der *Umwelt* bei stärkerer WER-
BUNG auch erheblich stärker reduziert wird.

Beim Vergleich der Ergebnisse für Z412B und Z412C wird deutlich, dass das
Modellverhalten in erster Linie von seiner Systemstruktur abhängt, die hier für qualitativ gleiches Verhalten verantwortlich ist, obwohl die Quantifizierung der beiden Modelle sich stark unterscheidet. Diese Beobachtung bedeutet, dass qualitativ korrekte
Aussagen über Systemverhalten auch bei unsicherer Datenlage erwartet werden können, bei der man bei der Quantifizierung auf grobe Schätzungen angewiesen ist. Prio-
rität muss immer die möglichst genaue Bestimmung der Systemstruktur haben. Nur in
seltenen Fällen (etwa wenn ein Umschaltvorgang von einer genauen Bilanzierung abhängt) ist bei strukturtreuen Modellen hohe Datenpräzision für eine verlässliche Ver-
haltensaussage erforderlich.

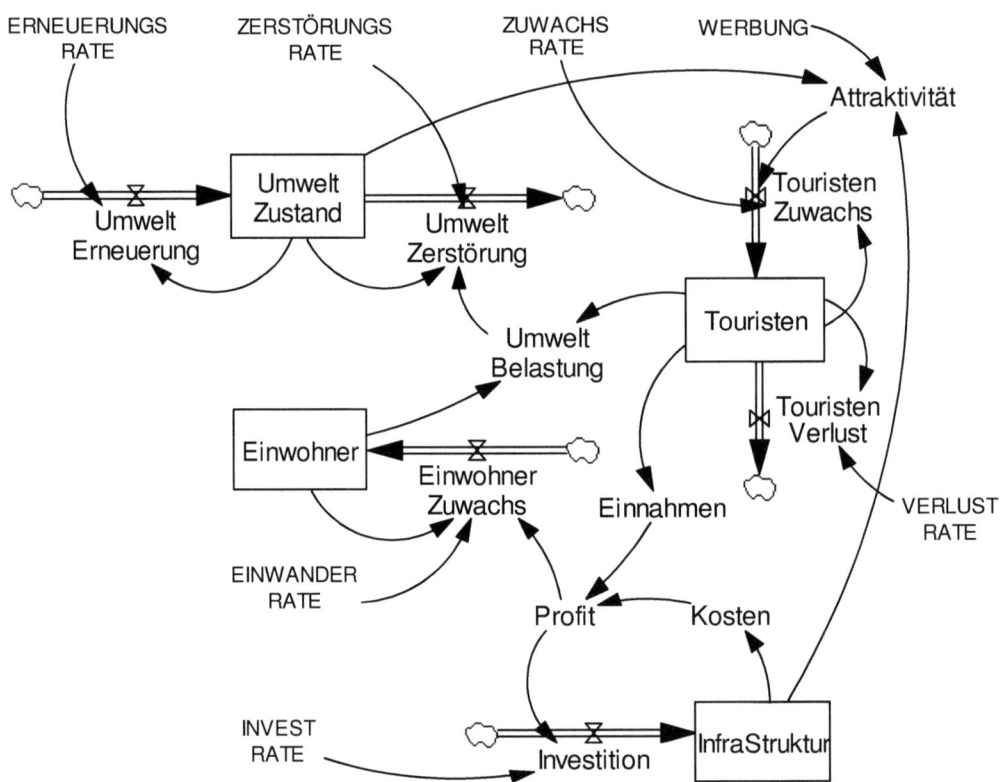

Abb. Z412Da: Simulationsdiagramm für 'Umwelt, Touristen, Infrastruktur, Einwohner'.

Simulationsmodell Z412D 'Umwelt, Touristen, Infrastruktur und Einwohner'

Ein wieder etwas anderes Modellkonzept für die gleiche Aufgabenstellung zeigt das Simulationsdiagramm Abb. Z412Da mit den im Folgenden gelisteten Modellanweisungen. In diesem Fall wurden wieder relative dimensionslose Zustandsgrößen gewählt: *Umweltzustand, Touristen, Infrastruktur* und *Einwohner*. Die Zustandsgröße *Einwohner* soll hier berücksichtigen, dass wegen der wirtschaftlichen Entwicklung der Region mit einem *Einwohnerzuwachs* zu rechnen ist.

Der *Umweltzustand* verändert sich durch (natürliche) *Umwelterneuerung* und *Umweltzerstörung*, die von der *Umweltbelastung* durch *Touristen* und *Einwohner* herrührt. Die Zahl der *Touristen* verändert sich durch *Touristenverlust* und *Touristenzuwachs*, der von der *Attraktivität* der Region abhängt. Diese ergibt sich aus dem *Umweltzustand* und dem Angebot der *Infrastruktur*. Aus den *Einnahmen* von *Touristen* und den *Kosten* der *Infrastruktur* folgt der *Profit*, der einerseits in *Investitionen* für die *Infrastruktur* fließt, andererseits aber auch zu *Einwohnerzuwachs* führt.

Parameter (Anfangszustände in INTEG-Anweisungen)
ERNEUERUNGS RATE = 0.05 [1/Year]
ZERSTÖRUNGS RATE = 0.01 [1/Year]
ZUWACHS RATE = 0.5 [1/Year]
WERBUNG = 2 [1]
VERLUST RATE = 0.5 [1/Year]
EINWANDER RATE = 0.02 [1/Year]
INVEST RATE = 0.1 [1/Year]

Dynamik
UmweltErneuerung = ERNEUERUNGS RATE *UmweltZustand [1/Year]
UmweltBelastung = Einwohner +4*Touristen [1]
UmweltZerstörung = ZERSTÖRUNGS RATE *UmweltBelastung *UmweltZustand
    [1/Year]
UmweltZustand = INTEG (UmweltErneuerung -UmweltZerstörung, 1) [1]
Attraktivität = WERBUNG *InfraStruktur *UmweltZustand [1]
TouristenZuwachs = Attraktivität *ZUWACHS RATE *Touristen [1/Year]
TouristenVerlust = VERLUST RATE *Touristen [1/Year]
Touristen = INTEG (+TouristenZuwachs -TouristenVerlust, 1) [1]
EinwohnerZuwachs = EINWANDER RATE *Profit *Einwohner [1/Year]
Einwohner = INTEG (EinwohnerZuwachs, 1) [1]
Einnahmen = Touristen [1]
Kosten = InfraStruktur [1]
Profit = Einnahmen -Kosten [1]
Investition = INVEST RATE *Profit [1/Year]
InfraStruktur = INTEG (Investition, 1) [1]

Simulationszeitparameter
INITIAL TIME = 0 [Year]
FINAL TIME = 20 [Year]
TIME STEP = 0.05 [Year]

Simulationsergebnisse für Modell Z412D 'Umwelt, Touristen, Infrastruktur'

Abb. Z412Db zeigt die zeitliche Entwicklung von *Umweltzustand*, *Touristen*, *Infrastruktur* und *Einwohner* für die Parameter der Voreinstellung. Trotz anderer Modellstruktur stellt sich auch hier das qualitativ gleiche Verhalten ein wie bei den anderen Modellen: Der *Umweltzustand* geht stark zurück, während die Zahl der *Touristen* zunächst stark ansteigt. Die *Touristen* erreichen ihr Maximum, wenn der *Umweltzustand* schon fast zugrunde gerichtet ist. Danach verschwinden die *Touristen* allmählich wieder, während die *Infrastruktur* und die Zahl der *Einwohner* mit einiger Verzögerung noch ihr Maximum erreichen und dann allmählich abklingen.

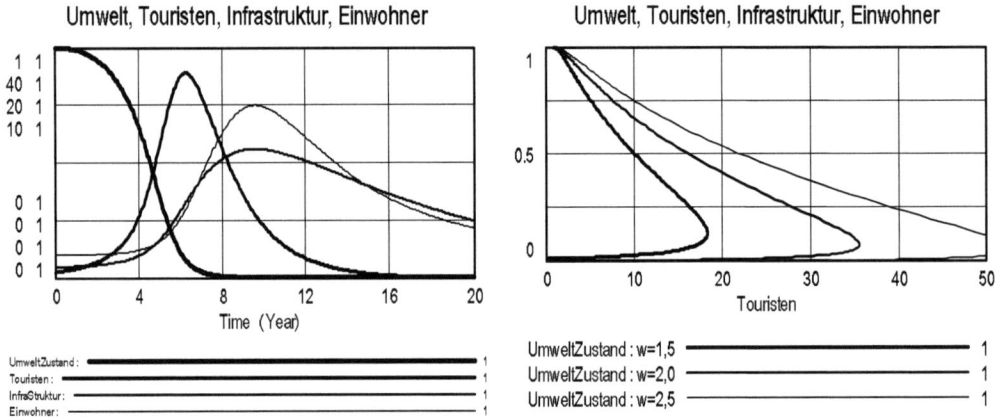

Abb. Z412Db: Mit der Zerstörung der Umwelt verschwindet auch der Touristenstrom.
Abb. Z412Dc: Werbung kann in diesem Fall den Touristenschwund nicht verhindern.

Das Zustandsbild (*Umwelt* über *Touristen*) in Abb. Z412Dc zeigt die Entwicklung für unterschiedliche Stärke der WERBUNG (= w). Auch hier führt stärkere WERBUNG zu rascherer Zunahme und höherem Maximum der *Touristen*. In allen Fällen brechen danach aber die *Umwelt* und die *Touristen* völlig zusammen.

Für gewisse Parameterkonstellationen kann dieses System aber auch ganz anderes Verhalten zeigen. Abb. Z412Dd und Z412De zeigen Zeit- und Zustandsbilder für den Fall, dass abweichend von der Voreinstellung die folgenden Parameter verwendet werden: ERNEUERUNGSRATE = 0.1, WERBUNG = 1, EINWANDERRATE = 0, INVESTRATE = 0.002. Bei mäßiger Werbung, vorsichtigem Investment, keiner Einwanderung und guter natürlicher Regeneration ergeben sich jetzt eine geringfügig zunehmende *Infrastruktur* sowie starke ungedämpfte Schwingungen von *Umweltzustand* und *Touristen* mit einer Periode von etwa drei Jahrzehnten. In diesem Fall bricht das System also nicht zusammen.

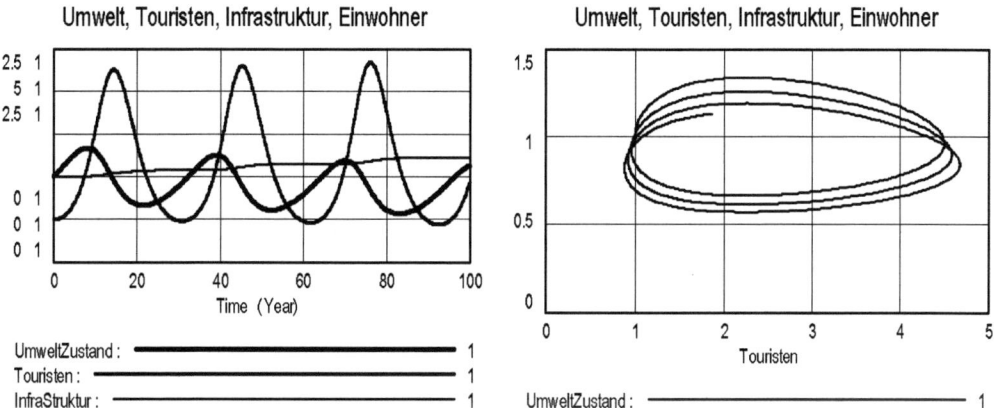

Abb. Z412Dd: Vorsichtiger Ausbau des Tourismus führt nicht zum Zusammenbruch.
Abb. Z412De: In diesem Fall ergibt sich ein Zyklus mit Periode von etwa 30 Jahren.

Bemerkungen zu den Ergebnissen mit den verschiedenen Simulationsmodellen

Die vier hier beispielhaft gezeigten, von unterschiedlichen Projektgruppen unabhängig voneinander zur gleichen Fragestellung entwickelten Modelle weisen zwar unterschiedliche Strukturen und Quantifizierungen auf, zeigen aber alle ähnliches Verhalten. Die berechnete Dynamik bestätigt intuitive Überlegungen zur Problematik und wird auch durch beobachtete Entwicklungen bestätigt. Die Modellbildung und Simulation für nur qualitativ und verschwommen erkennbare Prozesse und Zusammenhänge scheint also Erkenntnisse über dynamische Entwicklungen liefern zu können, die ohne Modellbildung und Simulation kaum begründet werden könnten.

Arbeitsvorschläge

1. Entwickeln Sie, den oben genannten Schritten folgend, Ihr eigenes Modell für die Aufgabenstellung – möglichst unbeeinflusst und unabhängig von den hier gezeigten Modellen. Können Sie Prozesse und Verhaltensweisen entdecken, die sich von den hier ermittelten grundsätzlich unterscheiden?
2. Untersuchen Sie das Verhalten eines oder mehrerer der Modelle in Abhängigkeit seiner Parameter (innerhalb plausibler Grenzen). Identifizieren Sie diejenigen Parame-

ter, die geringen Einfluss auf das Verhalten haben und konzentrieren Sie die weiteren Untersuchungen auf Parameter, die das Verhalten stark beeinflussen. Dokumentieren Sie markante Verhaltensweisen (Schwingungen, Zusammenbrüche, Gleichgewichtszustände) als Funktion dieser Parameter. *Hinweis*: Für Untersuchungen dieser Art ist die SyntheSim-Funktion bei Vensim-PLE besonders geeignet.

3. Fassen Sie die Modellanweisungen der vier Modelle mathematisch in zwei bzw. drei bzw. vier Differentialgleichungen für die Zustandsgrößen zusammen. Bestimmen Sie die Gleichgewichtspunkte in Abhängigkeit der Systemparameter analytisch. Setzen Sie die Parameterwerte der Voreinstellungen ein und berechnen Sie die numerischen Werte der Gleichgewichtszustände in Abhängigkeit vom Parameter WERBUNG.

4. Ergänzen Sie eines der Modelle so, dass der jährliche Profit (Differenz: Einnahmen – Ausgaben) berechnet werden kann. Integrieren Sie diesen zum Gesamtprofit (als Funktion der Zeit). Entwickeln Sie jetzt eine Werbe- und Investitionsstrategie (u.U. Tabellenfunktion der Zeit verwenden), die über 50 Jahre einen maximalen Gesamtprofit erbringt. Wichtige Bedingung: Die Lösung muss auch nach 50 Jahren noch fortsetzbar sein, d.h. Umwelt und Tourismus dürfen nicht zusammenbrechen.

Z413 Waldrodung

Aufgabenstellung

Einst bewaldete Gebiete – wie Mitteleuropa – sind im Laufe ihrer Besiedlung zunehmend gerodet worden, um mit dem neuen Ackerland die Ernährung einer wachsenden Bevölkerung zu sichern. Durch Ertragssteigerungen in der Landwirtschaft und relativ stabile Bevölkerungszahlen ist in Europa der Druck auf die Wälder geschwunden. Die durch ländliche Siedlungen, Ackerland und Restwälder geprägte 'Kulturlandschaft' ändert sich in ihrer Zusammensetzung nur noch wenig.

In anderen Regionen der Erde – wie in Mittelamerika, Laos und Kambodscha – sind die Ruinen vergangener Kulturen heute vom Wald überwuchert, der sich das Land wieder geholt hat, von dem er einst durch Ackerbauer vertrieben wurde. Wald ist in vielen Regionen der Erde die Endstufe der Sukzession – der Zustand, auf den das regionale Ökosystem zustrebt, wenn der Mensch es nicht durch Rodungen daran hindert.

Wälder werden gerodet, um ihr Holz zu nutzen oder Ackerflächen zu schaffen. Der Rodungsdruck entsteht also durch Bedarf der Menschen, und er ist daher meist direkt mit der Bevölkerungsentwicklung einer Region verbunden. Mit Rodung und Ackerbau ist aber auch ein weiterer Vorgang verbunden: Ackerbau entzieht dem Boden Nährstoffe und öffnet das Land der Erosion durch Wind und Wasser. Wenn der Boden nicht ständig gedüngt und sorgfältig vor Erosion bewahrt wird, verliert er seine Fruchtbarkeit, die Landwirtschaft bringt kaum noch Erträge, und das Land wird schließlich nicht mehr bewirtschaftet und wieder dem Wald überlassen. Über die Jahrhunderte gesehen, ist in vielen Regionen ein dynamischer Vorgang abgelaufen, der sich auch im Simulationsmodell beschreiben lässt: Eine wachsende Bevölkerung muss sich ernähren, immer mehr Wald wird gerodet. Für eine Weile ernährt das fruchtbare Land die Menschen, dann lässt die Fruchtbarkeit nach. Schließlich ist fast aller Wald gerodet, aber das unfruchtbare Land kann kaum noch Menschen ernähren. Die Menschen verschwinden, Wald entsteht allmählich wieder auf den verlassenen Flächen. Es entwickelt sich fruchtbarer Waldboden, bis Menschen kommen und erneut den Wald roden, um Ackerbau zu betreiben. Damit wiederholt sich der Zyklus.

Simulationsmodell

Abb. Z413a zeigt das Simulationsdiagramm. Die entsprechenden Modellanweisungen sind im Folgenden aufgeführt. Das Modell verwendet die Zustandsgrößen *Bevölkerung*, *Bodenfruchtbarkeit*, *Naturwaldfläche* und *Agrarfläche*. Auffällig ist an diesem Modell, dass die 'Flüsse' von Bodenfläche zwischen *Naturwaldfläche* und *Agrarfläche* einen geschlossenen Kreislauf bilden: Durch *Rodung* wird *Naturwaldfläche* zu *Agrarfläche*, während *Agrarfläche* durch den Vorgang der ökologischen *Sukzession* sich allmählich wieder in *Naturwaldfläche* verwandelt.

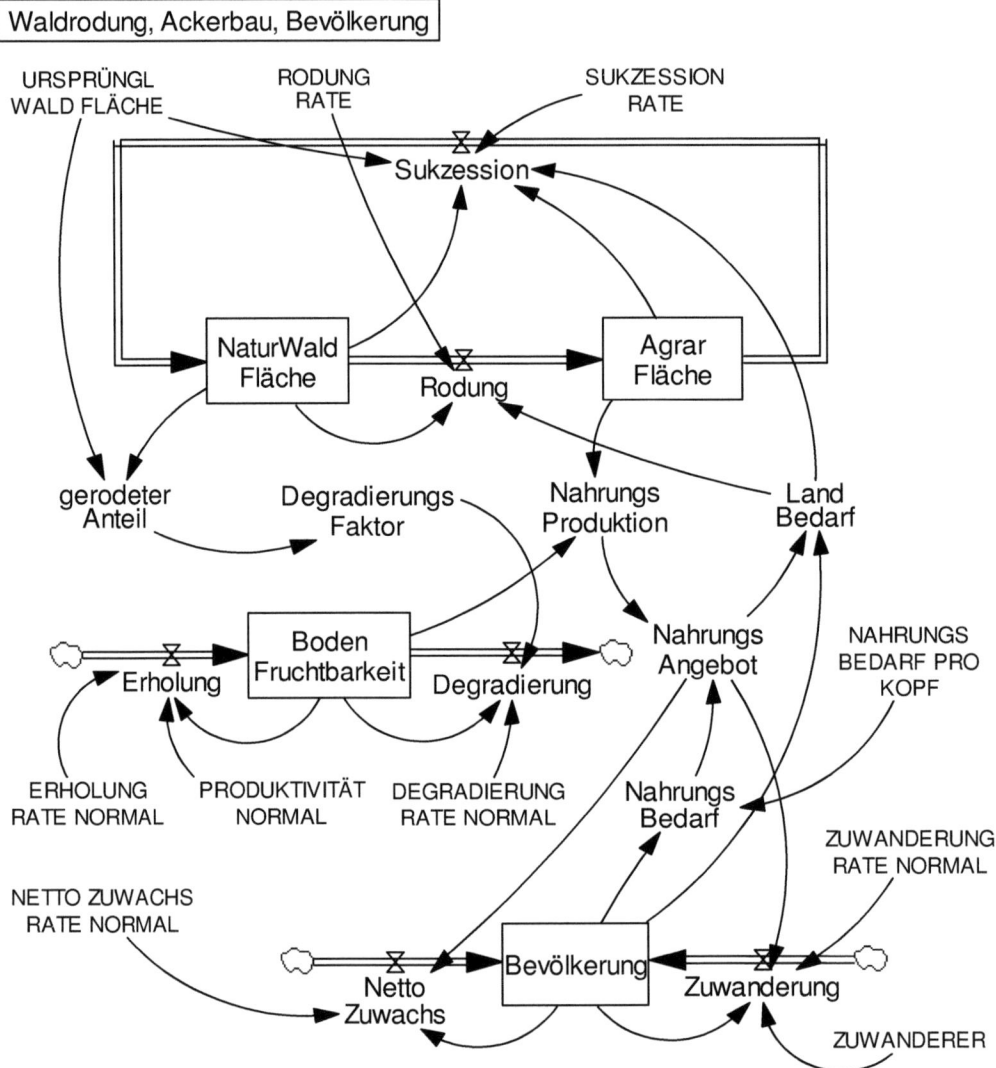

Abb. Z413a: Simulationsdiagramm der Waldrodung für Agrarflächen.

Agrarfläche dient der *Nahrungsproduktion* entsprechend der *Bodenfruchtbarkeit* und führt so zu einem *Nahrungsangebot*, das den *Nahrungsbedarf* der *Bevölkerung* decken soll. Dieser ist durch den NAHRUNGSBEDARF PRO KOPF bestimmt. Der *Nettozuwachs* der *Bevölkerung* bestimmt sich aus der jeweiligen Bevölkerungszahl und der NETTOZUWACHSRATE NORMAL (die Geburten und Sterbefälle berücksichtigt). Das – ausreichende oder mangelhafte – *Nahrungsangebot* kann *Zuwanderung* (oder Abwanderung) entsprechend einer ZUWANDERUNGSRATE NORMAL verursachen. Unabhängig davon ist noch eine geringe Zahl weiterer jährlicher ZUWANDERER vorgesehen (die z.B. das verlassene Gebiet wieder besiedeln).

Bodenfruchtbarkeit geht verloren durch *Degradierung* des Bodens, die verstärkt wird, wenn der *gerodete Anteil* des Landes sich erhöht. Ist die *Degradierung* gering, so kann eine *Erholung* der *Bodenfruchtbarkeit* bis zu ihrer PRODUKTIVITÄT NORMAL (ausgedrückt als Hektarertrag im Getreideanbau) eintreten.

Parameter und Anfangszustände
URSPRÜNGL WALD FLÄCHE = 10000 [ha]
RODUNG RATE = 0.1 [1/Year]
SUKZESSION RATE = 0.05 [1/Year]
ERHOLUNG RATE NORMAL = 0.2 [1/Year]
PRODUKTIVITÄT NORMAL = 2.5 [t/(Year*ha)]
DEGRADIERUNG RATE NORMAL = 0.1 [1/Year]
NETTO ZUWACHS RATE NORMAL = 0.025 [1/Year]
ZUWANDERER = 10 [Mensch/Year]
ZUWANDERUNG RATE NORMAL = 0.2 [1/Year]
NAHRUNGS BEDARF PRO KOPF = 0.5 [(t/Mensch)/Year]

Dynamik
NettoZuwachs = NETTO ZUWACHS RATE NORMAL *Bevölkerung
        *NahrungsAngebot [Mensch/Year]
Zuwanderung = ZUWANDERUNG RATE NORMAL *(NahrungsAngebot -1)
        *Bevölkerung +ZUWANDERER [Mensch/Year]
Bevölkerung = INTEG (+NettoZuwachs +Zuwanderung, 1000) [Mensch]
NahrungsBedarf = NAHRUNGS BEDARF PRO KOPF *Bevölkerung [t/Year]
NahrungsAngebot = IF THEN ELSE (NahrungsBedarf > 0.01, NahrungsProduktion
        /NahrungsBedarf, 0) [1]
LandBedarf = IF THEN ELSE (Bevölkerung < 1000 :OR: NahrungsAngebot >= 1, 0, 1 -
        NahrungsAngebot) [1]
Rodung = IF THEN ELSE (LandBedarf > 0, LandBedarf *NaturWaldFläche *RODUNG
        RATE, 0) [ha/Year]
Sukzession = IF THEN ELSE (LandBedarf > 0, 0, SUKZESSION RATE *AgrarFläche
        *((URSPRÜNGL WALD FLÄCHE -NaturWaldFläche) /URSPRÜNGL WALD
        FLÄCHE)) [ha/Year]
NaturWaldFläche = INTEG (+Sukzession -Rodung, 9000) [ha]
gerodeter Anteil = (1- (NaturWaldFläche /URSPRÜNGL WALD FLÄCHE)) *100 [1]
AgrarFläche = INTEG (Rodung -Sukzession, 1000) [ha]
Erholung = ERHOLUNG RATE NORMAL *BodenFruchtbarkeit *(1-BodenFruchtbarkeit
        /PRODUKTIVITÄT NORMAL) [t/(Year*Year*ha)]
DegradierungsFaktor = WITH LOOKUP (gerodeter Anteil, ([(-1, 0) -(100, 5)], (-1, 1), (0,
        1), (10, 1), (20, 1.03), (30, 1.2), (40, 1.4), (50, 1.65), (60, 1.95), (70, 2.18), (80,
        2.48), (90, 2.7), (100, 3))) [1]

Degradierung = BodenFruchtbarkeit *DegradierungsFaktor *DEGRADIERUNG RATE
    NORMAL [t/(Year*Year*ha)]
BodenFruchtbarkeit = INTEG (+Erholung -Degradierung, PRODUKTIVITÄT NORMAL)
    [(t/ha) /Year]
NahrungsProduktion = BodenFruchtbarkeit *AgrarFläche [t/Year]

Simulationszeitparameter
INITIAL TIME = 0 [Year]
FINAL TIME = 2000 [Year]
TIME STEP = 0.5 [Year]

Simulationsergebnisse

Abb. Z413b zeigt die zeitliche Entwicklung von *Bevölkerung*, *Bodenfruchtbarkeit*, *Naturwaldfläche* und *Agrarfläche* für die Parameter der Voreinstellung. Es zeigt sich ein Zyklus mit einer Periode von etwa 200 Jahren. Zunächst wird zunehmend *Naturwaldfläche* gerodet; eine wachsende *Bevölkerung* verschafft sich damit mehr *Agrarfläche* für ihre Ernährung. Durch Nährstoffentzug und Erosion degradiert die *Bodenfruchtbarkeit*. Mit den Erträgen kann nur noch eine abnehmende *Bevölkerung* ernährt werden. Das Ackerland wird schließlich aufgegeben und der Wald und die Bodenfruchtbarkeit kommen durch die natürliche *Sukzession* und die zunehmende Bodendeckung allmählich wieder zurück. Das Gebiet wird dann wieder für den Anbau interessant, Menschen kommen, siedeln und roden, und der Zyklus wiederholt sich.

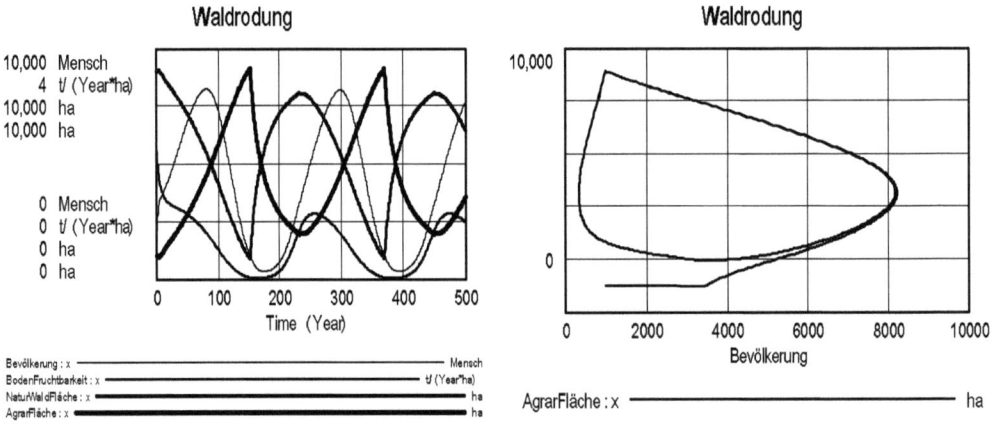

Abb. Z413b: Das Modell zeigt ein zyklisches Verhalten: Der Waldrodung und Ausweitung der Agrarfläche zur Versorgung einer wachsenden Bevölkerung folgt der Verlust der Bodenfruchtbarkeit und die Abwanderung der Bevölkerung. Durch natürliche Sukzession nehmen Waldfläche und Bodenfruchtbarkeit daraufhin wieder zu.
Abb. Z413c: Im Zustandsdiagramm zeigt sich ein Grenzzyklus.

Abb. Z413c zeigt im Zustandsbild (*Agrarfläche* über *Bevölkerung*) den sich einstellenden Grenzzyklus, der sich etwa alle zwei Jahrhunderte exakt wiederholt.

Arbeitsvorschläge

1. Untersuchen Sie den Einfluss der verschiedenen Parameter auf die Dynamik (vor allem auch die zyklischen Schwingungen) des Modells. (Hinweis: SyntheSim in VensimPLE verwenden.)
2. Dokumentieren und kommentieren Sie einige markante Verhaltensweisen und ihre Parameterkonstellationen.
3. Unter welchen Umständen (für welche Parameter) ergeben sich stetige, nicht zyklische Entwicklungen?
4. Entwickeln Sie mit einem ähnlichen Ansatz ein Modell des Wanderfeldbaus, bei dem kleine Rodungen im Urwald etwa drei Jahre lang bewirtschaftet werden, dann etwa 20 Jahre lang wieder mit Wald zuwachsen, um dann wieder gerodet und bewirtschaftet zu werden.

Z414 Entdeckung von Rohstoffen

Aufgabenstellung

Die heutige Technologie der Industriegesellschaften ist angewiesen auf den ständigen Abbau und Verbrauch nicht erneuerbarer fossiler und mineralischer Rohstoffe. Bei gleich bleibender Technologie ist aus zwei Gründen sogar noch mit einer weiteren Steigerung des Jahresverbrauchs bei vielen Rohstoffen zu rechnen: (1) Die zunehmende Industrialisierung bisher nicht industrialisierter Regionen erhöht auch dort den Pro-Kopf-Verbrauch nicht erneuerbarer Rohstoffe, und (2) das Bevölkerungswachstum führt selbst bei gleich bleibendem weltweiten Pro-Kopf-Verbrauch noch zu einer Verbrauchssteigerung.

Rohstoffe gehen durch ihre Nutzung zwar nicht verloren (von Energieträgern abgesehen), aber sie werden durch Verarbeitung, Verschleiß und Verschrottung so weit verdünnt und in der Umwelt verstreut, dass selbst bei großen Anstrengungen eine 100%ige Rezyklierung unmöglich ist.

Die Erschöpfung der meisten abbauwürdigen Vorräte ist daher inzwischen abzusehen; bei vielen Rohstoffen wird sie noch in den nächsten Jahrzehnten zu Problemen führen. Es lässt sich leicht zeigen, dass bei steigendem Verbrauch selbst eine Verdopplung oder Verzehnfachung der Vorräte keinen wesentlichen Einfluss auf die Streckung der Lebensdauer hat. Um auch in Zukunft einer noch wachsenden Menschheit ein Minimum an materiellem Wohlstand zu bieten, ist es zwingend notwendig, durch Änderung bisheriger Technologien den Rohstoffeinsatz pro Materialdienstleistung wesentlich zu reduzieren. Ansätze hierzu bieten sich über die Rückführung von Materialien (Rezyklierung), den Material sparenden Entwurf, den Ersatz knapper Werkstoffe durch weniger knappe oder besser: erneuerbare Rohstoffe, lange Lebensdauer der Güter, Entwurf für leichte Reparatur, Austausch und Überholung von Teilen usw. Hier bestehen noch viele bisher weitgehend ungenutzte Möglichkeiten.

Die Abbaudynamik eines Rohstoffs ergibt sich aus dem Zusammenspiel zwischen Bedarf und noch vorhandenen Vorräten. Im Anfang des Abbauzyklus sind die vorhandenen Vorräte und deren Entdeckungsrate im Verhältnis zur Abbaurate sehr groß. Der Abbau kann sich daher exponentiell beschleunigen. Allmählich wird die Erfolgsrate der Exploration jedoch geringer. Die (momentan bekannten) Reserven werden durch Abbau und verlangsamten Explorationserfolg geringer, die Wachstumsrate der Abbaurate wird negativ (Wendepunkt). Die Abbaurate erreicht danach allmählich ein Maximum und sinkt danach mit der (exponentiellen) Erschöpfung der Lagerstätten auf Null ab. Aus dem Wendepunkt der Abbaukurve lässt sich demnach auf den Gesamtvorrat und seine Lebensdauer schließen, ohne dass alle Vorräte bereits entdeckt sein müssen (Hubbert 1969).

Simulationsmodell

Abb. Z414a zeigt das Simulationsdiagramm, das mit den folgenden Modellanweisungen quantifiziert ist. Die zwei Zustandsgrößen sind der Bestand an *entdeckten Rohstoffen* und die Menge *verbrauchter Rohstoffe*.

Die *Entdeckung* der Rohstoffe folgt einer logistischen Funktion, die durch die MAX ENTDECKUNGSRATE sowie MAX ENTDECKBARE ROHSTOFFE gegeben ist und außerdem durch *Entdeckungsanstrengung* verstärkt werden kann. Diese wird umso größer, je mehr die Rohstoffe zur Neige gehen (d.h. je geringer die Menge der *verbleibenden Rohstoffe* im Verhältnis zur Menge der MAX ENTDECKBAREN ROHSTOFFE ist). Der *Verbrauch* ist proportional zu den noch *verbleibenden Rohstoffen*. Er reduziert sich bei niedrigerer MAX VERBRAUCHSRATE und bei höherem ANTEIL REZYKLIERTER ROHSTOFFE.

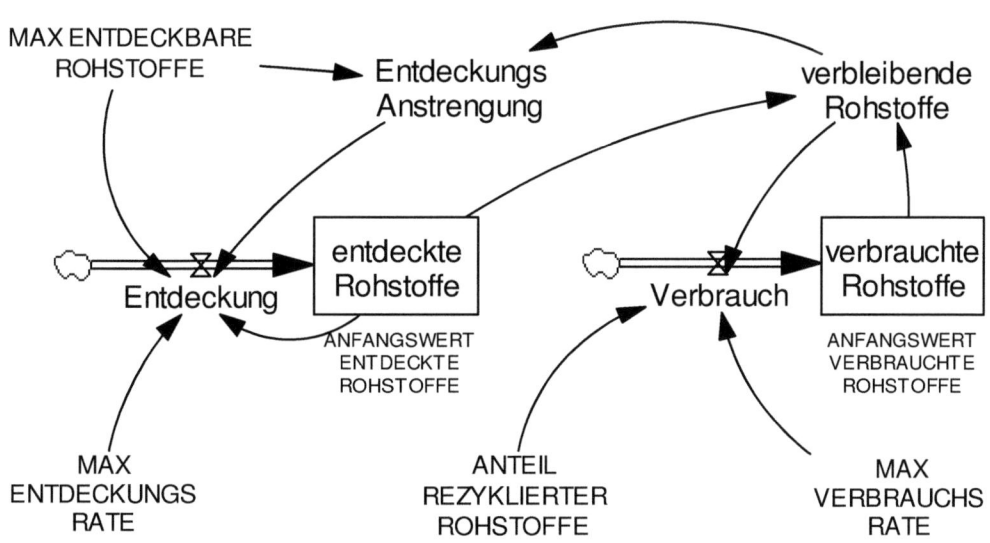

Abb. Z414a: Simulationsdiagramm zur Entdeckung von Rohstoffen.

Parameter und Anfangszustände
ANFANGSWERT ENTDECKTE ROHSTOFFE = 0.01 [Mio t]
ANFANGSWERT VERBRAUCHTE ROHSTOFFE = 0 [Mio t]
MAX ENTDECKBARE ROHSTOFFE = 1 [Mio t]
MAX ENTDECKUNGS RATE = 0.1 [1/Year]
MAX VERBRAUCHS RATE = 0.1 [1/Year]
ANTEIL REZYKLIERTER ROHSTOFFE = 0 [1]

Dynamik

EntdeckungsAnstrengung = 1 -(verbleibende Rohstoffe /MAX ENTDECKBARE ROH-
      STOFFE) [1]
Entdeckung = MAX ENTDECKUNGS RATE *entdeckte Rohstoffe *(1 -(entdeckte Roh-
      stoffe /MAX ENTDECKBARE ROHSTOFFE)) *EntdeckungsAnstrengung [Mio
      t/Year]
entdeckte Rohstoffe = INTEG (+Entdeckung, ANFANGSWERT ENTDECKTE ROH-
      STOFFE) [Mio t]
Verbrauch = (1 -ANTEIL REZYKLIERTER ROHSTOFFE) *MAX VERBRAUCHS RATE
      *verbleibende Rohstoffe [Mio t/Year]
verbrauchte Rohstoffe = INTEG (+Verbrauch, ANFANGSWERT VERBRAUCHTE
      ROHSTOFFE) [Mio t]
verbleibende Rohstoffe = entdeckte Rohstoffe -verbrauchte Rohstoffe [Mio t]

Simulationszeitparameter

INITIAL TIME = 0 [Year]
FINAL TIME = 200 [Year]
TIME STEP = 0.125 [Year]

Simulationsergebnisse

Abb. Z414b zeigt die zeitliche Entwicklung für die Parameter der Voreinstellung. Hier
wird vorausgesetzt, dass die jährliche MAX ENTDECKUNGSRATE 1/10 der MAX ENT-
DECKBAREN ROHSTOFFE entspricht und dass die MAX VERBRAUCHSRATE ebenfalls
1/10 davon beträgt. Damit ergeben sich ein Verbrauchsmaximum nach 55 Jahren und
eine Erschöpfung der Ressourcen nach etwa 120 Jahren.
      Die Menge der *entdeckten Rohstoffe* steigt logistisch bis auf ihren Grenzwert
MAX ENTDECKBARE ROHSTOFFE an. Mit der damit zunehmenden Verfügbarkeit steigt
auch der *Verbrauch* ebenfalls an. Dies führt zu einem gleichfalls logistischen, aber
gegenüber der *Entdeckung* verzögerten Anstieg der *verbrauchten Rohstoffe*. Die *Entdeckung* steigt bis zu einem Maximum, reduziert sich dann aber mit zunehmender Erschöpfung wieder auf Null. Einen ähnlichen Verlauf, allerdings verzögert, zeigt der
Verbrauch der Rohstoffe. Im Laufe der Entwicklung kommt es schließlich zu einem
Punkt, an dem der *Verbrauch* die *Entdeckung* übersteigt. Von diesem Zeitpunkt an
nehmen die *verbleibenden Rohstoffe* nur noch ab.
      Für die langfristige Ressourcenverfügbarkeit entscheidend ist der *Verbrauch* wie
auch der ANTEIL REZYKLIERTER ROHSTOFFE. Der Einfluss der Gesamtmenge der MAX
ENTDECKBAREN ROHSTOFFE auf die Rohstoffverfügbarkeit und den Erschöpfungszeit-
raum ist geringer als zunächst anzunehmen, da bei höherem Rohstoffangebot auch mit
stärkerem *Verbrauch* zu rechnen ist.
      Abb. Z414c zeigt die Zeitkurven für verbleibende *Rohstoffe* für unterschiedliche
ANTEIL REZYKLIERTER ROHSTOFFE von $r = 0.2$ bis 1.0. Der letztere Verlauf ist aus

physikalischen Gründen unerreichbar. Alle anderen Verläufe führen auch bei sehr hohem Rezyklierungsgrad in absehbarer Zeit zum Verschwinden des Rohstoffs.

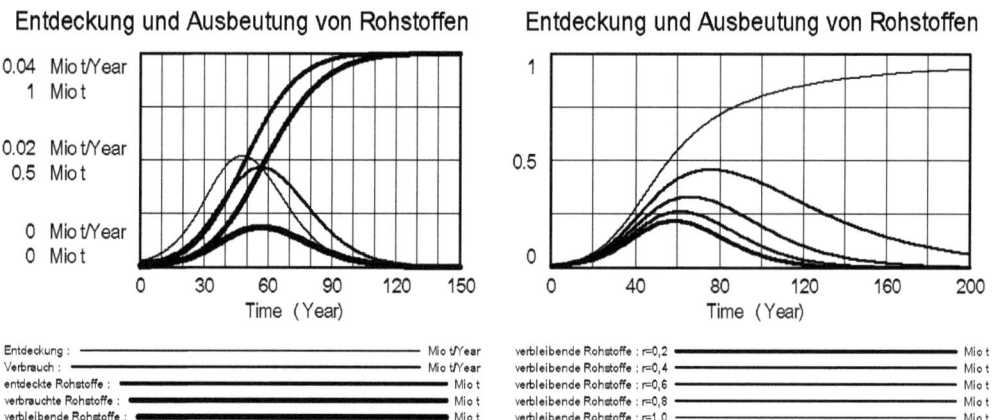

Abb. Z414b: Aus der Entdeckungsgeschichte lässt sich auf den Gesamtvorrat und den Zeitpunkt seiner Erschöpfung schließen.
Abb. Z414c: Je mehr Rohstoffe rezykliert werden, umso länger lässt sich der Zeitpunkt ihrer unvermeidbare Erschöpfung hinausschieben.

Arbeitsvorschläge

1. Untersuchen Sie durch wiederholte Simulationsläufe und Auftragen der Ergebnisse in einer gemeinsamen Grafik den Einfluss der Parameter MAX VERBRAUCHSRATE und ANTEIL REZYKLIERTER ROHSTOFFE auf den Zeitpunkt des maximalen *Verbrauchs* und den Zeitpunkt, zu dem 90% der MAX ENTDECKBAREN ROHSTOFFE verbraucht sind.
2. Untersuchen Sie für eine mittlere MAX VERBRAUCHSRATE, um das Wievielfache sich die 'Lebensdauer' eines Rohstoffs (ohne Rezyklierung) verlängert, wenn die Menge der MAX ENTDECKBAREN ROHSTOFFE verzehnfacht und verhundertfacht wird.
3. Erläutern Sie, wie man (nach Hubbert 1969) vom Verlauf der Zeitkurve für *Entdeckung* auf die (unbekannten) vorhandenen Rohstoffvorräte und ihre zeitliche Reichweite schließen kann.
4. Beschaffen Sie sich aus der Literatur oder dem Internet aktuelle Daten zum historischen Verlauf der Entdeckung und Förderung (=Verbrauch) von Erdöl und Erdgas. Quantifizieren Sie das Modell so, dass sich die Simulationsergebnisse einigermaßen mit den historischen Daten decken. Simulieren Sie die zukünftigen Verläufe bis zum Jahr 2100.
5. Ziehen Sie mit Hilfe der Erkenntnisse aus den Simulationen Schlüsse über die zukünftige Verfügbarkeit und 'Lebensdauer' von Erdöl und Erdgas.

Literaturhinweise

Bossel, H. 1985: *Umweltdynamik – 30 Programme für kybernetische Umwelterfahrungen*. TeWi, München, S. 361-377.

Bossel, H. 1994: *Umweltwissen – Daten, Fakten, Zusammenhänge*. Springer, Berlin /Heidelberg /New York, S. 101-118.

Hubbert, M. K. 1969: Energy resources. In: *Resources and Man*, National Academy of Sciences – National Research Council. W. H. Freeman, San Franciso.

Z415 Rohstoffnutzung mit Rezyklierung

Aufgabenstellung

Nicht-erneuerbare Rohstoffe gehen umso eher zur Neige, je geringer ihre anfänglichen Vorräte sind, je größer Nachfrage ist und je geringer der Rezyklierungsgrad ist.

Bei einigen wichtigen Rohstoffen ist mit einer weitgehenden Erschöpfung der Vorräte in den nächsten Jahrzehnten zu rechnen. Bei der Abschätzung der 'Lebensdauer' solcher Ressourcen reicht es nicht, vom heutigen Verbrauch auszugehen ('statische Lebensdauer'), sondern es muss auch noch die vermutliche zukünftige Steigerungsrate des Verbrauchs berücksichtigt werden. Sie führt zur 'dynamischen Lebensdauer', die erheblich kürzer sein kann als die statische.

Mit der Berechnung der statischen und der dynamische Lebensdauer lässt sich die tatsächliche Lebensdauer bestenfalls eingrenzen. Bei Verknappung wird sich der Verbrauch schließlich bis auf Null reduzieren. Die relative Menge der noch verbleibenden Vorräte, deren Knappheit also, wird die Weiterentwicklung der Verbrauchsrate bestimmen. Falls Material rezykliert wird, so ist von Bedeutung, wie rasch Produkte verschrottet werden und Material wieder zurück in die Produktion fließt. Ein Modell für die Nutzung nicht-erneuerbarer Rohstoffe muss diese Vorgänge berücksichtigen.

Simulationsmodell

Abb. Z415a zeigt das Simulationsdiagramm. Die entsprechenden Modellanweisungen sind im Folgenden aufgeführt. Die drei Zustandsgrößen sind: der *kumulierte Rohstoffverbrauch*, die Menge des *Rohstoffs in Nutzung* und die *Rohstoffnachfrage*. Als Einheiten werden Mt (Millionen Tonnen) bzw. Mt/Jahr verwendet, so dass in das Modell Zahlenwerte aus Rohstoffstatistiken eingesetzt werden können, um entsprechende Berechnungen durchzuführen.

Aus dem ANFANGSWERT DER ROHSTOFFNACHFRAGE, dem VERBRAUCHSANSTIEG HEUTE und dem MAX NACHFRAGEFAKTOR wird der *Zuwachs der Rohstoffnachfrage* berechnet. Aufintegriert folgt daraus die (zukünftige) Entwicklung der *Rohstoffnachfrage*. Diese *Rohstoffnachfrage* bestimmt zusammen mit dem *Vorratsindex* (als Anzeiger für Knappheit) und der verfügbaren Menge des *rezyklierten Rohstoffs* den *Rohstoffabbau*. Mit ihm wird durch Integration der *kumulierte Rohstoffverbrauch* berechnet. Der (jährliche) *Rohstoffabbau* fließt zusammen mit *rezykliertem Rohstoff* in die *Produkterzeugung*. Sie führt zu einem Zuwachs des *Rohstoffs in Nutzung*; dieser verringert sich gleichzeitig durch *Verschrottung* der Produkte nach Ablauf ihrer PRODUKTLEBENSDAUER. Um Rezyklierung an- oder abschalten zu können, ist ein Schalter RÜCKFÜHRUNG 0 oder 1 vorgesehen. Der Einfluss verschiedener Vorratsschätzungen auf die Rohstoffverfügbarkeit lässt sich mit dem Parameter URSPRÜNGLICHE ROHSTOFFRESERVE untersuchen.

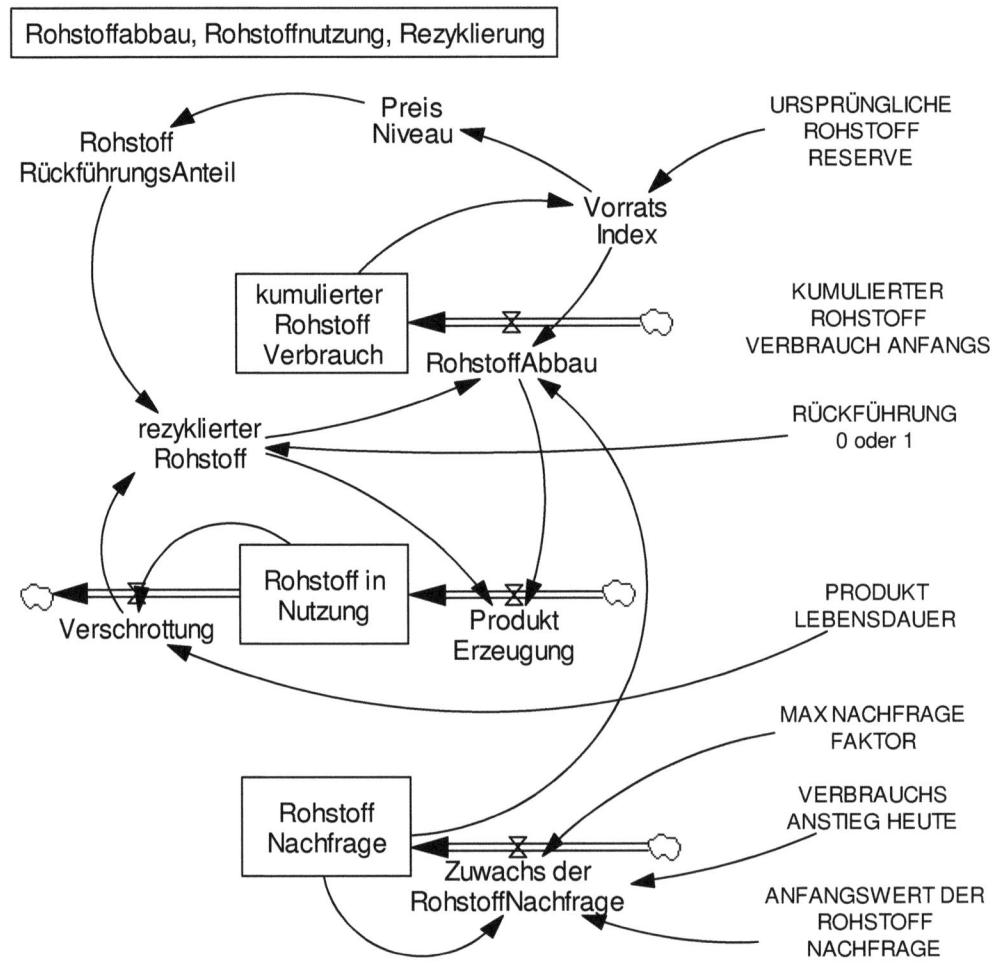

Abb. Z415a: Simulationsdiagramm für Rohstoffnutzung mit Rezyklierung.

Parameter und Anfangszustände
ANFANGSWERT DER ROHSTOFF NACHFRAGE = 5 [Mt/Year]
KUMULIERTER ROHSTOFF VERBRAUCH ANFANGS = 0 [Mt]
VERBRAUCHS ANSTIEG HEUTE = 2 [1/YearAngabe in Prozent pro Jahr]
URSPRÜNGLICHE ROHSTOFF RESERVE = 100 [Mt]
MAX NACHFRAGE FAKTOR = 2 [1]
PRODUKT LEBENSDAUER = 10 [Year]
RÜCKFÜHRUNG 0 oder 1 = 1 [1]

Dynamik

VorratsIndex = (URSPRÜNGLICHE ROHSTOFF RESERVE -kumulierter Rohstoff-
Verbrauch) /URSPRÜNGLICHE ROHSTOFF RESERVE [1]

PreisNiveau = IF THEN ELSE (VorratsIndex > 0.1, 1/VorratsIndex, 10) [1]

RohstoffRückführungsAnteil = WITH LOOKUP (PreisNiveau, ([(0, 0) -(20, 1)], (0, 0), (1,
0), (2, 0.2), (5, 0.6), (10, 0.85), (15, 0.95), (20, 0.95))) [1]

rezyklierter Rohstoff = Verschrottung *RohstoffRückführungsAnteil *RÜCKFÜHRUNG
0 oder 1 [Mt/Year]

RohstoffAbbau = (RohstoffNachfrage -rezyklierter Rohstoff) *VorratsIndex [Mt/Year]

kumulierter RohstoffVerbrauch = INTEG (+RohstoffAbbau, KUMULIERTER ROH-
STOFF VERBRAUCH ANFANGS) [Mt]

ProduktErzeugung = RohstoffAbbau +rezyklierter Rohstoff [Mt/Year]

Verschrottung = Rohstoff in Nutzung /PRODUKT LEBENSDAUER [Mt/Year]

Rohstoff in Nutzung = INTEG (+ProduktErzeugung -Verschrottung, PRODUKT LE-
BENSDAUER *ANFANGSWERT DER ROHSTOFF NACHFRAGE) [Mt]

Zuwachs der RohstoffNachfrage = (VERBRAUCHS ANSTIEG HEUTE /100)
*RohstoffNachfrage *(1 –RohstoffNachfrage /(ANFANGSWERT DER ROH-
STOFF NACHFRAGE *MAX NACHFRAGE FAKTOR)) [Mt/(Year*Year)]

RohstoffNachfrage = INTEG (+Zuwachs der RohstoffNachfrage, ANFANGSWERT
DER ROHSTOFF NACHFRAGE) [Mt/Year]

Simulationszeitparameter

INITIAL TIME = 2000 [Year]
FINAL TIME = 2125 [Year]
TIME STEP = 0.25 [Year]

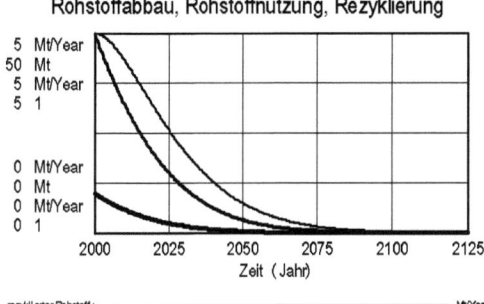 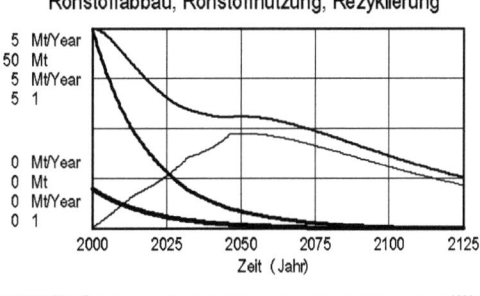

Abb. Z415b: Rohstoffverfügbarkeit ohne Rezyklierung.
Abb. Z415c: Rohstoffverfügbarkeit mit zunehmender Rezyklierung.

Simulationsergebnisse

Abb. Z415b und c zeigen die Entwicklung von *Rohstoff in Nutzung*, *Rohstoffabbau* und
Vorratsindex. Im ersten Fall ist keine Rezyklierung vorgesehen; im zweiten Fall wird

sie entsprechend der Tabellenfunktion *Rohstoff-Rückführungsanteil* als Funktion des *Preisniveaus* auf 95% (bei einer Verzwanzigfachung des *Preisniveaus*) gefahren.

Mit den Parametern der Voreinstellung sinkt ohne Rezyklierung der *Rohstoff in Nutzung* sehr rasch ab. Bei durch Verknappung forcierter Rezyklierung bleibt der *Rohstoff in Nutzung* trotz ebenfalls stark fallendem *Rohstoffabbau* noch sehr viel länger auf einem hohen Niveau. Aber auch hier ist sein langfristiges Verschwinden natürlich nicht zu verhindern.

Arbeitsvorschläge

1. Beschaffen Sie sich Vorratsschätzungen für wichtige nicht-erneuerbare Rohstoffe, für die heutigen Jahresverbräuche dieser Stoffe und für ihre heutige Verbrauchssteigerung pro Jahr. Berechnen Sie damit die statische und die dynamische Lebensdauer mit den folgenden Formeln:

statische Lebensdauer T_s = (geschätzte Vorräte) / (heutiger Verbrauch pro Jahr)

dynamische Lebensdauer $T_d = (1/r)\ln\left[(R \cdot r / C_0) + 1\right]$

wobei r = jährliche Wachstumsrate des Verbrauchs, C_0 = anfänglicher jährlicher Verbrauch, R = Vorratsschätzung, T = Lebensdauer der Vorräte, ln = natürlicher Logarithmus. Simulieren Sie die Verbrauchsdynamik für diese Rohstoffe mit unterschiedlichen Rezyklierungs-Szenarien. Diskutieren Sie die Ergebnisse im Vergleich mit der statischen und die dynamischen Lebenserwartung der Rohstoffe. Wie groß sind die Abweichungen? Wie zuverlässig sind die Aussagen? Was sollte bei solchen Überlegungen alles noch berücksichtigt werden?
2. Untersuchen Sie systematisch mit Hilfe des Modells (u.U. ergänzen!), wie sich bei einem beliebigen Rohstoff die Lebensdauer am besten strecken ließe: Durch Entdeckung weiterer Vorräte? Durch hohen Rezyklierungsanteil? Durch Bedarfsreduzierung (z.B. durch Langzeitgüter)? Was bringt eine solche Strategie jeweils? Machen Sie Vorschläge für eine nationale oder globale Ressourcenstrategie. Wo müssten dann in Zukunft Schwerpunkte der Forschung und Entwicklung liegen?

Literaturhinweise

Bossel, H. 1994: *Umweltwissen – Daten, Fakten, Zusammenhänge.* Springer, Berlin /Heidelberg /New York, S. 101-118.
Global 2000: *Der Bericht an den Präsidenten.* Zweitausendeins, Frankfurt/M. 1980, bes. S. 459-492, 791-810.
Ehrlich, P. R., Ehrlich, A.H., Holdren, J.P., 1977: *Ecoscience – Population, Resources, Environment.* Freeman, San Francisco, bes. S. 391-513, S. 515-531.

Z416 Übernutzung und Zusammenbruch

Aufgabenstellung

Im Modell Z405 ZUSAMMENBRUCH EINES ÖKOSYSTEMS wurde der historische Zusammenbruch der Hirschpopulation auf dem Kaibab-Plateau in Arizona dargestellt, nachdem diese sich wegen des Abschusses der Raubtiere explosionsartig vermehrt hatte. Vorgänge dieser Art finden sich häufig in den verschiedensten Bereichen, nicht nur in Ökosystemen. Das typische Systemverhalten findet sich generell bei der Übernutzung regenerativer Ressourcen: Überweidung, Abholzung, Brennholzkrise. Der gleiche Verlauf, der auf ähnlichen strukturellen Zusammenhängen beruht, zeigt sich auch in den 'Weltmodellen', die die globale Entwicklung von Bevölkerung und Umwelt beschreiben (vgl. Modelle Z605, Z610, Z612 in Bossel Zoo3 2004).

    Der Kern solcher Systeme besteht aus einer Population, die von einer erneuerbaren Ressource abhängt. Bei Übernutzung der Ressource verringert sich deren Regenerationsfähigkeit, so dass schließlich eine Erholung nicht mehr möglich ist und mit der Ressource auch die Population sehr rasch zusammenbricht. Im Folgenden soll der Vorgang auf seine essentiellen Komponenten und Prozesse reduziert werden, um Verhaltensweise und Entwicklungsmöglichkeiten zu untersuchen.

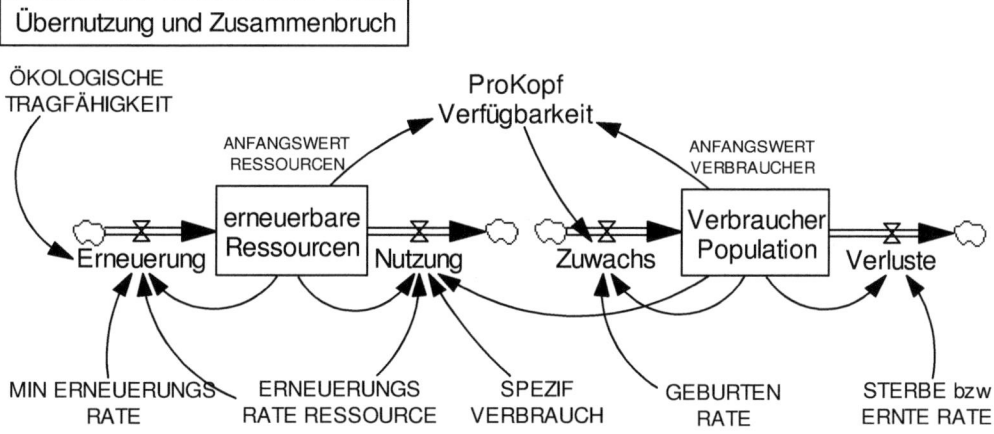

Abb. Z416a: Simulationsdiagramm für Nutzung erneuerbarer Ressourcen.

Simulationsmodell

Abb. Z416a zeigt das Simulationsdiagramm, zu dem die folgenden Modellgleichungen gehören. Die zwei Zustandsgrößen *erneuerbare Ressourcen* und *Verbraucherpopulation* sind über die *Nutzung* der *erneuerbaren Ressourcen* und den durch die Nutzung ermöglichten *Zuwachs* der *Verbraucherpopulation* miteinander verkoppelt.

Der *Zuwachs* der *Verbraucherpopulation* ist proportional zu deren Bestand und zur *pro Kopf Verfügbarkeit* der *erneuerbaren Ressource*. Da die Pro-Kopf-Nahrungsaufnahme beschränkt ist, ist hier eine Michaelis-Menten-Sättigung eingeführt (vgl. Modell Z111 DICHTEABHÄNGIGES WACHSTUM in Bossel Zool 2004). Die *Nutzung* (z.B. Nahrungsverbrauch) ist proportional zur Verbraucherpopulation und dem SPEZIFISCHEN VERBRAUCH, solange genügend *erneuerbare Ressourcen* vorhanden sind. Falls dies nicht der Fall ist, wird nur die jeweils vorhandene Menge verbraucht. Bei Unterernährung der *Verbraucherpopulation* fällt der *Zuwachs* durch die GEBURTENRATE unter die *Verluste* durch die STERBE- BZW. ERNTERATE. Für die *Erneuerung* der *erneuerbaren Ressourcen* gilt eine logistische Entwicklung entsprechend der ÖKOLOGISCHEN TRAGFÄHIGKEIT. Bei kleinem Ressourcenbestand regeneriert sich dieser nur sehr langsam (*Erneuerung* proportional zum Quadrat des Bestandes an *erneuerbaren Ressourcen*), immer aber mit einem Minimalwert (MIN ERNEUERUNGSRATE * ÖKOLOGISCHE TRAGFÄHIGKEIT).

Parameter und Anfangszustände
ANFANGSWERT VERBRAUCHER = 0.1 [Verbraucher]
ANFANGSWERT RESSOURCEN = 0.5 [Ressource]
ÖKOLOGISCHE TRAGFÄHIGKEIT = 1 [Ressource]
ERNEUERUNGS RATE RESSOURCE = 1 [1/Year]
MIN ERNEUERUNGS RATE = 0.01 [1/Year]
GEBURTEN RATE = 0.7 [1/Year]
STERBE bzw ERNTE RATE = 0.5 [1/Year]
SPEZIF VERBRAUCH = 1 [Ressource/(Verbraucher*Year)]

Dynamik
Erneuerung = ERNEUERUNGS RATE RESSOURCE *erneuerbare Ressourcen
        *(erneuerbare Ressourcen /ÖKOLOGISCHE TRAGFÄHIGKEIT) *(1 -
        erneuerbare Ressourcen /ÖKOLOGISCHE TRAGFÄHIGKEIT) +MIN ERNEUE-
        RUNGS RATE *ÖKOLOGISCHE TRAGFÄHIGKEIT [Ressource/Year]
Nutzung = IF THEN ELSE (erneuerbare Ressourcen < SPEZIF VERBRAUCH
        *VerbraucherPopulation, (erneuerbare Ressourcen *ERNEUERUNGS RATE
        RESSOURCE), SPEZIF VERBRAUCH *VerbraucherPopulation) [Ressour-
        ce/Year]
erneuerbare Ressourcen = INTEG (+Erneuerung-Nutzung, ANFANGSWERT RES-
        SOURCEN) [Ressource]
ProKopf Verfügbarkeit = IF THEN ELSE (VerbraucherPopulation <= 0, 0, erneuerbare
        Ressourcen /VerbraucherPopulation) [Ressource/Verbraucher]
Zuwachs = GEBURTEN RATE *VerbraucherPopulation *(ProKopf Verfügbarkeit
        /(ProKopf Verfügbarkeit +1)) [Verbraucher/Year]
Verluste = STERBE bzw ERNTE RATE *VerbraucherPopulation [Verbraucher/Year]
VerbraucherPopulation = INTEG (+Zuwachs -Verluste, ANFANGSWERT VERBRAU-
        CHER) [Verbraucher]

Simulationszeitparameter
INITIAL TIME = 0 [Year]
FINAL TIME = 200 [Year]
TIME STEP = 0.02 [Year]

Simulationsergebnisse

Abb. Z416b zeigt das Zeitverhalten für die Parameter der Voreinstellung. Diese Parameter entsprechen etwa denen von Weidetieren auf Weideland; die Zustandsgrößen sind relativ. Es ergibt sich ein Zusammenbruch nach etwa 25 Jahren. Danach gibt es keine Erholung; die *erneuerbare Ressource* und die *Verbraucherpopulation* bleiben auf sehr niedrigem Niveau. Wird die GEBURTENRATE etwas kleiner gewählt (0.6 statt 0.7), so bleiben Ökosystem und Weidetierpopulation auf relativ hohem Gleichgewichtsniveau erhalten.

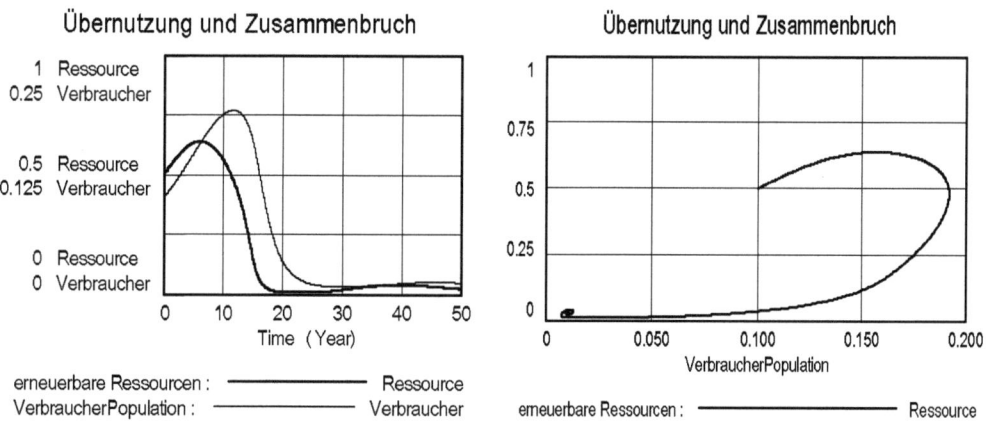

Abb. Z416b: Zusammenbruch eines Ökosystems bei Überweidung.
Abb. Z416c: Zustandskurve des Zusammenbruchs mit Stabilisierung auf niedrigem Niveau.

Ausgehend von einem kleinen Anfangswert der *Verbraucherpopulation* wächst diese zunächst rasch an, was zu einer allmählichen Verringerung der *erneuerbaren Ressource* führt. Mit der Erosion der Ressourcenbasis verschlechtern sich deren Regenerationsfähigkeit (*Erneuerung*) und das Nahrungsangebot, so dass die *Verbraucherpopulation* keinen *Zuwachs* mehr verzeichnet und nach Erreichen eines Höhepunkts nach der beschleunigt zurückgehenden *erneuerbaren Ressource* ebenfalls zeitverzögert zusammenbricht. Wegen der ständigen Mindestregeneration ergibt sich trotzdem eine Weiterexistenz des Ökosystems auf sehr niedrigem Niveau.

Das Zustandsbild dieser Simulation ist in Abb. Z416c wiedergegeben. Ausgehend vom Anfangszustand verdoppelt sich die *Verbraucherpopulation* zunächst fast, bevor sie dann mit dem Verschwinden der *Ressource* ebenfalls zusammenbricht. Die Zustandsentwicklung wird von einem Gleichgewichtspunkt auf sehr niedrigem Niveau der Zustandsgrößen eingefangen. Die Zustandsgrößen schwingen stark gedämpft um diesen Punkt, bevor sie dort zur Ruhe kommen.

Untersucht man das Modellverhalten in Abhängigkeit vom Parameter GEBURTENRATE, so zeigt sich ein interessanter und rapider Wechsel des Verhaltens in einem sehr schmalen Bereich dieses Parameters. Abb. Z416d und e zeigen Zeitverhalten und Zustandsbild für GEBURTENRATE = 0.625, 0.630 und 0.635. (Alle anderen Parameter sind die der Voreinstellung.) Während sich für GEBURTENRATE = 0.620 noch ein Gleichgewichtswert für erneuerbare Ressourcen auf hohem Niveau einstellt, ist bei GEBURTENRATE $b = 0.625$ bereits eine starke, noch gedämpfte Schwingung um einen Gleichgewichtszustand mit hohen Werten für die beiden Zustandsgrößen zu beobachten. Wird die GEBURTENRATE leicht erhöht (auf $b = 0.630$), so wird aus der gedämpften Schwingung ein sich stetig wiederholender Grenzzyklus, der sich mit großer Amplitude etwa zwischen dem bisherigen Zustand und sehr niedrigen Zustandswerten bewegt. Wird die Geburtenrate weiter erhöht ($b = 0.635$), so ergibt sich zunächst ein Grenzzyklus kleiner Amplitude um einen Gleichgewichtspunkt bei niedrigen Zustandswerten. Bei weiterer Erhöhung folgt ein rasches gedämpftes Einschwingen auf den niedrigen Endzustand (s. Abb. Z416c für $b = 0.7$).

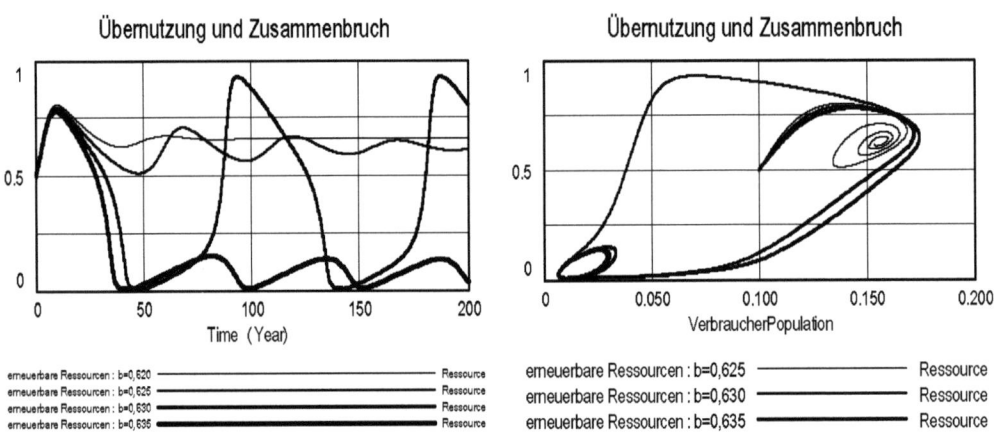

Abb. Z416d: Rascher Wechsel der Verhaltensweise bei kleinem Anstieg der GEBURTENRATE: Auf Gleichgewicht der erneuerbaren Ressource auf hohem Niveau folgen Schwingungen, dann ein Grenzzyklus, schließlich Schwingungen auf niedrigem Niveau.

Abb. Z416e: Der gleiche Vorgang im Zustandsbild.

Arbeitsvorschläge

1. Untersuchen Sie für eine Wildpopulation mit den Parametern der Voreinstellung, welche Werte für die notwendige Abschussquote (= STERBE BZW. ERNTERATE) gewählt werden müssten, um zu einer Stabilisierung der beiden Zustandsgrößen auf hohem Niveau zu kommen.
2. Was müsste unternommen werden, um die erneuerbare Ressource nach dem Zusammenbruch wieder zu regenerieren?
3. Untersuchen Sie den durch den Grenzzyklus gekennzeichneten Übergangsbereich genauer, auch für andere plausible Parameterkombinationen.

Literaturhinweise

vgl. Modell Z405 ZUSAMMENBRUCH EINES ÖKOSYSTEMS in diesem Band.

Z417 Tragödie der Allmende

Aufgabenstellung

Allmende – das sind Viehweiden, die zu einem Dorf gehören und von allen genutzt werden dürfen. Orientiert sich der Viehbesatz an der Erneuerungsfähigkeit der Ressource, so ist eine nachhaltige (dauerhafte) Nutzung möglich. Auch auf andere natürliche Ressourcen ist dieses Besitz- und Nutzungsverhältnis anwendbar: auf die Fischgründe der Weltmeere außerhalb der Hoheitsgewässer, auf die Beschaffung von Brennholz aus Wäldern der Umgebung, auf die Nutzung von Grundwasser zur Bewässerung. Falls diese Art der Nutzung nicht strengstens geregelt ist – z.B. durch Gesetze oder Tabus – kann sie aber zu einem Zusammenbruch der erneuerbaren Ressource führen, denn die Möglichkeit, eine im Allgemeinbesitz befindliche erneuerbare Ressource zum eigenen Vorteil zu nutzen, kann den Einzelnen dazu verleiten, durch entsprechende Zusatzinvestition (z.B. ein weiteres Rind, ein größeres Fischereischiff, einen weiteren Brunnen) seinen Gewinn zu erhöhen. Ohne eine Nutzungsbegrenzung ergibt sich bei diesem Prozess schließlich eine Übernutzung, die zum Zusammenbruch führt. Wo aber muss die Grenze gezogen werden? Unter welchen Bedingungen lässt sich eine Resource im Allgemeinbesitz dauerhaft und vorteilhaft für alle nutzen?

Simulationsmodell

Abb. Z417a zeigt das Simulationsdiagramm für dieses System. Die Modellanweisungen sind im Folgenden aufgeführt.

Die *erneuerbare Ressource* hat eine logistische Wachstumsbegrenzung mit einer MAX KAPAZITÄT DER RESSOURCE und einer anfänglich exponentiellen *Erneuerung* mit der ERNEUERUNGSRATE DER RESSOURCE NORMWERT. Der *Verbrauch* der *erneuerbaren Ressource* entspricht der *Jahresproduktion*. Diese ist proportional zum Bestand von Produktionsmitteln zu ihrer Nutzung (Vieh, Anlagen, Maschinen), gemessen als *Wert der Produktionsanlagen*, sowie zur SPEZIF PRODUKTIONSRATE dieser Produktionsmittel und dem jeweiligen Bestand der *erneuerbaren Ressource*. Die *Nettoinvestition* in den *Wert der Produktionsanlagen* ist proportional dem zum PRODUKTIONSZIEL bestehenden *Zieldefizit* und zum *jährlichen Nettoprofit*. Bei geringerer *Ertragserwartung* wird mehr investiert, um Verluste wettzumachen.

Parameter und Anfangszustände
ANFANGSWERT ANLAGEN = 0.01 [$]
ANFANGSWERT RESSOURCE = 1 [t]
MAX KAPAZITÄT DER RESSOURCE = 1 [t]
ERNEUERUNGSRATE DER RESSOURCE NORMWERT = 0.1 [1/Year]
EROSIONS GRENZE = 0.05 [t]
INVESTITIONS RATE = 0.1 [1/Year]

PRODUKTIONS ZIEL = 1 [t/Year]
RESSOURCEN PREIS = 1 [$/t]
SPEZIF BETRIEBS KOSTEN = 0.1 [1/Year]
SPEZIF PRODUKTIONS RATE = 1 [t/(t*$*Year)]

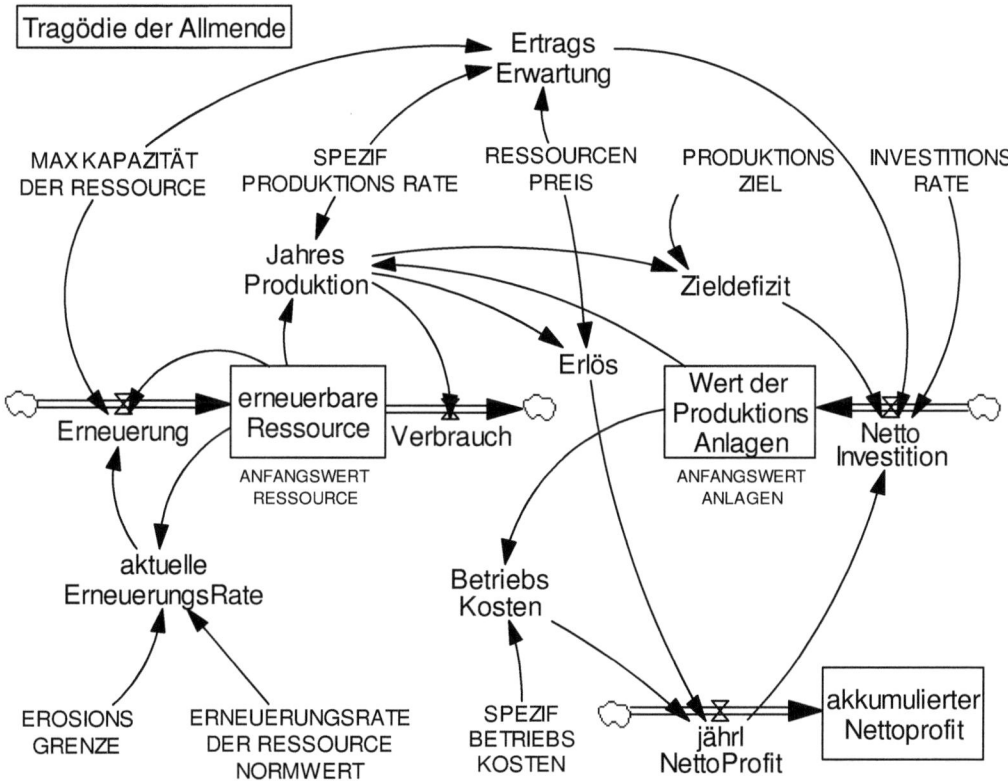

Abb. Z417a: Simulationsdiagramm für die 'Tragödie der Allmende'

Dynamik

ErtragsErwartung = RESSOURCEN PREIS *SPEZIF PRODUKTIONS RATE *MAX
    KAPAZITÄT DER RESSOURCE [1/Year]

JahresProduktion = SPEZIF PRODUKTIONS RATE *erneuerbare Ressource *Wert
    der ProduktionsAnlagen [t/Year]

Zieldefizit = 1 −JahresProduktion /PRODUKTIONS ZIEL [1]

NettoInvestition = Zieldefizit *jährl NettoProfit *INVESTITIONS RATE
    /ErtragsErwartung [$/Year]

Wert der ProduktionsAnlagen = INTEG (+NettoInvestition, ANFANGSWERT ANLA-
    GEN) [$]

aktuelle ErneuerungsRate = IF THEN ELSE(erneuerbare Ressource < EROSIONS
    GRENZE, 0, ERNEUERUNGSRATE DER RESSOURCE NORMWERT) [1/Year]

Erneuerung = aktuelle ErneuerungsRate *erneuerbare Ressource *(1 -erneuerbare
    Ressource /MAX KAPAZITÄT DER RESSOURCE) [t/Year]
Verbrauch = JahresProduktion [t/Year]
erneuerbare Ressource = INTEG (+Erneuerung -Verbrauch, ANFANGSWERT RES-
    SOURCE) [t]
Erlös = RESSOURCEN PREIS *JahresProduktion [$/Year]
BetriebsKosten = SPEZIF BETRIEBS KOSTEN *Wert der ProduktionsAnlagen [$/Year]
jährl NettoProfit = Erlös -BetriebsKosten [$/Year]
akkumulierter Nettoprofit = INTEG (jährl NettoProfit, 0) [$]

Simulationszeitparameter
INITIAL TIME = 0 [Year]
FINAL TIME = 100 [Year]
TIME STEP = 0.05 [Year]

Simulationsergebnisse

Abb. Z417b zeigt das Zeitverhalten des Systems für die Parameter der Voreinstellung.
Mit den gewählten spezifischen Raten zeigt das System eine profitable Ausbeutung
über die ersten etwa 60 Jahre. Darauf folgt eine Phase mit Nettoverlusten; nach etwa
100 Jahren ist die *erneuerbare Ressource* völlig erschöpft.

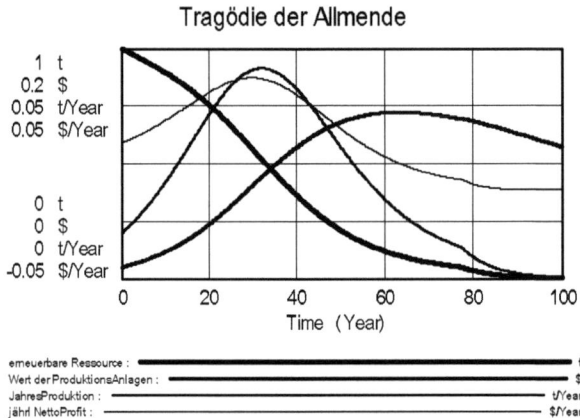

Abb. Z417b: Übernutzung der erneuerbaren Ressource führt zum Zusammenbruch.

Zu Beginn der Nutzung wird entsprechend dem (anfänglich hohen) *jährl Netto-
Profit* der *Wert der Produktionsanlagen* aufgebaut, wodurch sich die *Jahresproduktion*
rasch erhöht. Solange das PRODUKTIONSZIEL nicht erreicht ist, aber *jährl Nettoprofit*
verbucht werden kann, wird der *Wert der Produktionsanlagen* durch *Nettoinvestition*
weiter erhöht. Entsprechend erhöhen sich zunächst die *Jahresproduktion* und damit

der *Erlös*. Damit verringern sich aber auch der Bestand von *erneuerbare Ressource* und später auch die *Jahresproduktion*. Mit der Erhöhung von *Wert der Produktionsanlagen* erhöhen sich gleichzeitig die *Betriebskosten*, so dass der *jährl Nettoprofit* fortwährend sinkt, auf Null zurückgeht und schließlich negativ wird. Trotzdem wird weiterproduziert, bis schließlich die *erneuerbare Ressource* verschwunden und die Ressourcenbasis damit zerstört ist.

Die Zustandsbilder (*erneuerbare Ressource* über *Wert der Produktionsanlagen*) in Abb. Z417c und d zeigen das Verhalten des Systems für diese Parameterwerte noch deutlicher. Es bricht fast immer zusammen, außer in einem kleinen (eiförmigen) Bereich um den einzigen nicht-trivialen stabilen Gleichgewichtspunkt (0.09, 0.1). Um die Ressource dauerhaft als Allmende nutzen zu können, müssten strenge Regeln die Nutzung genau auf diesen Bereich eingrenzen. Das System hat zwei weitere Gleichgewichtspunkte bei (0, 0) und (0, 1) (Erhalt der Ressource ohne Nutzung).

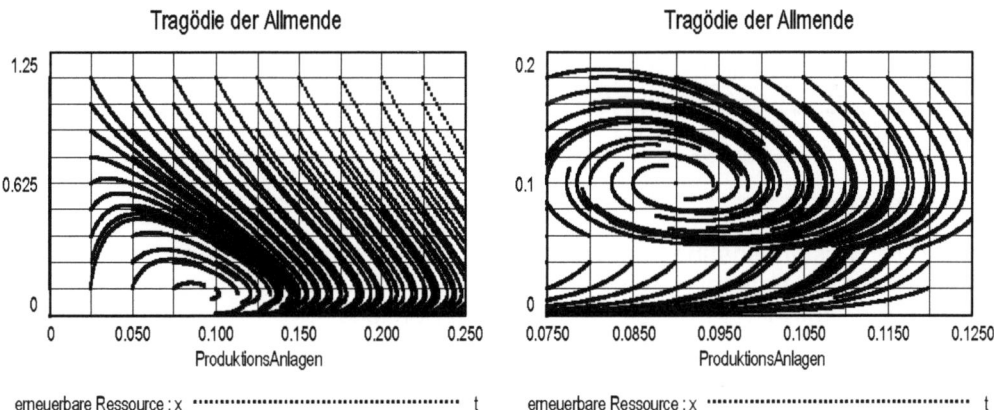

Abb. Z417c: Zwei Verhaltensmöglichkeiten: Einschwingen auf einen Gleichgewichtspunkt bei niedrigem Wert der erneuerbaren Ressource, oder völlige Erosion der Ressource. Das System hat drei Gleichgewichtspunkte.
Abb. Z417d: Genauere Darstellung des Bereichs um den stabilen Gleichgewichtspunkt.

Werden gewisse Systemparameter verändert, so ändert sich bei diesem System auch das Systemverhalten qualitativ völlig. Die Abb. Z417e und f zeigen das Verhalten im Zustandsbild für wie folgt geänderte Parameter; alle anderen Parameter sind die der Voreinstellung:

    INVESTITIONS RATE = 0.25 [1/Year]
    PRODUKTIONS ZIEL = 0.01 [t/Year]
    SPEZIF BETRIEBS KOSTEN = 0.25 [1/Year]
    SPEZIF PRODUKTIONS RATE = 0.5 [t/(t*$*Year)]

Das Verhalten ist jetzt wesentlich komplexer. Ein stabiler Gleichgewichtspunkt bei (0.0225, 0.887) zieht die Zustandspfade im oberen Bereich (etwa bei *erneuerbare Ressource* > 0.75) und in einem schmalen Bereich am linken Rand auf sich. Zustandspfade aus anderen Bereichen führen zum Zusammenbruch des Systems. Ingesamt hat das System nun fünf Gleichgewichtspunkte (0, 0), (0, 1), (0.0225, 0.887), (0.1, 0.5), (0.1775, 0.113). Das Beispiel zeigt, dass Veränderung von Parametern auch zu qualitativ gänzlich anderem Systemverhalten führen kann.

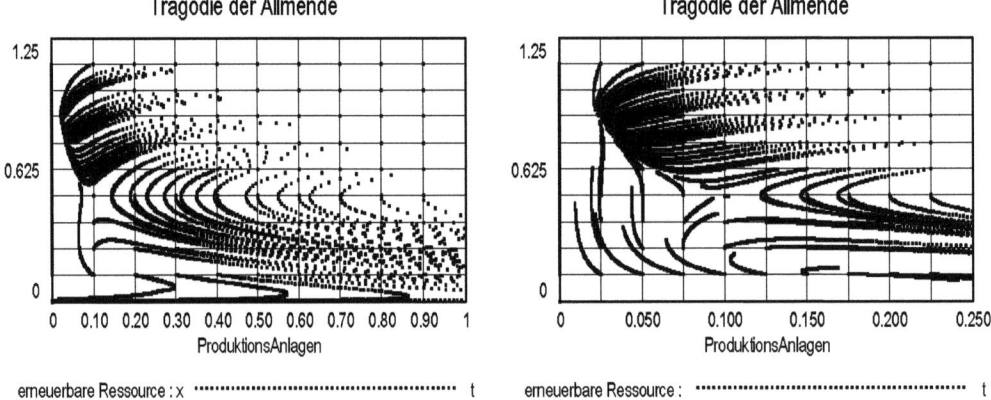

Abb. Z417e: Zustandsbahnen bei veränderten Parametern: Das System hat jetzt fünf Gleichgewichtszustände.
Abb. Z417f: Vergrößerte Darstellung des linken Bereichs.

Ist das Produkt aus MAX KAPAZITÄT DER RESSOURCE und ERNEUERUNGSRATE DER RESSOURCE NORMWERT größer als 4*PRODUKTIONSZIEL – ist also das PRODUKTIONSZIEL klein gegenüber der Rate der *Erneuerung* der *erneuerbare Ressource*, so ist (bei insgesamt fünf Gleichgewichtspunkten) eine akzeptable Dauerlösung möglich. Ist das PRODUKTIONSZIEL im Vergleich zur ERNEUERUNGSRATE DER RESSOURCE NORMWERT zu hoch, so ergeben sich drei Gleichgewichtspunkte und entsprechendes Zusammenbruchsverhalten. Eine kritische Rolle für die Systementwicklung spielt der für das Produkt erzielbare RESSOURCENPREIS. Ist dieser hoch, so führt dies zu einem größeren Produktionsmittelbestand *Wert der Produktionsanlagen* und entsprechend größerer Ausbeutung.

Arbeitsvorschläge

1. Untersuchen Sie die Parameterempfindlichkeit in Bezug auf insbesondere RESSOURCENPREIS, SPEZIF PRODUKTIONSRATE, PRODUKTIONSZIEL, INVESTIONSRATE.

2. Wo liegen stabile Gleichgewichtspunkte unter realistischen Bedingungen? Welche Maßnahmen sind erforderlich, damit das System unter solchen Bedingungen genutzt wird?

3. Fassen Sie das Modell in zwei Differentialgleichungen (für *erneuerbare Ressourcen* und *Wert der Produktionsanlagen*; *akkumulierter Nettoprofit* wird nur zur Information berechnet und ist nicht verhaltensrelevant, da er keine Rückkopplung zum System hat). Bestätigen Sie analytisch die drei bzw. fünf oben erwähnten Gleichgewichtspunkte für die genannten Parameterkombinationen.

4. Vergleichen Sie das Modell und seine Ergebnisse mit dem Modell Z418 NACHHALTIGE NUTZUNG. Wo liegen die verhaltensentscheidenden Unterschiede?

Literaturhinweise

Hardin, G. 1968: The tragedy of the commons. *Science*, vol. 162, pp. 1243-1248.

Z418 Nachhaltige Nutzung erneuerbarer Ressourcen

Aufgabenstellung

Das Allmende-Prinzip kann, wie Modell Z417 gezeigt hat, nur bei strikter Einhaltung bestimmter Beschränkungen die dauerhafte Nutzung erneuerbarer Ressourcen ermöglichen – etwa wenn die Bevölkerungszahl gleich bleibt und jede Familie nur eine beschränkte Zahl von Rindern auf der Allmende weiden lassen darf. Die zugelassene Rinderzahl ist oft das Ergebnis jahrhundertelanger Erfahrung. In ihr steckt die Erkenntnis, dass dauerhaft nur so viel genutzt werden kann, wie nachwächst. Die Nutzung erneuerbarer Ressourcen zwingt also erstens zur Begrenzung von Eigennutz, um nicht die Gemeinschaft als Ganzes zu gefährden, und zweitens – in einer Demokratie – zur gerechten Verteilung der Nutzungsrechte auf alle. Unsere Abhängigkeit von natürlichen Erneuerungsprozessen hat also auch unausweichlich soziale Konsequenzen – wenn das auch manche (noch) nicht wahrhaben wollen.

Die nachhaltige Bewirtschaftung erneuerbarer Ressourcen wird als 'Prinzip der Nachhaltigkeit' in der Forstwirtschaft einiger Länder bereits seit mehreren hundert Jahren praktiziert. Generell sollten alle erneuerbaren Ressourcen nach diesem Prinzip genutzt werden: Es wird nicht mehr verbraucht, als nachwachsen kann oder als sich durch natürliche Prozesse erneuern kann. Das gilt für Produkte der Forst- und Landwirtschaft ebenso wie für Fischerei, Wasser, Luft und Böden. Nachhaltigkeit darf sich also nicht nur an (noch) vorhandenen Beständen orientieren, sondern muss die Regenerationsfähigkeit der Ressource ständig im Auge behalten und ihre Erhaltung gewährleisten. Das Nutzungssystem sollte inhärent stabil bleiben, d.h. auch ohne ständige Überwachung strikter Grenzen sollte Nachhaltigkeit gesichert sein. Mit Simulationsmodellen lassen sich die Möglichkeiten untersuchen.

Simulationsmodell

Abb. Z417a zeigt das Simulationsdiagramm des Modells. Die Modellanweisungen sind im Folgenden aufgeführt.

Das Modell hat eine dem Modell Z417 TRAGÖDIE DER ALLMENDE weitgehend gleiche Struktur: Die *erneuerbare Ressource* wächst mit einem logistischen Sättigungsprozess. Die *Nettoinvestition* in neue Nutzungsmittel (ausgedrückt als *Wert der Produktionsanlagen*) ist proportional zum *jährlichen Nettoprofit* aus *Erlös* und *Betriebskosten*, wird nun aber (über die Rückkopplung mit *erneuerbare Ressource*) so gesteuert, dass sich ein für die nachhaltige Ernte möglichst günstiger Ressourcenbestand einstellt. Das Bestandsziel für die *erneuerbare Ressource* entspricht der halben MAX KAPAZITÄT DER RESSOURCE (vgl. hierzu die Erntemaximierung in Modell Z110 LOGISTISCHES WACHSTUM BEI BESTANDSABHÄNGIGER ERNTE in Bossel Zoo1 2004). Falls die Ressource unter diesen Wert sinkt, werden *Produktionsanlagen* abgebaut.

Bei ausreichendem Ressourcenbestand, und wenn der *jährliche Nettoprofit* positiv ist, werden *Produktionsanlagen* durch *Nettoinvestition* weiter aufgebaut.

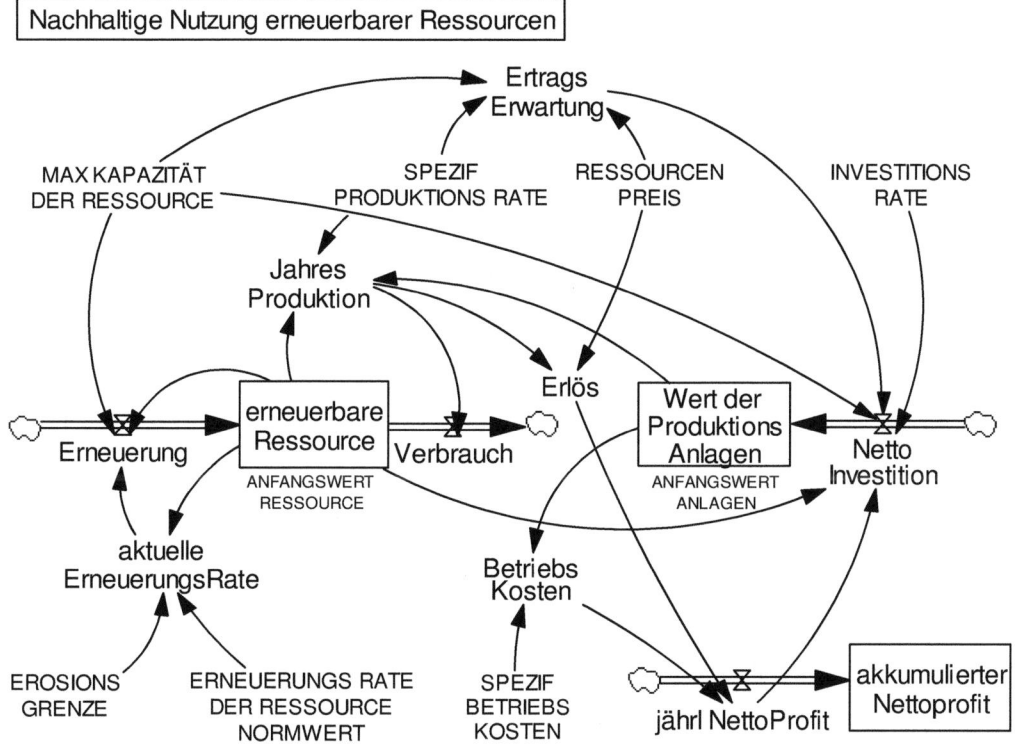

Abb. Z418a: Simulationsdiagramm für nachhaltige Nutzung erneuerbarer Ressourcen.

Parameter und Anfangszustände
ANFANGSWERT ANLAGEN = 0.01 [$]
ANFANGSWERT RESSOURCE = 1 [t]
MAX KAPAZITÄT DER RESSOURCE = 1 [t]
RESSOURCEN PREIS = 1 [$/t]
SPEZIF PRODUKTIONS RATE = 1 [t/(t*$*Year)]
INVESTITIONS RATE = 0.1 [1/Year]
EROSIONS GRENZE = 0.05 [t]
ERNEUERUNGS RATE DER RESSOURCE NORMWERT = 0.1 [1/Year]
SPEZIF BETRIEBS KOSTEN = 0.1 [1/Year]

Dynamik
ErtragsErwartung = RESSOURCEN PREIS *SPEZIF PRODUKTIONS RATE *MAX
        KAPAZITÄT DER RESSOURCE [1/Year]

NettoInvestition = (erneuerbare Ressource /(MAX KAPAZITÄT DER RESSOURCE /2)
-1) *ABS (jährl NettoProfit *INVESTITIONS RATE /ErtragsErwartung) [$/Year]
Wert der ProduktionsAnlagen = INTEG (+NettoInvestition, ANFANGSWERT ANLA-
GEN) [$]
JahresProduktion = SPEZIF PRODUKTIONS RATE *erneuerbare Ressource *Wert
der ProduktionsAnlagen [t/Year]
Verbrauch = JahresProduktion [t/Year]
aktuelle ErneuerungsRate = IF THEN ELSE (erneuerbare Ressource < EROSIONS
GRENZE, 0, ERNEUERUNGS RATE DER RESSOURCE NORMWERT)
[1/Year]
Erneuerung = aktuelle ErneuerungsRate *erneuerbare Ressource *(1 -erneuerbare
Ressource /MAX KAPAZITÄT DER RESSOURCE) [t/Year]
erneuerbare Ressource = INTEG (+Erneuerung -Verbrauch, ANFANGSWERT RES-
SOURCE) [t]
Erlös = RESSOURCEN PREIS *JahresProduktion [$/Year]
BetriebsKosten = SPEZIF BETRIEBS KOSTEN *Wert der ProduktionsAnlagen [$/Year]
jährl NettoProfit = Erlös -BetriebsKosten [$/Year]
akkumulierter Nettoprofit = INTEG (jährl NettoProfit,0) [$]

Simulationszeitparameter
INITIAL TIME = 0 [Year]
FINAL TIME = 100 [Year]
TIME STEP = 0.05 [Year]

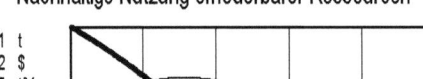

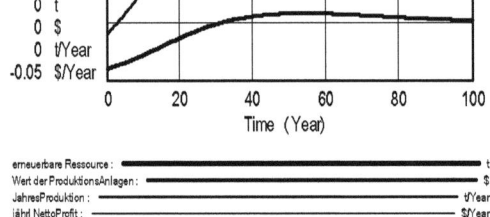

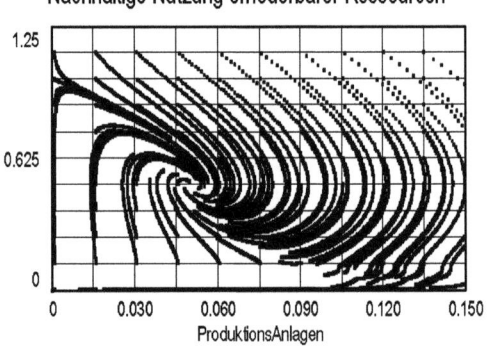

Abb. Z418b: Erträge sind dauerhaft gesichert, wenn die Ressource sich ständig erneuern kann.
Abb. Z418c: Kein Zusammenbruch, solange der Zustand nicht auf die Erosionsgrenze
zuläuft.

Simulationsergebnisse

Abb. Z418b zeigt das Verhalten des Modells im Zeitablauf für die Voreinstellungen, im gleichen Maßstab wie Abb. Z417a. Bei den gleichen Systemparametern wie im Modell Z417 TRAGÖDIE DER ALLMENDE stabilisiert sich die Entwicklung nach rund 70 Jahren auf einem Gleichgewichtsniveau. Obwohl die Jahresproduktion in der Spitze nicht so hoch wird wie bei TRAGÖDIE DER ALLMENDE, so ist sie aber nachhaltig und führt zu einem nachhaltigen und konstanten *jährlichen Nettoprofit* und damit insgesamt zu einem höheren *akkumulierten Nettoprofit*.

Ohne Nutzung ergäbe sich logistisches Wachstum der *erneuerbaren Ressource* bis zur MAX KAPAZITÄT DER RESSOURCE. Mit Nutzung werden die Nutzungsmittel (WERT DER PRODUKTIONSANLAGEN) so lange aufgebaut, bis die *erneuerbare Ressource* auf die Hälfte der MAX KAPAZITÄT reduziert worden ist. Dann wird der Ressourcenbestand auf diesem Betrag gehalten. Diese Systemstruktur führt nun zu einer konstanten *Jahresproduktion*, mit positivem jährlichen *Nettoprofit* bei konstant bleibendem *Wert der Produktionsanlagen.*

Im Zustandsbild in Abb. Z418c laufen die Zustandsbahnen aus dem oberen linken Bereich auf einen stabilen Gleichgewichtspunkt (0.05, 0.5) zu, falls also anfänglich der Ressourcenbestand groß genug und der Bestand an Produktionsanlagen klein genug ist. Bei Bahnen aus dem rechten Bereich wird allerdings schließlich ein so niedriger Ressourcenbestand erreicht, dass dieser unterhalb die Erosionsgrenze gerät und zusammenbricht. Es ergeben sich insgesamt vier Gleichgewichtspunkte (3 stabil, 1 instabil) bei (0, 0), (0.05, 0.5), (0.09, 0.1), (0, 1).

In Abb. Z418d wird der plötzliche Zusammenbruch dokumentiert, der sich bei Überschreiten eines kritischen Wertes für die EROSIONSGRENZE ergibt.

Arbeitsvorschläge

1. Vergleichen Sie das Verhalten bei gleichen Parametereinstellungen mit dem Modell Z417 TRAGÖDIE DER ALLMENDE. Identifizieren Sie die Gründe für das unterschiedliche Verhalten.
2. Untersuchen Sie den Einfluss der verschiedenen Parameter auf die Entwicklung und die Gleichgewichtspunkte des Systems.
3. Fassen Sie die Modellanweisungen in zwei Differentialgleichungen (ohne *akkumulierter Nettoprofit*) zusammen und bestimmen Sie analytisch die Lage der Gleichgewichtspunkte als Funktion der Systemparameter. Diskutieren Sie das Ergebnis.
4. Finden Sie heraus, ob es (ähnlich wie bei Modell Z417) durch Parameterveränderung ein 'Umkippen' in ein qualitativ anderes Verhalten geben kann.
5. Wie ließe sich diese Modellvorstellung für nachhaltige Bewirtschaftung in ein praxistaugliches zuverlässiges und inhärent stabiles System (z.B. für die gemeinsame Weidewirtschaft eines Dorfes) umsetzen?